JN438861

양서류 탐구도감

전영호 | 임헌영 | 조삼래
김현태 | 이우식 공저

(주) 교학사

머리말

양서류는 3억 7천만 년 전에 지구상에 출현했다고 합니다. 인류의 조상보다 훨씬 앞서 우리 땅에서 살아온 것입니다. 특히 양서류는 논에 알을 낳고 논에서 유생 시기를 보내기 때문에 우리 조상들은 벼농사를 지으면서 흔하게 볼 수 있었습니다. 논 주변에서 참개구리나 한국산개구리 등을 자주 볼 수 있었고, 두꺼비가 마당이나 집 뜰을 어슬렁어슬렁 기어 다니며 해충을 잡아먹는 장면을 보아 오면서 친근감을 가지고 대해 왔습니다. 또한 개구리는 경칩이 되면 따뜻한 날씨에 놀라 겨울잠에서 깨어나 활동을 시작하여 봄이 왔음을 알리고 추위에 움츠렸던 사람들에게 활기를 불어넣어 주고 있습니다.

필자들은 농촌에서 태어나 초·중등학교를 다녔기에 어릴 때부터 도롱뇽, 개구리, 두꺼비를 관찰할 기회가 많았습니다. 어렸을 때 마당의 멍석에 앉아 반짝이는 수많은 별들을 쳐다보고 있노라면 앞 논에서 맹꽁이 울음소리와 개구리 울음소리가 들려오곤 했습니다. 그 후 대학에서 생물학을 전공하고 학교 현장에서 제자들을 가르치면서 본격적으로 양서류의 서식지를 답사하고 탐구하며 양서류를 사진에 담아온 지 30~40여 년의 세월이 흘렀습니다.

양서류는 학생들에게 호기심을 불러일으키고 동기를 부여해 주는 탐구 소재입니다. 양서류는 알과 유생 시기를 물에서 보내고 탈바꿈 과정을 거쳐 성체가 되면 뭍에서 생활합니다. 성체는 주변 환경에 따라 피부 색깔을 변화시켜 천적에 대응하는 등 체색 변화가 심하게 일어납니다. 또 올챙이는 조류를 먹음으로써 수질을 깨끗하게 해 주고 개구리는 해충을 잡아먹습니다. 동시에 올챙이와 개구리는 자신보다 강한 포식자의 먹이가 됨으로써 먹이사슬의 균형에도 한몫을 합니다.

올챙이는 사육하기도 쉽고 생김새도 귀여워서 유치원, 초등학교에서는 탐구 학습 자료로 많이 활용되고 있으며, 생명의 소중함과 환경 보존의 필요성을 느끼게 해 주는 자료가 됩니다.

최근 중학교에서는 자유 학기 과정이 전면적으로 시행되면서 동아리별로 양서류를 탐구할 기회가 많아졌고, 고등학교에서는 소논문 주제로 양서류를 택하는 학생들이 많아졌습니다. 또한 최근에는 두꺼비의 독액을 이용하여 항암제나 기타 약제를 개발하는 연구가 활발히 진행되고 있고, 두꺼비를 환경 변화를 측정하는 지표 종으로 활용하고 있어 일반인이나 전문가도 양서류에 대한 관심이 높습니다.

그러나 최근 택지나 산업 단지 조성, 도로 건설, 환경 오염 등으로 물을 떠나서 살 수 없는 양서류의 서식지는 점점 감소되고 있습니다. 필자들이 어렸을 때 보았던 양서류의 개체 수와 현재 전국을 답사하며 파악하고 있는 서식지, 개체 수를 비교해 보면 상당히 줄었음을 느낄 수 있습니다. 매우 안타까운 일입니다.

이 책은 필자들이 지금까지 관찰하고 연구해 온 자료들 중 양서류의 종류, 서식지, 분포, 형태적 특징, 생활사 및 탐구 내용을 생생한 사진과 함께 상세히 설명함으로써 독자들이 쉽고 재미있게 양서류를 공부하고 궁금증을 풀 수 있도록 하였습니다. 또한 이 책을 통하여 독자들이 양서류에 대하여 좀 더 관심을 가지게 되고 소중한 생명체를 잘 보존하도록 노력함으로써 개구리, 두꺼비가 개체 수를 늘리며 마음대로 살 수 있는 세상이 왔으면 하는 바람입니다.

이 책이 나오기까지 도움을 주신 모든 분들에게 감사를 드립니다.

저자 일동

일러두기

- 이 책에는 최근에 신종으로 등록된 '꼬마도롱뇽'을 포함하여 2018년 현재 우리나라에 서식하는 양서류 7과 19종을 수록하였다.
- 책의 구성은 앞부분에 양서류에 관한 전반적인 내용을 싣고, 이어 양서류를 유미목, 무미목으로 나누어 종별 해설과 탐구를 실었다.
- 종별 해설은 번식, 겨울잠 등의 시기와 함께 종의 별명, 크기, 분포를 요약 제시하고, 형태, 습성, 산란, 유생 순으로 상세히 해설하였다. 또 양서류와 관련된 재미있는 이야기나 유익한 정보를 담은 '틈새 정보'를 실었다.
- 종별 탐구는 각 종마다 생김새, 한살이에 대한 해설과 사진을 싣고, 종에 대한 탐구 주제를 정하여 관련 사진과 내용을 알기 쉽게 설명하였다.
- 종의 국명, 학명과 영명은 한국양서파충류학회의 양서류 분류표를 따랐으며, 종 검색표는 강과 윤(1975), 양 등(2001), 이 등(2016)을 참고하였다.
- 각 종의 국내외 법정 관리 현황은 2018년 1월을 기준으로 표기하였다. 또 개구리류의 앞다리·뒷다리 길이는 각 다리 부분의 발가락 끝까지 잰 길이를 표기하였다.
- 부록에는 양서류의 진화, 종별 관찰 방법, 용어 풀이 등을 수록하였으며, 학생들의 양서류 관련 과제 연구에 도움이 될 수 있도록 전국과학전람회 입상 목록(양서류 관련)도 제시하였다.

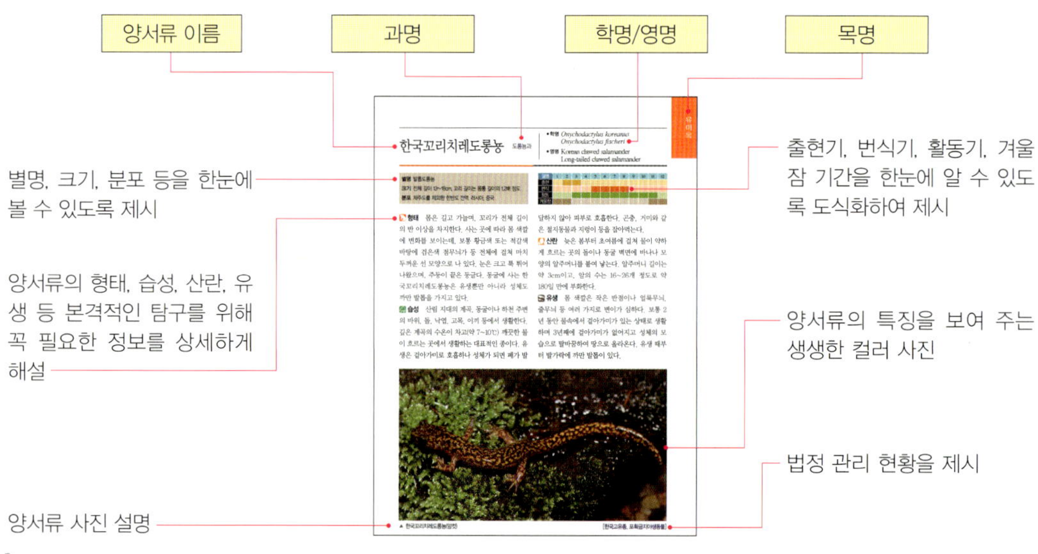

양서류의 전체 생김새와 머리, 등과 배, 다리, 발가락 등 부분 모양을 생생한 사진과 함께 해설

양서류의 짝짓기부터 산란, 알, 유생, 성체에 이르기까지 한살이를 생태 사진과 설명으로 보여 줌.

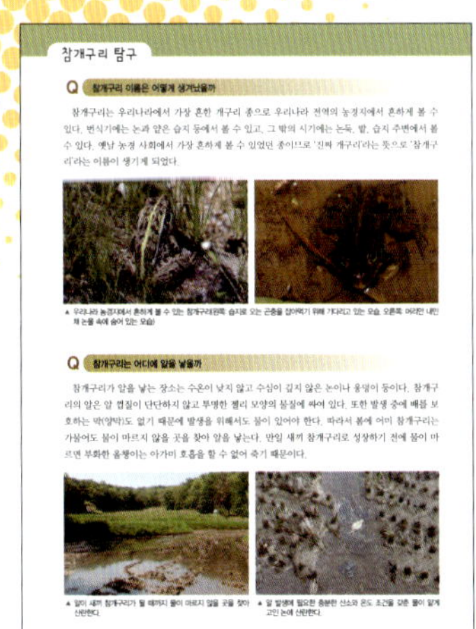

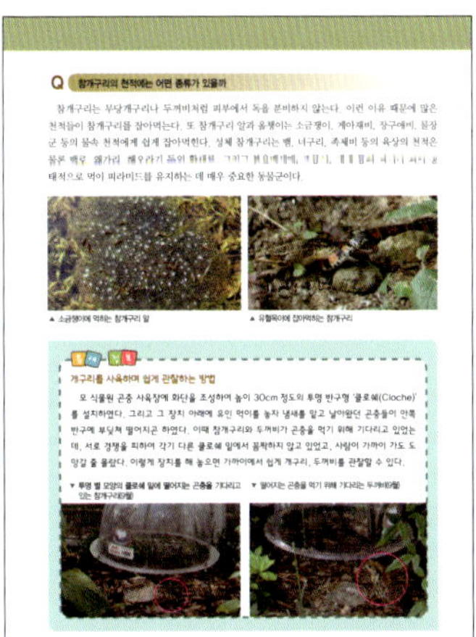

각 종에 대해 평소에 궁금해할 만한 사항을 사진과 함께 쉽고 재미있게 해설

차 례

머리말 2

일러두기 4

양서류란 8

양서류의 생김새 10

유사종의 구별 14

양서류의 한살이 17

양서류의 짝짓기 20

호흡과 사는 곳 28

먹이와 천적 29

살아남기 30

양서류의 종 검색 38

유미목

■ 유미류의 종류 40

도롱뇽 43

고리도롱뇽 57

제주도롱뇽 65

꼬마도롱뇽 73

한국꼬리치레도롱뇽 77

이끼도롱뇽 89

무미목

■ 무미류의 종류 100

■ 개구리와 두꺼비의 차이점 103

■ 산개구리의 종류와 비교 106

무당개구리 111

C O N T E N T S

두꺼비 123
■ 두꺼비 이야기 140
물두꺼비 142
청개구리 153
■ 청개구리 이야기 166
수원청개구리 168
맹꽁이 181
한국산개구리 195
북방산개구리 206
계곡산개구리 222
참개구리 234
금개구리 248
옴개구리 260
황소개구리 271

부록

양서류의 진화 286
양서류 관찰 288
용어 풀이 294
학명 찾아보기 297
전국과학전람회 입상 목록 – 양서류 298
참고 자료 및 사진 출처 300

양서류란

양서류는 알과 유생(올챙이) 때에는 물에서 서식하지만 성체가 되면 뭍에서 서식한다. 이와 같이 양쪽의 서식지를 갖는 동물을 묶어 양서류라고 한다. 양서류란 이름은 그리스어의 'amphibios'에서 유래되었으며 '이중의 생활 양식을 가진 생물'이라는 뜻이다. 즉, 알에서 올챙이 시기까지는 물속에서 생활하고, 개구리가 된 이후에는 육상으로 서식지를 옮기는 양쪽 생활을 한다는 데서 붙여진 이름이다.

▲ 어린 시기에는 물에서 산다(두꺼비 올챙이).

▲ 성체가 되면 뭍에서 산다(두꺼비).

양서류는 3억 7천만 년 전 고생대 데본기에 어류의 한 종류로부터 진화했다고 한다. 현재 양서류는 극지방을 제외한 전 세계의 대륙에 분포하며, 7,400여 종이 살고 있는 것으로 알려져 있는데, 특히 열대 지방에 많은 종류가 살고 있다.

양서류는 계통 분류학적으로 동물계 – 척삭동물문 – 양서강으로 분류되고, 양서강은 다시 하위의 무족목, 유미목, 무미목으로 분류된다. 무족목은 다리가 없는 종류로 주로 열대나 아열대 지방에서 진흙 속에 굴을 파고 사는데, 우리나라에는 서식하지 않는다.

유미목은 성체가 되어도 꼬리가 남아 있는 종류로 도롱뇽이 이에 속한다. 세계적으로 700종 이상이 분포하고 있으며, 우리나라에는 6종이 서식하고 있다. 유미목에 속하는 종류에는 꼬리와 다리가 있고, 폐와 피부로 호흡하는 것과 피부만으로 호흡하는 것이 있다. 귀가 없고 긴 몸통과 긴 꼬리를 가지고 있는 것이 특징이다.

무미목은 유생(올챙이) 시기에는 꼬리가 있지만 성체가 되면서 꼬리가 없어지는 무리로 개구리, 두꺼비가 대표적인 종류이다. 무미목은 유생과 성체의 생김새가 완전히 다르고 탈바꿈하면 꼬리가 없어지는 것이 특징이며, 앞다리보다 긴 뒷다리를 이용해서 점프하거나 헤엄을 친다. 알을 낳아 체외 수정을 하지만 외국의 종 중에는 새끼를 낳는 난태생 종류도 있다. 눈은 돌출되어 있고 위 눈꺼풀과 아래 눈꺼풀을 가지고 있으며, 먹이를 삼키거나 점프할 때 눈을 안으로 집어넣는다. 세계적으로 6,700종 이상 분포하고 우리나라에는 13종이 서식한다.

▲ 꼬리가 있는 유미목(도롱뇽)

▲ 꼬리가 없는 무미목(북방산개구리)

양서류의 생김새

우리나라에 사는 양서류는 크게 유미목과 무미목으로 나뉘며, 유미목과 무미목의 생김새는 뚜렷한 차이를 보인다. 유미목인 도롱뇽류는 꼬리를 가지고 있으며, 몸은 촉촉히 젖어 있고 4개의 다리로 물과 뭍을 이동할 수 있다. 무미목인 개구리류와 두꺼비류는 뒷다리가 잘 발달해 있는 것이 특징으로, 올챙이에서 성체로 성장하게 되면 꼬리가 퇴화되어 없어진다. 눈 뒤의 머리 옆 부분에 고막이 있으며, 울음소리가 발달된 수컷은 턱 양옆이나 아랫부분에 울음주머니가 있다.

또 양서류는 피부에 삼투 작용을 조절할 기능이 없어서 물속에 있을 때는 주위의 물이 삼투압 차이에 의해 피부를 통해 계속 체내로 들어가게 되고, 체내로 들어간 수분은 신장을 통해 물질 대사 과정에서 생긴 노폐물과 함께 몸 밖으로 배출되며, 이 과정을 통하여 삼투압을 조절한다.

유미목

유미목인 도롱뇽류는 비교적 몸이 작고 보호색이 발달하여 눈에 잘 띄지 않는다. 도롱뇽류는 머리 형태가 납작하고 주둥이 끝이 둥글며, 두 눈이 작고 튀어나와 있는 것이 특징이다. 일반적으로 촉촉한 피부를 가졌으며 몸길이가 종에 따라 다양하나 일반적으로 10~15cm 정도이고 네 개의 다리를 가지고 있으며, 몸통과 비슷한 길이의 꼬리가 있다.

우리나라에는 도롱뇽, 고리도롱뇽, 제주도롱뇽, 꼬마도롱뇽, 한국꼬리치레도롱뇽, 이끼도롱뇽의 6종이 있다. 도롱뇽은 몸통과 꼬리의 길이가 비슷하나, 한국꼬리치레도롱뇽은 꼬리 길이가 몸통 길이에 비하여 1.2배가량 길고 몸통에 얼룩무늬가 있으며 검은색 발톱을 가지고 있기 때문에 도롱뇽과 구별된다. 한편 도롱뇽과 제주도롱뇽은 생김새가 비슷하여 외형적인 분류가 어려우나, 유전자 분석 또는 입 속의 서구개치 모양과 개수로 분류할 수 있다. 서구개치는 입안에 들어온 먹이가 도망가지 못하도록 입천장에 V자 모양으로 있는 것을 말한다.

» 도롱뇽 생김새

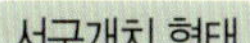

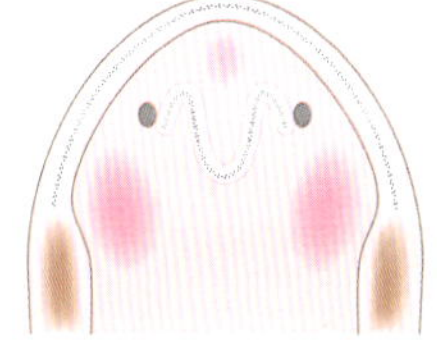

▲ 노룡뇽

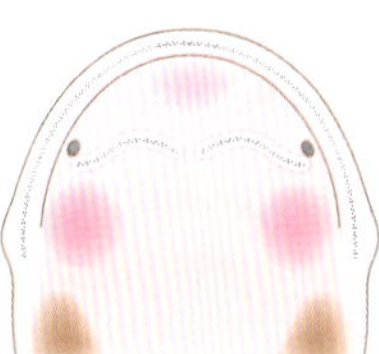

▲ 한국꼬리치레도롱뇽

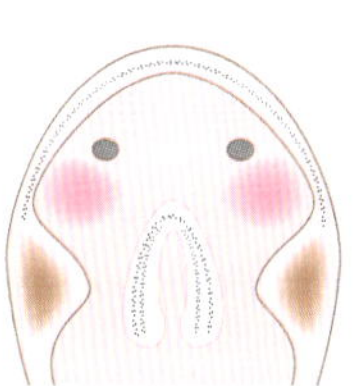

▲ 이끼도롱뇽

» 유생의 생김새

갓 부화한 유생

좀 더 자란 유생

▲ 갓 부화한 유생의 양쪽 뺨에는 평형곤이 있어 몸의 평형을 잡는 역할을 하는데, 20일 정도 지나면 없어진다. 겉아가미는 물에서의 호흡을 담당한다.

무미목

개구리류는 크기나 모양이 다양하고, 대부분의 무리들은 촉촉하고 부드러운 점액성 피부를 가지고 있으나, 두꺼비속 종류는 피부가 거칠고 많은 분비샘이 분포해 있으며 작은 혹들로 덮여 있어 습도가 낮은 곳에 적응했음을 보여 주고 있다.

개구리류는 강한 뒷다리를 이용하여 뜀박질(점프)로 이동한다. 청개구리와 수원청개구리는 발끝에 빨판(흡반)을 가지고 있어, 나뭇잎 사이를 이동하거나 앉아 있을 때 미끄러지지 않는다. 그러나 두꺼비과, 맹꽁이과와 같이 땅속 생활을 하는 종들은 뒷다리가 짧기 때문에 뜀박질이 잘 되지 않는다. 개구리류는 발가락 사이에 물갈퀴가 발달되어 있어 이를 이용하여 물속 생활도 잘할 수 있다. 몸 색깔은 회색이나 갈색 또는 초록색 등이 가장 흔하며, 자연 상태에서 보호색 역할을 한다.

» 개구리 생김새

▲ 입안의 혀 모양

▲ 뒷발의 물갈퀴

개구리의 내부 구조

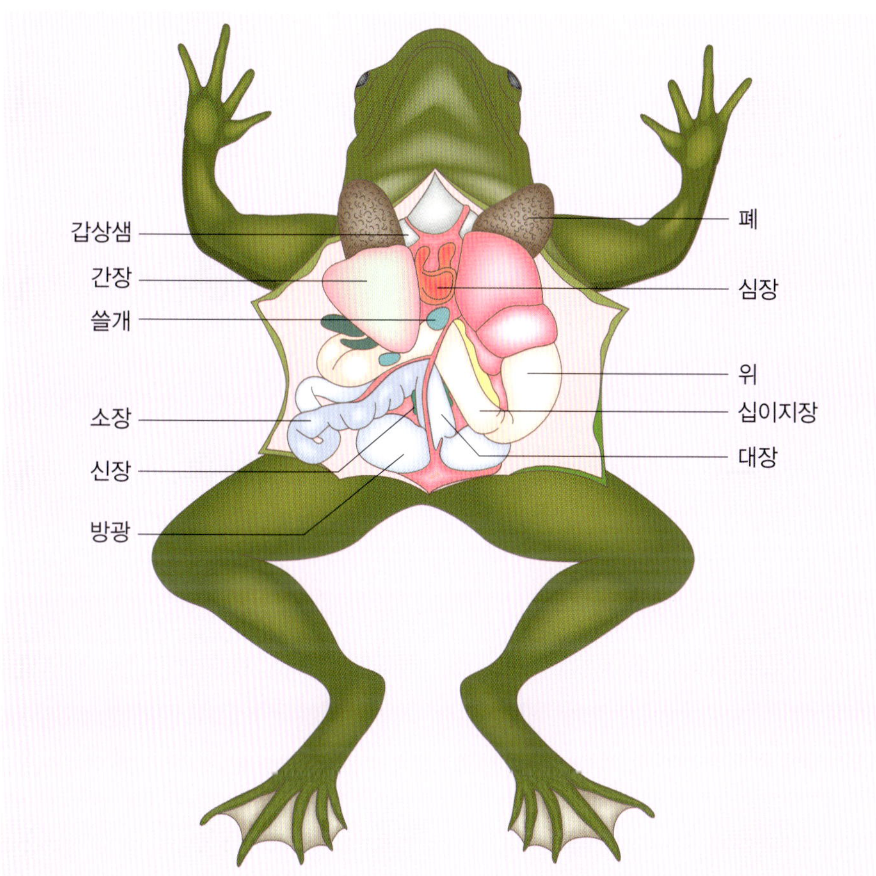

올챙이 생김새

▲ 위: 머리 몸통, 꼬리만 가진 올챙이, 아래: 뒷다리가 나온 올챙이

▲ 뒷다리에 이어 앞다리가 나온 올챙이. 입이 내장 기관과 통한다.

유사종의 구별

양서류는 서로 비슷하게 생긴 종이 많아서 생김새로 구분하기가 쉽지 않다. 유사종은 다음과 같이 구별할 수 있다.

도롱뇽, 고리도롱뇽, 제주도롱뇽

고리도롱뇽은 늑골 주름이 깊고 네 다리가 가늘며, 일반적으로 도롱뇽과 비교해 몸 색깔이 밝은 갈색이다. 꼬리 쪽 척추뼈인 미골의 수가 적어 몸통에 비해 꼬리가 짧아 보이는 것이 특징이다. 제주도롱뇽은 외형상으로 도롱뇽과 구분하기가 어렵다.

▲ 도롱뇽

▲ 고리도롱뇽

▲ 제주도롱뇽

한국꼬리치레도롱뇽, 이끼도롱뇽

한국꼬리치레도롱뇽은 검은색 발톱이 있고, 배 면을 제외한 몸 전체에 노란색 반점이 흩어져 있다. 번식기에 수컷 뒷발에는 둥근 생식혹이 생긴다. 이끼도롱뇽은 발가락 사이에 물갈퀴 흔적이 남아 있는 특징이 있다.

▲ 한국꼬리치레도롱뇽

▲ 까만 발톱이 있는 발 (동굴에 서식)

▲ 이끼도롱뇽

▲ 물갈퀴 흔적이 남아 있는 발

두꺼비와 물두꺼비

두꺼비는 무미목 중 몸의 크기가 황소개구리 다음으로 큰 개체여서 상대적으로 작은 물두꺼비와 구별된다. 또 몸 전체에 점액질을 분비하는 작은 돌기들이 많이 나 있고 고막이 눈 뒤에 뚜렷하게 나타나 있어서 고막이 뚜렷하게 보이지 않는 물두꺼비와 구분된다.

▲ 두꺼비(고막이 뚜렷하다.)

▲ 물두꺼비(고막이 뚜렷하지 않다.)

참개구리, 금개구리, 황소개구리

참개구리는 우리나라에서 가장 흔하게 볼 수 있는 종으로, 주둥이부터 등을 거쳐 총배설강(항문)까지 두 줄의 연갈색 융기선이 있으며 그 가운데에 세로 줄무늬가 한 줄 더 있다. 또한 참개구리는 두 줄의 융기선 안쪽에 짧은 융기선들이 세로로 흩어져 있다. 배는 대부분 흰색이다. 금개구리는 등의 가운데에 세로 줄무늬가 없고, 양쪽으로 금색 융기선 두 개만 있으며 두 융기선 사이에 작은 피부 돌기가 불규칙하게 있다. 배는 금색을 띤다. 황소개구리는 우리나라에 서식하는 개구리 중 가장 큰 종으로, 등은 진녹색과 갈색을 띠며 융기선이 없다.

▲ 참개구리(등에 융기선과 세로 줄무늬가 있다.)

▲ 금개구리(등 가운데에 세로 줄무늬가 없다.)

▲ 황소개구리(등에 융기선이 없다.)

청개구리와 수원청개구리

청개구리류는 우리나라 개구리 종류 중 가장 작은 종이다. 발가락 아랫면은 빨판 모양을 하고 있어 다른 사물에 달라붙어 쉽게 이동할 수 있으므로 나무나 풀 위에 있는 것을 쉽게 볼 수 있다. 또한 다른 종들에 비해 주변 환경에 따라 쉽게 보호색을 바꾸는 것도 특징이다. 청개구리는 콧구멍부터 눈을 지나 몸통 옆까지 검은색 줄무늬가 있고 고막이 뚜렷하게 보인다. 수원청개구리는 생김새가 청개구리와 비슷하나 울음주머니의 색깔이 다르다.

청개구리

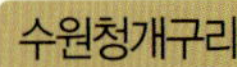

▲ 몸통에 검은색 줄무늬가 있다.

▲ 청개구리보다 머리 앞쪽이 더 뾰족하다.

▲ 울음주머니가 연한 검은색을 띤다.

▲ 울음주머니가 노란색을 띤다.

양서류의 한살이

도롱뇽의 한살이

도롱뇽은 2월 말에서 5월까지 산란을 한다. 알은 투명하고 끈끈한 성질이 있는 3겹으로 된 바나나처럼 생긴 알주머니 속에 들어 있다. 도롱뇽은 알주머니를 두 줄(1쌍) 낳으며, 한 줄에 60~110여 개(한국꼬리치레도롱뇽은 두 줄(1쌍)에 10~24개)의 알이 들어 있다. 도롱뇽은 알주머니를 고인 물 웅덩이의 나뭇가지나 수초 또는 돌멩이에 붙여 낳는다. 산란된 알은 4~5주 만에 부화하여 유생 시기를 물속에서 지내게 된다. 유생은 몸통에 비해 머리가 상대적으로 큰 형태를 띠며, 몸 밖으로 나온 세 갈래의 겉아가미를 이용하여 아가미 호흡을 한다. 또한 개구리와 달리 앞다리가 먼저 나온다.

도롱뇽의 한살이

▲ 짝짓기 행동을 하는 도롱뇽

▲ 산란된 바나나 모양의 알주머니

▲ 알 주변에 머무는 어미 도롱뇽

▲ 발생이 진행된 알

▲ 발생을 시작한 알

▲ 알주머니에서 나오는 유생 (앞다리가 자라기 시작함.)

▲ 앞다리가 나온 유생

▲ 뒷다리가 나온 유생

▲ 새끼 도롱뇽

개구리의 한살이

개구리는 이른 봄인 2월부터 5, 6월경까지 짝짓기 행동인 포접을 한다. 개구리 암컷이 알을 낳을 때가 다가오면 수컷은 암컷의 등 위에 올라타 암컷의 배를 껴안는 행위를 하는데, 이러한 행위는 암컷이 배란을 하도록 이끌게 된다. 때가 되어 암컷이 개울이나 논, 연못, 습지, 호수 등에 알을 낳으면, 수컷은 곧바로 정액을 알에 뿌려서 물속에서 수정이 이루어지게 한다. 정자와 난자가 수정된 알을 수정란이라고 하며 수정란은 빠른 속도로 발생이 진행된다. 1개의 세포로 된 수정란에서 세포 분열이 거듭되면서 조직과 기관이 생기고, 8~10일 정도 지나면 올챙이 모습을 갖추어 난막의 젤리층(한천질)을 뚫고 나온다. 알에서 갓 부화된 올챙이는 입이 열리지 않은 상태이며, 반사적으로 짧은 거리를 헤엄칠 뿐이다. 일주일쯤 지나면 입이 열리고, 그때부터 풀잎과 같은 식물성 먹이를 갉아 먹기 시작한다. 올챙이로 된 지 50~60일쯤 지나면 새끼 개구리로 탈바꿈(변태)이 완성되어 물속에서 땅 위로 올라온다.

▲ 짝짓기 하는 암수 개구리

▲ 산란된 알 덩이

▲ 겨울잠을 자는 개구리

▲ 새끼 개구리

▲ 꼬리가 짧아진 올챙이

올챙이가 개구리로 탈바꿈하면 많은 변화가 생기는데, 크게 호흡 방법의 변화, 운동 기관의 변화 그리고 식성의 변화로 정리해 볼 수 있다.

먼저 호흡 방법의 변화를 보면, 올챙이 때 가지고 있던 아가미는 없어지고 몸 안에 폐가 생겨 폐 호흡을 하게 된다. 하지만 개구리의 폐는 표면적이 크지 않기 때문에 피부를 통해 산소를 공급하는 피부 호흡을 같이 하여 이를 보충한다. 개구리가 되면 꼬리가 없어지고, 네 개의 다리가 생겨 먼 거리를 이동할 수 있게 된다. 긴 꼬리를 좌우로 흔들면서 짧은 거리를 이동하는 올챙이 시기와 다르게, 땅 위에서는 움직이는 먹이를 찾아다녀야 하기 때문에 튼튼한 다리를 이용하여 매우 넓은 행동 반경을 갖게 된다. 또 개구리는 올챙이 시기와는 다른 식성을 갖게 된다. 올챙이 시기에는 주로 해캄과 같은 조류나 물풀을 먹는 등 식물성 식성을 가지고 있었으나, 개구리가 되면서 주로 곤충류, 지렁이류, 우렁이 등의 움직이는 작은 먹이를 잡아먹는 동물성 식성으로 바뀐다.

▲ 발생을 시작한 알

▲ 기관 형성이 시작된 배

▲ 기관 형성이 끝나가는 배

▲ 부화한 어린 올챙이

▲ 물풀 뿌리를 먹고 있는 올챙이

▲ 뒷다리가 나온 올챙이

▲ 앞다리가 나온 올챙이

양서류의 짝짓기

개구리의 짝짓기

개구리는 겨울이 끝나고 봄이 오면 겨울잠에서 깨어나 종족 보존을 위해 곧바로 짝짓기에 들어간다. 짝짓기는 수컷 개구리의 울음주머니를 이용한 '구애 울음(Mating call)'과 수컷이 암컷을 뒤에서 껴안는 행동인 포접으로 이루어진다.

» 울음주머니

개구리는 공기를 폐에서 울음주머니로 보내서 공기의 힘으로 성대가 울려 울음소리를 낸다. 이때 코 안은 닫힌 채로 폐와 울음주머니 사이를 공기가 넘나들며 소리가 난다. 짝짓기 철이 되면 개구리는 경쟁적으로 울음주머니를 더 크게 부풀려 소리를 울려서 더 큰 울음소리를 낸다.

▲ 울음소리를 내는 원리

우리나라에 서식하는 개구리의 울음주머니 형태는 다음과 같이 크게 네 가지로 분류할 수 있다.

- **아래턱이 크게 부푸는 울음주머니:** 청개구리, 수원청개구리, 맹꽁이 등

▲ 청개구리

▲ 수원청개구리

▲ 맹꽁이

- 아래턱이 작게 부푸는 울음주머니: 옴개구리, 황소개구리, 무당개구리 등
- 눈 밑의 위턱이 양쪽으로 부푸는 울음주머니: 참개구리 등
- 양쪽 턱 아래의 외부 울음주머니: 북방산개구리 등

▲ 옴개구리

▲ 참개구리

▲ 북방산개구리

» 울음소리

몸집이 클수록 수컷 개구리는 대체로 낮은 울음소리를 내며, 암컷은 좀 더 낮은 울음소리를 내는 수컷을 선택하여 짝짓기를 한다. 온도가 낮을 때 소리가 저음으로 울려 퍼지기 때문에 수컷 두꺼비는 물웅덩이에서 상대적으로 온도가 낮은 곳으로 많이 몰리는 것으로 알려져 있다.

선택된 수컷은 암컷과 짝짓기를 한 상태로 암컷이 산란하기를 기다린다. 때가 되어 암컷이 알을 낳기 시작하면 수컷은 즉시 그 위에 정자를 뿌린다. 정자를 뿌린 후 수컷은 짝짓기를 풀고 암컷을 떠난다. 한편 산란된 난자와 정자는 수정이 되고, 수정된 알은 발생을 시작하여 올챙이로의 부화가 진행된다.

울음소리는 종마다 형태가 서로 다르며, 같은 종이라고 해도 울음소리에 변이가 있어 다양하게 표현된다. 금개구리는 '쪽-쪽-꾸우우욱' 하는 울음소리를 내서 생김새가 유사한 참개구리의 '꾸르르르륵' 하는 울음소리와 쉽게 구별된다. 또한 청개구리는 '꽥꽥꽥꽥' 하는 울음소리를 내는 데 반해, 수원청개구리는 청개구리보다 금속성이 강한 '꽹꽹꽹꽹' 하는 울음소리를 내기 때문에 외형적인 분류는 어려워도 울음소리로 구분할 수 있다. 또한 청개구리에 비해 참개구리는 몸집이 크기 때문에 울음소리도 청개구리보다 훨씬 우렁차서(저음의 느리고 큰 울음소리를 냄.) 구별된다. 맹꽁이는 '맹-꽁 맹-꽁' 하고 울기 때문에 또한 쉽게 구별이 된다.

개구리의 울음소리는 크게 몇 가지로 나눌 수 있다. 짝짓기 하기 위하여 암컷에게 보내는 신호인 '광고 울음', 자신이 위험에 처했을 때 위기를 벗어나기 위해 내는 '위험 울음', 같은 종류의 수컷에게 포접되었을 때 내는 울음, 그리고 자신의 영역을 지키기 위해 내는 울음 등이 있다.

▼ 개구리 울음소리의 기본적인 형태와 특징

종명	울음소리의 기본적인 형태	특징
참개구리	꾸르르르륵, 꾸르륵	청개구리보다 저음의 큰 울음소리
금개구리	쪽－쪽－, 꾸우우욱, 쪽, 꾸우욱－	앞부분의 '쪽' 하는 소리와 뒷부분의 '꾸우욱' 하는 소리로 구분됨.
계곡산개구리	쩍쩍쩍－	북방산개구리와 같은 울음주머니가 없음.
북방산개구리	호르르－ 호르르르－	음이 높고 맑고 빠른 소리
한국산개구리	떡떡떡떡－	무엇인가를 치는 듯한 소리
무당개구리	꾸웅－꾸웅－꾸웅－	'웅'과 '꿍'의 중간 소리
두꺼비	꾝 꾝 꾝 꾝	작고 빠른 소리
물두꺼비	큭－큭－큭－큭, 큐－큐－큐－큐	낮고 빠른 소리
옴개구리	으르르르, 으르르르－	낮고 탁한 소리
황소개구리	에음－, 에음－, 에음－	황소처럼 매우 큰 울음소리
청개구리	꽥꽥꽥꽥, 쿠에－퀘－퀘－퀘	음이 높고 급한 울음소리
수원청개구리	꽹－꽹－꽹－꽹－	청개구리보다 금속성이 강한 울음소리로, 울림이 있고 느린 앙칼진 소리

» 고막

물웅덩이 속에서 여러 종의 개구리가 섞여서 울어도 개구리는 정확하게 같은 종을 찾아갈 수 있다. 그렇다면 개구리는 울음소리를 어떻게 알아들을까? 개구리도 귀를 가지고 있기 때문에 가능하다. 개구리는 귀가 외부로 돌출되어 있지 않고, 눈 뒤에 있는 동그란 원 모양의 고막으로 들을 수 있다. 물두꺼비를 제외한 모든 종이 뚜렷하게 구분되는 고막을 가지고 있어 수컷의 울음소리를 듣고 자기와 같은 종을 찾아갈 수 있다.

다양한 모양의 고막

▲ 참개구리

▲ 청개구리

▲ 옴개구리

▲ 황소개구리

▲ 두꺼비

▲ 고막이 뚜렷하게 보이지 않는 물두꺼비

» 포접

포접이란 양서류의 짝짓기 과정에서 수컷이 암컷을 뒤에서 껴안는 행동을 말하며, 생식 기관을 접촉하여 난자에 정자를 수정시키는 교미와는 구별된다. 개구리의 종류에 따라서 포접하는 위치가 다르며, 끌어안는 위치가 허리 쪽인 '사타구니 끌어안기'와 앞다리 겨드랑이 쪽인 '겨드랑이 끌어안기' 형태가 있다.

무당개구리의 경우에는 암컷의 뒷다리 시작 부위를 수컷이 앞다리로 뒤에서 끌어안는 '사타구니 끌어안기'를 하나, 두꺼비와 대부분의 개구리류는 암컷의 앞다리 겨드랑이 부위를 수컷이 뒤에서 끌어안는 '겨드랑이 끌어안기'를 한다. '겨드랑이 끌어안기'가 '사타구니 끌어안기'에 비하여 더 많이 진화된 것으로 알려져 있는데, 암컷이 산란을 시작할 때 암컷과 수컷의 총배설강이 최대한 가깝게 위치하기 때문에 수정이 잘 된다.

수컷이 산란이 끝나 뱃속에 알이 없는 암컷을 포접하게 되면, 포접된 암컷은 알이 없다는 신호를 보내 수컷이 포접을 풀게 한다. 또한 개구리의 포접은 무조건 반사에 해당하는 포옹 반사이기 때문에 대뇌가 관여하지 않으므로 대뇌가 제거되어도 포접은 이루어진다고 한다.

사타구니 끌어안기

▲ 무당개구리

겨드랑이 끌어안기

▲ 물두꺼비

▲ 물두꺼비의 포접된 배 쪽 모습

▲ 한국산개구리

▲ 청개구리

▲ 북방산개구리. 수컷(위쪽)의 앞다리는 암컷(아래쪽)의 것보다 굵고 강하다.

▲ 북방산개구리의 포접된 배 쪽 모습

» 생식혹

포접에 성공한 수컷 개구리는 암컷 개구리가 알을 낳을 때까지 암컷 개구리를 놓치면 안 된다. 만약 암컷을 놓치게 되면 종족 보존의 기회를 다른 수컷에게 빼앗기고 마는 것이다. 이런 이유로 번식기가 되면 수컷 개구리의 앞발가락에 꺼칠꺼칠한 혹이 생기는데, 암컷을 껴안은 포접이 풀리지 않도록 진화한 결과이다. 생식기(번식기)에 특히 발달하는 앞발가락에 있는 이 혹을 '생식혹'이라고 한다.

다양한 생식혹의 모양

▲ 한국산개구리

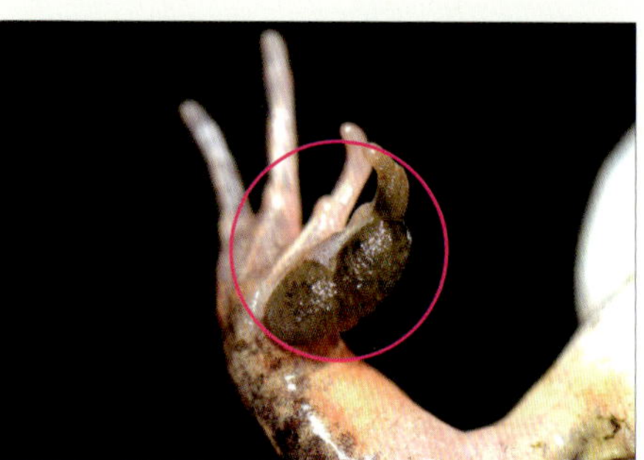
▲ 북방산개구리

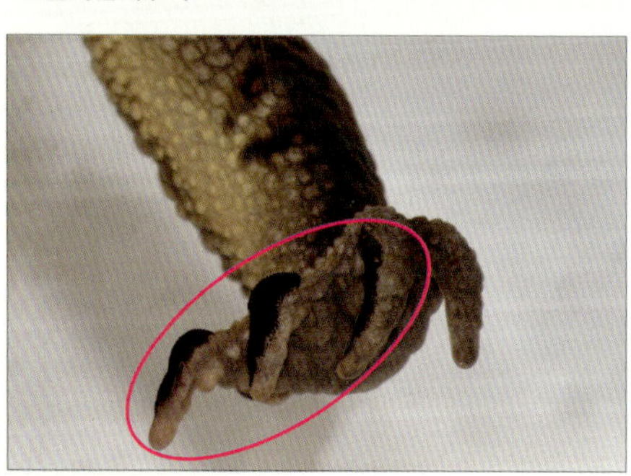
▲ 두꺼비

▲ 계곡산개구리

▲ 참개구리

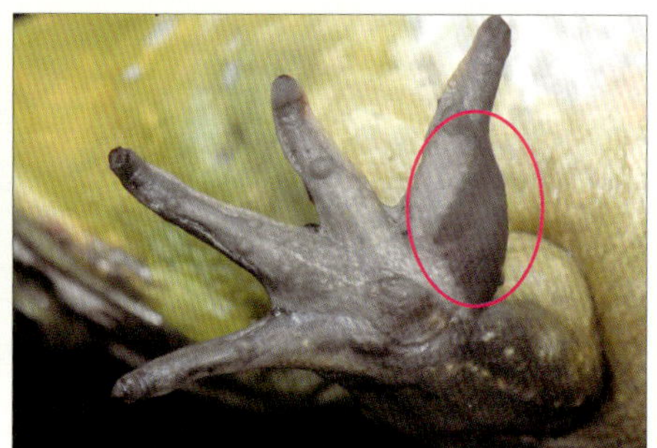
▲ 황소개구리

도롱뇽의 짝짓기

우리나라 도롱뇽은 체내 수정을 하는 종과 체외 수정을 하는 종으로 나눌 수 있다. 특이하게 체내 수정을 하는 이끼도롱뇽(*Karsenia koreana*)을 제외한 도롱뇽속(*Hynobius*)에 속하는 종은 모두 체외 수정을 한다. 체내 수정을 하는 종은 짝짓기 행동을 하면서 수컷의 정자가 들어 있는 작은 주머니인 정포를 암컷의 배설강에 건네 준다. 암컷은 정포를 배설강의 저정낭에 보관해 두었다가 산란할 때 사용한다.

체외 수정은 수컷이 몸통 흔들기를 통해 물결을 일으켜 암컷을 유인하는 것으로 시작된다. 유인된 암컷이 수컷에 접근하여 접촉 반응을 보이며 산란을 시작하면 수컷이 알을 공처럼 에워싸 '교미공'을 만들고 정자를 뿌려 수정시킨다. 암컷이 다가오면 수컷끼리는 꼬리 치기와 꼬리 물기, 다리 물기 등의 행동을 하여 서로 공격한다. 산란이 임박해지면 암컷은 산란 장소 주변을 돌아다니다가 알을 낳는데, 수정을 할 때도 수컷이 암컷에 비해 월등히 많으면 다중 수정이 이루어진다.

▲ 도롱뇽의 짝짓기 행동(위: 암컷, 아래: 수컷)

▲ 도롱뇽의 산란(왼쪽: 수컷, 오른쪽: 암컷)

도롱뇽의 알은 파충류나 조류처럼 알의 수분 증발을 막아 주는 양막을 가지고 있지 않기 때문에 습도와 온도에 매우 민감하다. 따라서 도롱뇽 어미는 외부의 위험으로부터 영향을 적게 받아 알이 잘 부화할 수 있는 곳을 선택하여 알을 낳는다. 작은 연못에서 산란할 경우, 알을 연못에 있는 나뭇가지나 마른 풀대, 바위 밑에 붙여서 낳는다. 또한 알에서 부화한 유생은 물속 생활을 하며 아가미 호흡을 해야 하기 때문에 어미는 반드시 물가에 산란해야 한다.

▼ 바위 밑에 붙여 낳은 고리도롱뇽 알

호흡과 사는 곳

양서류의 호흡은 유생 초기에는 목 부근에 있는 겉아가미에서 이루어지다가 좀 더 자라면 겉아가미가 없어지고 폐(허파)로 옮겨진다. 무미목에 속하는 종류는 알에서 부화 후 올챙이 초기 단계에는 겉아가미가 있으나 이후에 없어진다. 유미목이나 무미목의 모든 종류들은 폐가 완전하게 발달해 있지 않으므로 피부 호흡을 병행해야 한다.

양서류의 호흡

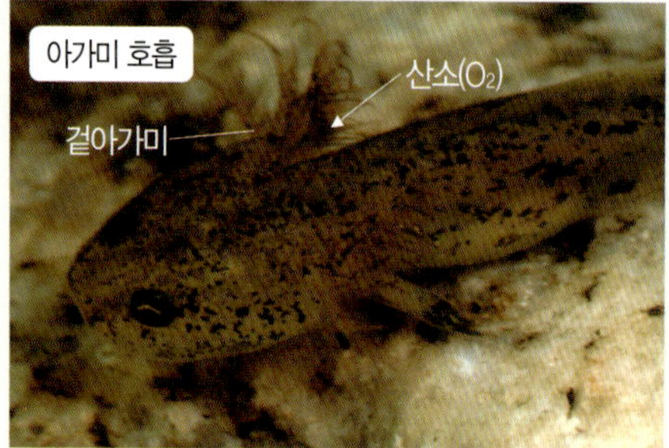

▲ 유생은 물속의 산소 입자가 아가미 표면에 분포한 혈관으로 들어가 호흡한다.

▲ 성체는 산소 입자가 폐 이외에 얇고 축축한 피부 그리고 입안의 점막을 통하여 혈관으로 들어가 호흡한다.

따라서 피부 호흡을 해야 하는 양서류는 피부가 항상 촉촉해야 공기 중의 산소가 녹아 체내에 공급될 수 있으므로 물과 가까운 곳이나 숲이 우거진 곳에서 산다. 또 이끼도롱뇽을 제외한 우리나라의 모든 양서류는 아가미로 호흡하는 유생 시기에는 물속에서 생활한다.

양서류가 사는 곳

▲ 논과 수로

▲ 개울에 물이 고여 있는 곳

먹이와 천적

물속에서 생활하는 유생(올챙이) 시기에는 치열이 발달하지 않아 연한 물풀이나 녹조류, 플랑크톤 등을 흡입 또는 갉아 먹는다. 간혹 죽은 동물의 사체를 갉아 먹기도 하며, 먹이가 부족하면 동족을 잡아먹는 경우도 있다. 성체 시기에는 치열과 혀가 발달하고 소화 기관도 성숙하여 곤충류, 거미류, 지렁이 등을 잡아먹는다.

▲ 녹조류를 갉아 먹는 계곡산개구리 올챙이들

▲ 메뚜기를 잡아먹는 참개구리

개구리나 도롱뇽의 천적은 뱀이나 조류, 포유류 등이다. 유혈목이나 능구렁이, 무자치 같은 뱀은 개구리를 잘 잡아먹고 까치나 백로 같은 새도 개구리를 먹는다. 도롱뇽은 너구리, 족제비 같은 주로 밤에 활동하는 짐승에게 잡아먹힌다. 유생 시기에는 수서 곤충이나 물고기 등이 천적이 된다.

이와 같이 올챙이와 개구리는 해충이나 동물을 잡아먹고, 포식자인 새나 짐승의 먹이가 됨으로써 생태계 평형에 중요한 역할을 담당한다.

▲ 무자치에게 잡아먹히는 참개구리

▲ 때까치에게 잡혀 나무에 걸린 북방산개구리

살아남기

양서류는 3억 7천만 년 전인 지질 시대에 물속 생활을 하는 어류에서 진화하여 지금까지 어렵게 종족을 이어오고 있다. 몸집이 작고 힘도 없는 양서류가 주변의 수많은 천적들로부터 생명을 유지할 수 있었던 데에는 나름대로의 생존 전략이 있기 때문이다.

보호색

보호색은 생태계에서 살아남기 위한 방어 전략으로, 몸 색깔을 주변 환경의 색깔과 비슷하게 바꿈으로써 포식자의 눈을 속여 자기 몸을 보호하는 최고의 위장술이다. 양서류의 몸 색깔은 피부 표피층에 있는 색소 과립, 진피층의 특수한 색소체, 내부 조직에 있는 색소에 의해 나타난다. 몸 색깔은 이 색소체 안에 있는 멜라닌 등의 색소를 뭉치게 하거나 퍼지게 하여 바꿀 수 있다. 몸 색깔 변화는 주로 뇌하수체 호르몬 등에 의해 이루어지기 때문에 비교적 느리게 진행된다.

▲ 물속과 비슷한 보호색을 띤 참개구리

▲ 땅 색과 같은 흑갈색을 띤 맹꽁이

◀ 나뭇잎과 같은 보호색을 띤 청개구리

경계색과 경계 행동

경계색은 강한 색깔로 쉽게 눈에 띄게 하여 포식자로 하여금 겁을 먹고 피하게 하는 방법이다. 우리나라에서는 유일하게 경계색을 나타내는 개구리로 무당개구리가 있다. 무당개구리는 천적이 다가와 위급한 상황이 벌어지면 배의 주황색과 검은색 무늬를 드러내 눈에 잘 띄게 함으로써 천적에게 강한 경고를 한다. 특히 무당개구리는 등 쪽은 보호색을 띠고 배 쪽은 경계색을 나타내는 이중 구조로 되어 있다. 평상시 보호색을 띠고 있던 무당개구리가 위험한 상황에 놓이면 몸을 뒤집어 붉은 아랫배를 드러내 경고하며, 네 다리를 하늘로 향하게 하여 자신이 개구리가 아닌 것처럼 위장하기도 한다.

그 밖에 북방산개구리와 같은 종류는 위급한 상황에 처하면 순간적으로 몸을 부풀리거나 때로는 괴성을 질러 상대방을 위협하고, 두꺼비는 괴성을 지르지 않지만 몸집을 부풀리는 경계 행동을 한다.

경계색

▲ 무당개구리가 네 다리를 공처럼 위로 쳐들어 경계색을 보인다.

경계 행동

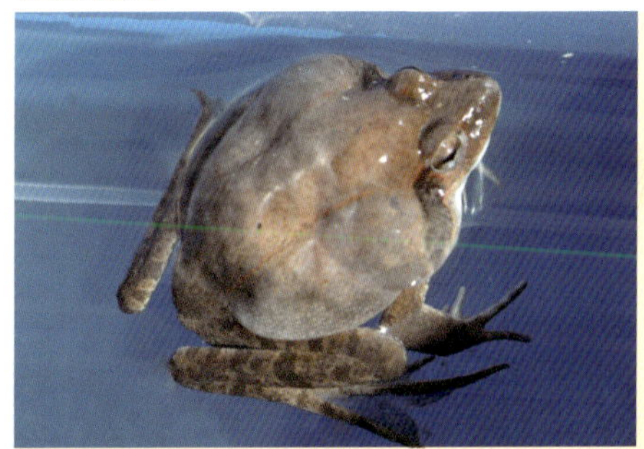

▲ 북방산개구리가 거북 등처럼 몸을 크게 부풀려 상대방을 위협한다.

▲ 유혈목이와 맞닥뜨린 두꺼비가 몸을 부풀리고 맞서 버티고 있다.

▲ 두꺼비가 몸을 부풀려 경계하는 모습

독의 분비

우리나라에 서식하는 개구리 중 독을 분비하는 개구리는 옴개구리, 두꺼비, 물두꺼비, 무당개구리의 4종류가 있다. 봄철에 개구리를 잡아먹고 병원 응급실에 실려 오는 환자가 있는데, 이 경우는 대부분 독개구리를 식용 개구리로 잘못 알고 먹었기 때문에 생긴 일이다.

두꺼비의 독은 피부와 돌기에서 분비되며, 손으로 만지기만 해도 독성을 느낄 수 있다. 피부샘에서 분비되는 독으로는 유백색의 점액성 독액인 부포탈린(Bufotalin)으로 독성이 매우 강하다. 이 액을 동물의 피하에 주사하면 경련을 일으키거나 심장이 굳어 죽게 된다.

무당개구리는 피부 점액샘에서 강한 쓴맛의 독을 만들어 내기 때문에 무당개구리를 잡아먹은 조류와 포유류들은 토해 내기도 한다. 무당개구리 독의 정도를 알아보기 위해 비닐봉지에 10마리의 무당개구리와 약간의 물을 넣고 흔든 다음 황소개구리를 넣었더니 황소개구리가 죽은 경우도 있다. 무당개구리와 옴개구리는 피부에서 강한 독을 분비하기 때문에 이 개구리들을 만질 때에는 고무장갑 등을 사용하여 피부에 직접 닿지 않도록 해야 한다.

남아메리카의 콜롬비아에 사는 '화살독 개구리(Poison-arrow Frogs)'는 피부에서 분비되는 독 0.00001g으로 사람을 죽게 할 정도로 독성이 강하다. 인디언들이 독개구리 한 마리에서 분비되는 독으로 50개의 독화살을 만들어 사냥에 사용한 사례도 있다.

▲ 두꺼비의 귀밑샘과 피부샘에서 강한 독성분인 부포탈린을 분비한다.

▲ 식용 개구리로 잘못 알고 먹었다가 식중독을 일으키게 하는 옴개구리

▲ 무당개구리는 등 표면의 피부샘에서 독소가 분비된다.

집단 행동

두꺼비의 경우, 물속에 산란된 알이 부화하여 올챙이가 된 후 육상으로 올라갈 때까지 집단적으로 이동하며 함께 생활하는데, 이는 포식자로부터 잡아먹히지 않도록 뭉치는 본능 때문이다. 물속의 무리 집단에서 길을 잃고 분산되면 쉽게 적의 공격을 받을 수 있다. 아프리카 사막에 서식하는 '누우'나 바닷속의 '정어리'가 무리를 이루어 함께 생활하는 것과 같은 현상이다.

그 밖에 맹꽁이들은 장마철에 집단적으로 모여 짝짓기를 하고 산란하는데, 이때 수컷은 70~90데시빌 정도의 크고 우렁찬 울음소리로 암컷을 모은다. 또 울음소리가 미약한 북방산개구리나 계곡산개구리도 늦은 밤에 나와 집단적으로 짝짓기와 산란을 한다. 이와 같은 집단 행동은 자연스럽게 천적의 접근을 막는 효과도 있다.

두꺼비 올챙이의 집단 행동

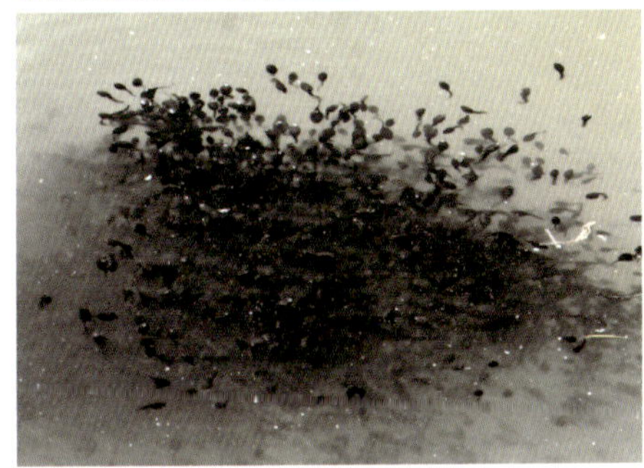
▲ 집단 행동은 천적으로부터의 피해를 줄일 수 있다.

▲ 두꺼비 올챙이는 이소 준비기에도 집단으로 행동한다.

계곡산개구리의 산란

◀ 밤에 집단적으로 모여 짝짓기와 산란을 하여 천적의 접근을 막는다.

발생 시기 조절

양서류의 알과 올챙이들은 천적으로부터 항상 위험에 노출된다. 하지만 올챙이 시기에도 살아남기 위해 위험에서 벗어나는 능력이 있음이 알려졌다.

남아메리카의 코스타리카에 사는 '붉은눈나무개구리(*Agalychnis callidryas*)'는 연못 위에 걸려 있는 나뭇잎에 알을 낳는다. 알은 보통 7일 이내에 올챙이로 부화하는데, 부화한 올챙이는 알집에서 빠져나와 물속으로 뛰어든다. 그런데 만일 알이 부화하기 전에 뱀이 알을 집어삼키려 하면, 이때 발생하는 진동이 알의 배아에 전달되어 수초 내에 부화를 개시하게 된다. 이 개구리의 배아는 산란 후 5일째부터 부화 운동을 시작한다. 뱀의 공격으로부터 살아남기 위해 알에 전달되는 진동을 이용하여 2일 정도 빨리 부화하는 것이다. 흥미로운 것은 이 개구리는 특정 진동과 진동 간격에만 반응하도록 진화했다는 점이다.

청개구리의 경우에도 한 번에 산란하는 것이 아니라 번식기에 여러 번 나누어 산란하는데, 이것은 종족 보존을 위한 본능적인 생존 전략이다. 옴개구리는 늦은 장마철에 산란한 경우에는 올챙이 상태로 겨울을 나고 다음 해에 어린 개구리로 탈바꿈한다.

또한 개구리는 올챙이 시절에 뒷다리가 먼저 생기고, 앞다리는 육상 생활하기 전 몸 안에서 미리 생겨 자란 다음, 어느 순간 갑자기 밖으로 빠져나온다. 앞다리가 뒷다리처럼 처음부터 몸 밖으로 나와 서서히 자란다면, 헤엄쳐 나아갈 때 방해가 될 뿐만 아니라 마찰로 인하여 다칠 것이다. 따라서 몸 안에서 앞다리가 충분히 자란 후 몸 밖으로 나오는 것은 생존 전략상 매우 중요한 의미가 있다.

알 발생 시기 조절

▲ 뱀이 '붉은눈나무개구리' 알을 집어삼키려 하면 알은 진동을 인식하여 빠르게 부화한다.

다리 발생 시기 조절

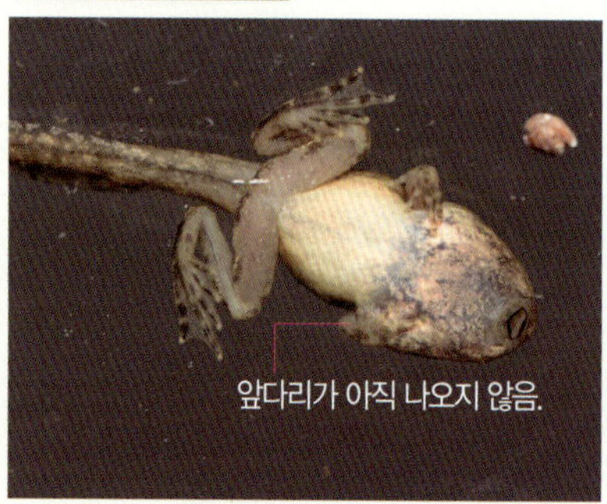

▲ 옴개구리 올챙이 몸 안에서 앞다리가 생성된 후 꼬리가 짧아지기 전에 빠져나온다.

▲ 전날 없었던 앞다리가 하루 만에 나타난 옴개구리 올챙이

뜀뛰기와 도망가기

양서류는 천적을 만나면 참개구리처럼 잘 발달된 근육질의 뒷다리를 이용하여 멀리 도망가거나, 청개구리처럼 발가락의 빨판을 이용하여 높은 나무로 이동한다. 황소개구리는 물가의 땅 위에서 쉬고 있다가 인기척이 나면 재빨리 물속으로 뛰어드는데, 뜀뛰기가 신속한 도피 수단으로 진화하였기 때문이다.

모든 동물들은 적으로부터의 방어 능력을 스스로 터득하는 방향으로 진화한다. 물속 생활을 하는 올챙이는 유일한 운동 수단인 꼬리지느러미로 파동 운동을 하여 적으로부터 도망친다. 개구리가 물속에 있다가 포식자로부터 달아나야 할 때 즉시 앞으로 돌진할 수 있는 것은 뒷다리에 물갈퀴가 있기 때문인데, 이는 수중 운동에 적응한 결과이기도 하다.

개구리들은 뒷다리의 강한 추진력으로 뜀뛰기를 할 때 마찰력을 일으키는 꼬리는 오히려 방해가 되므로 꼬리가 자연스럽게 퇴화하였을 것으로 생각된다. 인도네시아에 사는 '발바닥날개청개구리'는 높은 나무 위에서 발가락 사이의 피부를 마치 날개처럼 넓게 펼쳐서 하늘을 날아 아래쪽으로 안전하게 이동한다. 이처럼 개구리가 자신의 구조를 변화시킨 것은 자연환경에 잘 적응하며 살아가기 위한 생물 진화의 결과일 것이다.

▲ 개구리는 근육질의 뒷다리와 물갈퀴로 물을 뒤로 힘차게 밀어 빠른 속도로 나아갈 수 있다.

▲ '발바닥날개청개구리'는 발가락에 날개막이 발달되어 하늘을 날 수 있게 진화하였다. [사진 | EBS(2017. 9. 6.), 빛을 삼킨 뱀]

추위와 가뭄에 살아남기

» 겨울나기

겨울이 되면 개구리나 도롱뇽은 겨울잠을 자기 위해 땅속으로 들어간다. 양서류는 주위 온도에 따라 체온이 변하는 변온동물이므로 기온이 영하로 내려가면 피부의 수분이 얼어서 딱딱해지거나 건조하여 피부 호흡을 못하게 되므로 죽는다. 개구리는 기후 조건에 따라 3~36℃ 범위에서 체온을 변화시킬 수 있으므로 온대 지역의 경우 기온이 3℃ 이하로 떨어지는 추운 겨울에는 겨울잠을 자야 한다.

겨울잠을 자는 동안 폐 호흡은 정지되고, 피부 호흡과 맥박도 약간만 이루어진다. 신체의 모든 활동이 거의 중지되고 생식샘만 왕성하게 활동한다. 개구리는 여름에 먹이를 충분히 섭취해서 영양분을 지방으로 저장해 놓는 방법으로 추운 겨울을 이겨낸다.

▼ 도롱뇽·개구리의 겨울잠 장소

종류	겨울잠 장소
도롱뇽류	쓰러진 고목이나 바위 밑의 얕은 땅속, 계곡, 연못 등 습지 근처의 낙엽이 쌓여 있는 얕은 땅속
한국산개구리, 계곡산개구리, 북방산개구리, 물두꺼비, 옴개구리	물속의 바위나 큰 돌 밑
청개구리, 두꺼비, 맹꽁이	부드러운 땅속
참개구리, 황소개구리	논바닥이나 논둑의 땅속

▲ 물가 가까운 곳의 얕은 땅속에서 겨울잠을 자는 도롱뇽

▲ 땅속에서 겨울잠을 자는 수원청개구리

» 가뭄 극복

개구리는 폐 호흡을 하지만 심장이 불완전하여 온몸에 산소가 충분히 공급되지 못하므로 피부 호흡을 통해 산소를 보충해야 한다. 피부 호흡은 피부의 점액에 녹아들어 간 산소를 피부 바로 밑에 분포한 모세 혈관에서 흡수하여 이루어진다. 개구리는 건조한 곳에서는 피부를 덮은 점액이 말라 피부 호흡이 불가능하므로 피부를 덮고 있는 점액을 유지하기 위하여 물 근처나 습도가 높은 숲속에서 생활한다.

개구리는 피부에 혈관이 많기 때문에 습기가 있는 땅 위에 있으면 수분을 흡수할 수 있다. 그러나 발생 중인 올챙이는 스스로 적응 능력이 없으므로 탈바꿈하기 전에 심한 가뭄을 겪을 경우 말라 죽는다. 따라서 어미는 물이 마르지 않을 안전한 곳에 산란하고, 알은 건조해지지 않도록 한천질로 싸여 보호를 받는다.

피부 호흡을 위한 방법

▲ 습지에서 산다.(참개구리)

▲ 물에서 생활한다.(북방산개구리)

알의 건조를 막는 방법

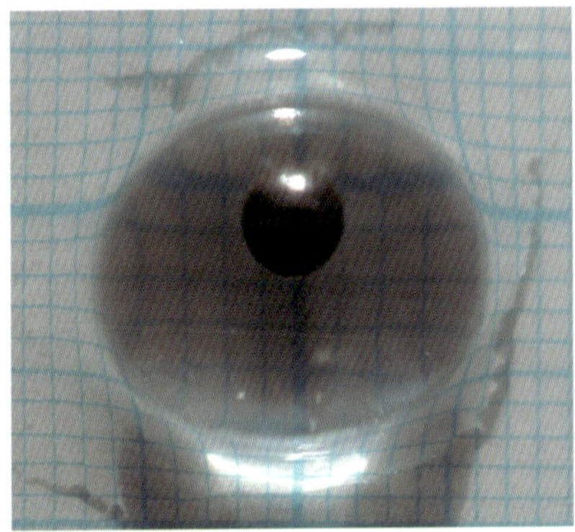

▲ 알을 싸고 있는 한천질은 알의 건조를 막는다.(도롱뇽 알)

▲ 두꺼비는 띠 모양의 알주머니를 연못 수초에 감아 고정시켜서 건조를 막는다.

양서류의 종 검색

1 성체는 꼬리가 있다. ······ 2
성체는 꼬리가 없다. ······ 5

2 주둥이에 홈이 있고 발가락 사이에 작은 물갈퀴가 있다. ······ 이끼도롱뇽
주둥이에 홈이 없고 발가락 사이에 작은 물갈퀴가 없다. ······ 3

3 꼬리는 몸통보다 길고 발가락 끝에 검은색 발톱이 있다. ······ 한국꼬리치레도롱뇽
꼬리는 몸통과 같거나 짧고 발가락 끝에 검은색 발톱이 없다. ······ 4

4 서구개치열은 'V' 모양으로 서구개구치는 31~36개 있으며, 꼬리뼈는 26~30개이다. ······ 도롱뇽
서구개치열은 'V' 모양으로 서구개치는 36~42개 있으며, 꼬리뼈는 24~29개이다. ······ 제주도롱뇽
서구개치열은 'U' 모양으로 서구개치는 31~36개 있으며, 꼬리뼈는 24~26개이다. ······ 고리도롱뇽

5 몸통과 다리에 크고 작은 원형 돌기가 있다. ······ 6
몸통과 다리에 크고 작은 원형 돌기가 없다. ······ 8

6 위턱과 아래턱에 작은 이빨이 있고 귀밑샘이 없다. ······ 무당개구리
위턱과 아래턱에 작은 이빨이 없고 귀밑샘이 있다. ······ 7

7 성체의 몸길이가 6cm 이상이고 머리에 고막이 뚜렷하다. ······ 두꺼비
성체의 몸길이가 6cm 미만이고 머리에 고막이 뚜렷하지 않다. ······ 물두꺼비

8 발가락 끝에 빨판이 있다. ······ 9
발가락 끝에 빨판이 없다. ······ 10

9 주둥이는 뭉툭하고 수컷의 울음주머니는 대부분 연한 검은색이다. ······ 청개구리
주둥이는 뾰족하고 수컷의 울음주머니는 대부분 누런색이다. ······ 수원청개구리

10 뒷다리가 앞다리에 비해 1.5배 정도 길고 고막이 뚜렷하지 않다. ······ 맹꽁이
뒷다리가 앞다리에 비해 1.5배 이상 길고 고막이 뚜렷하다. ······ 11

11 등 면이 대체로 거칠고 짧은 융기선이 흩어져 있다. ······ 옴개구리
등 면이 대체로 매끄럽다. ······ 12

12 성체의 몸길이가 10cm 이상이고 등 면에 융기선이 없다. ······ 황소개구리
성체의 몸길이가 10cm 미만이고 등 면에 긴 융기선이 1쌍 있다. ······ 13

13 등 면의 긴 융기선 사이에 짧은 융기선들이 흩어져 있다. ······ 14
등 면의 긴 융기선 사이에 짧은 융기선들이 없다. ······ 15

14 등 면의 긴 융기선이 좁고 융기선 사이에 줄무늬가 있다. ······ 참개구리
등 면의 긴 융기선이 넓고 융기선 사이에 줄무늬가 없다. ······ 금개구리

15 머리는 둥글고 뾰족하며, 눈 뒤에서부터 어깨까지 암갈색 줄무늬가 있다. 주둥이 가장자리에 황백색 줄무늬가 없고 몸길이가 5.4~8cm로 가장 크다. ······ 북방산개구리
머리는 둥글고 뭉툭하며, 주둥이 또는 눈 뒤에서부터 어깨까지 암갈색 줄무늬가 있다. 주둥이 가장자리에 황색백 줄무늬가 없고 몸길이가 4.5~6cm로 중간 크기이다. ······ 계곡산개구리
머리는 둥글고 다소 뾰족하며, 주둥이부터 눈을 지나 어깨까지 암갈색 줄무늬가 있다. 주둥이 가장자리에 황백색 줄무늬가 있고 몸길이가 3.5~5cm로 가장 작다. ······ 한국산개구리

〈출처: 강과 윤(1975), 양 등(2001), 이 등(2016)의 검색표를 수정 보완함.〉

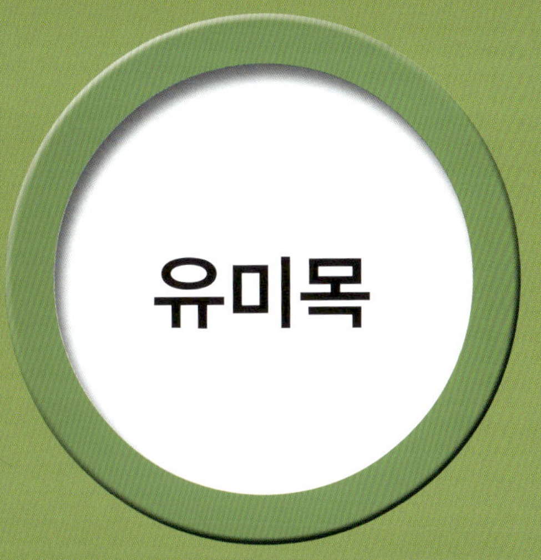

유미목

유미류의 종류

우리나라에 서식하는 유미류(꼬리가 있는 종류)는 6종으로, 특징에 따라 구별하면 도롱뇽형, 꼬마도롱뇽형, 꼬리치레도롱뇽형, 이끼도롱뇽형으로 나눌 수 있다.

도롱뇽형

도롱뇽형은 다른 종류와 비교해 머리, 몸통이 통통하고 몸통과 꼬리의 길이가 비슷하다. 입천장의 서구개치열은 'V' 또는 'U' 모양이다. 알은 투명한 알주머니 안에 들어 있고, 알주머니는 길쭉한 바나나 모양이다. 도롱뇽형에는 도롱뇽, 고리도롱뇽, 제주도롱뇽이 있다.

▲ 도롱뇽(전체 길이는 보통 11~14cm 이다.)

▲ 고리도롱뇽

▲ 제주도롱뇽

▲ 도롱뇽 배 면

▲ 도롱뇽 알주머니(알주머니 길이는 길고 둥글게 말려 있다. 한 개의 알주머니에 15~55개의 알이 들어 있다.)

▲ 도롱뇽 유생(머리가 둥글고 몸통보다 크다.)

꼬마도롱뇽형

꼬마도롱뇽은 최근에 신종으로 밝혀진 종으로, 도롱뇽형과 거의 유사한 체색과 생활사의 특징을 보여 주고 있다. 다만 다른 도롱뇽과 비교하면 크기가 매우 작고, 남해 일부 지역에만 서식하고 있다.

▲ 크기가 작은 꼬마도롱뇽(전체 길이 6~11cm)

▲ 꼬마도롱뇽 알주머니(500원짜리 동전보다 약간 더 크다.)

꼬리치레도롱뇽형

꼬리치레도롱뇽형은 전체 길이가 가장 길고, 꼬리가 몸통에 비하여 약 1.2배 더 길다. 꼬리가 가늘고 길어 치렁치렁 움직이는 모습이 인상적이다. 입천장의 서구개치열은 '⌒⌒' 모양이고 유생과 성체(동굴에서 서식하는 종류)에 까만 발톱이 있는 것이 특징이다. 폐가 없어 피부 호흡을 하며, 장타원형 알주머니 한 쌍을 물속 바위 바닥에 단단하게 붙여 산란한다. 한국꼬리치레도롱뇽이 여기에 속한다.

▲ 한국꼬리치레도롱뇽(전체 길이가 13~18cm로 가장 길고 꼬리가 몸통보다 1.2배 더 길다.)

▲ 한국꼬리치레도롱뇽 알주머니(알주머니 길이는 도롱뇽보다 작고, 알의 지름은 5~6mm로 더 크다.)

▲ 한국꼬리치레도롱뇽 유생(머리가 길쭉하고 까만 발톱이 있다.)

이끼도롱뇽형

대부분의 도롱뇽이 체외 수정을 하는 데 비하여 이끼도롱뇽형은 체내 수정을 하는 것으로 알려져 있다. 즉, 암컷은 짝짓기 때에 수컷으로부터 받은 정포를 몸 안에 지니고 있다가 알과 수정시켜 산란한다. 알은 돌 아래쪽에 낱개로 붙어 있다가 어린 새끼가 되어 태어난다. 입천장의 서구개치열은 '⌒⌒' 모양이고 발가락 사이에 미약한 물갈퀴가 있다. 폐가 없어 피부 호흡을 하고, 천적을 만나 위급할 때는 꼬리를 감아 껑충껑충 점프하면서 피하기도 한다.

◀ 축축한 이끼에서 잘 사는 이끼도롱뇽(전체 길이 7~10cm이고, 폐가 없어 피부 호흡으로 살아간다.)

▲ 이끼도롱뇽 물갈퀴(발가락 사이에 미약한 물갈퀴가 있다.)

▲ 이끼도롱뇽 알(알이 발생하여 어린 새끼로 태어난다.)

도롱뇽

도롱뇽과

- 학명 *Hynobius leechii*
- 영명 Korean salamander, Gensan salamander

별명 도래이(경북)
크기 전체 길이 11~14cm, 꼬리 길이 5~6cm
분포 우리나라 제주도를 제외한 전역, 중국

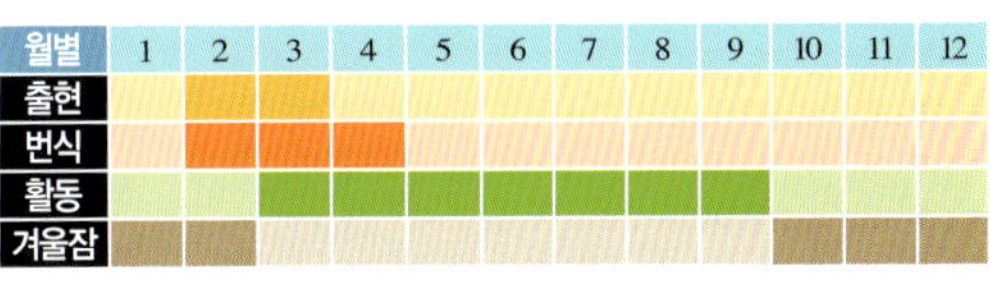

월별	1	2	3	4	5	6	7	8	9	10	11	12
출현												
번식												
활동												
겨울잠												

형태 몸이 길고 긴 꼬리가 있다. 등은 검은색, 갈색, 황갈색 바탕에 검은색 잔 점이 흩어져 있고, 배는 담황색 또는 회백색 바탕에 흰색 잔 점이 있다. 머리는 둥글고 납작하며 서구개치는 31~36개, 몸의 늑골 주름은 12~14개이다. 꼬리는 몸통보다 약간 짧고 중간부터 납작하며, 꼬리뼈는 26~30개이다. 피부는 축축하다.

습성 깊은 계곡, 산과 들이 만나는 하천, 논, 웅덩이, 농수로 등에서 산다. 낮에는 돌이나 풀 밑, 낙엽 등 습한 곳에 숨어 있다가 밤이 되면 나와서 먹이 활동을 한다. 산란 후에는 계곡 주변의 땅 위로 올라와 습기가 많은 돌 틈이나 낙엽 속에서 생활한다. 개미, 귀뚜라미, 지렁이, 거미, 옆새우, 수서 곤충류를 잡아먹는다.

산란 2~4월에 계곡 주변의 돌 틈이나 논, 웅덩이 등에 2개의 길쭉하고 투명한 알주머니를 낳으며, 물속의 돌, 나뭇가지 등에 부착한다. 1개의 알주머니에는 15~55개의 알이 들어 있다. 알주머니 길이는 10~27cm, 지름 1~2cm이고, 알의 지름은 2~2.5mm이다.

유생 몸통에 비해 머리가 크고, 목 부분에 겉아가미가 세 갈래로 나 있다. 산란 후 3~4주 이내에 부화하며, 개구리 올챙이와 달리 앞다리가 먼저 나온다.

▲ 도롱뇽

[포획금지야생동물]

도롱뇽 생김새

몸 색깔

▲ 누런빛을 띤 갈색~검은 갈색 등 다양하다.(물속 모습)

▲ 검은 갈색을 띤 암수 성체(위: 암컷, 아래: 수컷)

등

▲ 등에 검은색 잔 점이 흩어져 있고, 몸통 옆면에 늑골 주름이 12~14개 있다.

배

▲ 배에 흰색 잔 점이 흩어져 있다.

머리

▲ 머리는 둥글고 납작하다. 눈은 튀어나와 있고 눈과 주둥이 사이에 2개의 콧구멍이 있다.

다리와 발

▲ 개구리처럼 뛰지 못하고 네 다리로 기어 다닌다.

총배설강

▲ 번식기의 총배설강(수컷)

◀ 어미 도롱뇽과 알의 모양

도롱뇽 한살이

짝짓기

▲ 알을 밴 도롱뇽 성체(위: 암컷, 아래: 수컷)

▲ 나뭇가지에서 구애 행동을 하는 수컷 도롱뇽

산란

수정

▲ 산란을 마친 어미 도롱뇽

▲ 암컷이 산란하고 수컷이 정자를 뿌리는 모습 (3월)

알

▲ 나뭇가지에 붙여 산란한 알주머니 (3월)

알의 발생

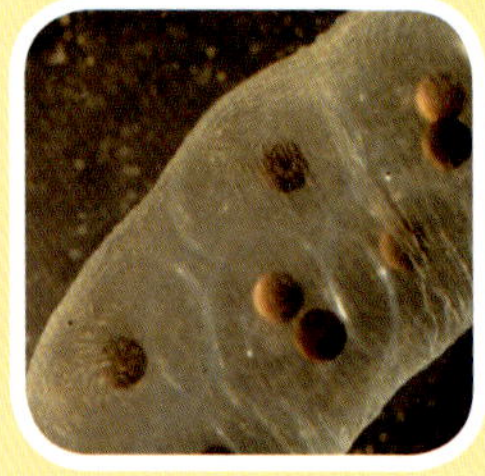

▲ 산란 후 3일경

▲ 산란 후 15일경

▲ 산란 후 20일경

▲ 산란 후 25일경

도롱뇽

▲ 도롱뇽 성체

새끼 도롱뇽

▲ 겉아가미가 없어진 새끼 도롱뇽

▲ 겉아가미가 점점 없어지면서 네 다리를 갖춘 도롱뇽 아성체(6월)

▲ 겨울잠을 자는 도롱뇽

▶ 앞뒤 발가락 모양이 뚜렷해진 도롱뇽 유생

▶ 뒷다리가 자란 도롱뇽 유생

유생

▲ 알주머니에서 나온 도롱뇽 유생

▲ 도롱뇽 유생의 겉아가미(앞다리도 동시에 나타남.)

▲ 앞다리가 자란 도롱뇽 유생(뒷다리가 나오기 시작함.)

Q 도롱뇽 유생은 알주머니에서 어떻게 빠져나올까

어미 도롱뇽은 산란할 때 알주머니가 흐르는 물에 떠내려가지 않도록 알주머니 끝을 물속의 큰 돌이나 나뭇가지, 풀잎에 단단히 붙인다. 알주머니 속의 알이 부화하여 유생으로 발달하면 서서히 밖으로 빠져나오는데, 주로 돌, 나뭇가지, 풀잎에 붙인 끝 쪽에서부터 밖으로 나온다.

유생이 알주머니에서 빠져나오는 과정

❶ 도롱뇽 알주머니

❷ 알주머니에서 부화하여 자란 어린 유생

❸ 알주머니 끝에서 빠져나오는 유생(물이 부족하여 공기에 노출된 상태임.)

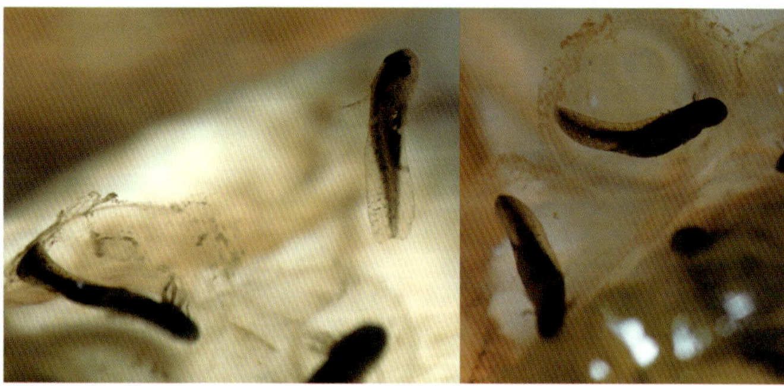

❹ 알주머니 끝에서 나왔으나 여전히 한천질에 싸여 보호받는 유생

❺ 유생이 모두 밖으로 나온 빈 알주머니 껍질

❻ 알주머니에서 갓 나온 유생

Q 어미 도롱뇽은 어떻게 알을 보호할까

산란 직후의 알주머니는 쭈글쭈글하나, 시간이 지나면서 수분을 흡수하여 점점 부풀어 커진다. 어미 도롱뇽은 본능적으로 천적으로부터 알을 보호하기 위하여 잘 보이지 않는 곳에 알을 낳는다. 계곡에서는 주로 돌 틈, 돌 밑에 산란하고 수로나 도랑, 논에 산란할 경우에는 낙엽 밑에 산란하여 위장한다. 또 알은 비교적 두꺼운 껍질로 싸이고 세 겹의 한천질로 덮여 있어 안전하게 보호된다. 한편 어미는 알주머니가 물에 떠내려가지 않도록 한쪽 끝을 돌덩이, 지푸라기, 풀잎 등에 붙인다.

알주머니 변화

▲ 산란 직후 알주머니는 쭈글쭈글하다.(알주머니 너비 1.5cm)

▲ 시간이 지나면서 알주머니가 물을 흡수하여 크고 팽팽해진다.(알주머니 너비 2cm)

알 보호하기

▲ 물살에 떠내려가지 않도록 바위에 붙여 알을 산란한다.

▲ 돌 틈에 숨겨 알을 보호한다.

▲ 풀잎 속에 숨겨 알을 보호한다.

알의 한천질

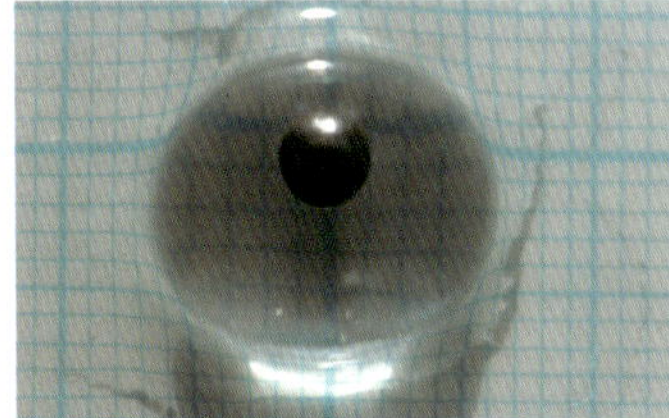
▲ 알을 싸고 있는 한천질은 빛을 모으는 볼록 렌즈 역할을 하여 발생을 촉진한다.

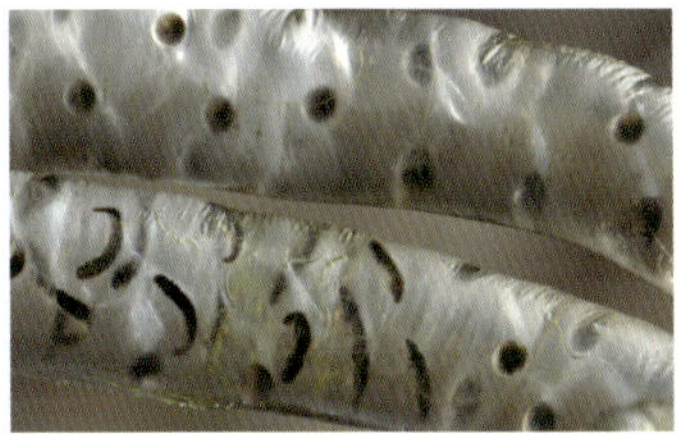
▲ 한천질의 볼록 렌즈 작용으로 알의 성장 속도에 차이를 보일 수 있다.(일부 알은 미수정으로 발생이 정지될 수 있음.)

▲ 한천질은 영하의 기온에서도 부동액 역할을 하여 알을 보호한다.

Q 옛 조상들은 왜 도롱뇽이 알을 낳는 장소를 보고 그 해의 기상을 예측하였을까

옛 조상들은 어미 도롱뇽이 알주머니를 바위나 돌, 나뭇가지, 풀잎에 붙여 산란했을 경우와 물이 고인 논이나 웅덩이 바닥에 산란했을 경우의 두 가지 현상을 보고 그 해의 기상을 예측했다고 한다. 전자의 경우에는 '그 해에 장마가 질 것'이라고 예측했다. 비가 많이 오면 알이 떠내려가기 때문에 어미 도롱뇽이 본능적으로 돌, 나뭇가지, 풀잎에 알을 붙여 보호하였을 것이라고 여겼기 때문이다. 반면에 후자의 경우에는 알이 물에 떠내려갈 염려를 하지 않아 논, 웅덩이에 알을 산란하였다고 여겨 사람들은 '그 해의 기상이 좋을 것'이라고 예측했다고 한다.

이 문제에 대한 해석에는 두 가지 의견이 있다. 하나는 그 해의 기상과 관계없이 도롱뇽은 계곡에서는 바위나 돌덩이에 알주머니를 붙여 산란하고, 논이나 웅덩이에서는 가장자리에 있는 나뭇가지나 지푸라기, 풀잎에 알을 붙여 산란한다는 것이다. 가끔 물이 고인 곳의 바닥에 알이 놓여 있는 것은 알이 물체에 견고하게 부착되지 못하였기 때문이라고 주장한다. 다른 하나는 겨울철 강수량이 많거나 적은 차이에 따라 알주머니를 붙여 낳을 수도 있고 그냥 바닥에 낳을 수도 있어서 그 모습을 보고 옛 조상들이 기상 예측을 한 것으로 보인다는 의견이다. 그러나 어떤 의견이 맞는지는 아직 알려진 바가 없다.

기상이 좋을 것으로 예측한 경우

▲ 도랑에 산란된 알주머니

▲ 논에 산란된 알주머니

기상이 좋지 않을 것으로 예측한 경우

▲ 나뭇가지에 붙여 산란된 알주머니

▲ 바위에 붙여 산란된 알주머니

▲ 풀에 붙여 산란된 알주머니

▲ 돌에 붙여 산란된 알주머니

Q 도롱뇽의 암수는 어떻게 구별할까

번식기가 되면 수컷은 총배설강 주위가 두툼하게 부풀어 있고 그 앞 끝에 작은 돌기가 있다. 암컷은 총배설강이 수컷보다는 두툼하지 않고 길게 갈라져 있다. 피부 색깔은 암컷이 수컷에 비하여 옅다. 그리고 수컷의 뒷다리는 암컷에 비하여 굵은 편이다. 한편 암컷은 꼬리가 가늘고 뭉툭하며 수컷은 꼬리가 넓적한 모양을 띤다.

	암컷	수컷
뒷다리	▲ 피부 색깔이 옅고, 뒷다리가 수컷보다 가늘다.	▲ 피부 색깔이 암컷보다 진하고 뒷다리가 굵다.
총배설강	▲ 총배설강 주위가 부풀어 있지 않다.(산란을 마친 상태)	▲ 총배설강 주위가 부풀어 있고, 앞 끝에 작은 돌기가 있다.
꼬리	▲ 번식기에 꼬리가 가늘다.	▲ 번식기에 꼬리가 넓적하다.
산란과 수정	▲ 암컷이 나뭇가지에 미수정란을 산란하고 있다.	▲ 수컷은 짝짓기 중에 정소에서 하얀 정액을 분비한다.

Q 도롱뇽의 산란과 수정은 어떻게 이루어질까

도롱뇽은 야행성으로, 주로 밤에 활동하고 감각이 예민하여 천적이 나타나면 몸을 미꾸라지처럼 틈새 사이로 이동할 수 있기 때문에 체외 수정을 관찰하는 것은 매우 어렵다. 도롱뇽의 짝짓기와 산란 과정을 탐구하기 위해서는 암수 한 쌍을 채집하여 수조에서 기르면서 관찰하는 방법이 있다(도롱뇽은 포획금지야생동물로 지정되어 있어서 채집하기 전에 관할청의 허가를 받아야 한다.).

도롱뇽은 먼저 수컷이 물속의 나뭇가지, 바위 등의 산란 장소를 찾는다. 수컷은 몸통 흔들기나 페로몬 분비 등의 구애 행동을 하여 암컷의 산란을 유도한다. 수컷의 자극을 받은 암컷은 물속의 나뭇가지에 알끈을 부착시키고, 작고 주름진 2개의 알주머니를 낳는다. 암컷이 산란한 후에 수컷은 곧바로 알을 감싸며 정자를 방출하는 강력한 행동(수컷이 입을 벌리는 등)을 연출한다. 이런 과정이 십여 분 지속된 후 암컷이 먼저 자리를 떠나고 수컷이 한동안 알주머니를 지키다가 역시 그곳을 떠난다.

▲ 짝짓기 행동을 하는 도롱뇽

» 도롱뇽의 산란과 수정 과정

산란 장소 찾기

▲ 산란 장소인 웅덩이는 수면이 얼어 있다.(2017. 3. 5. 수원 칠보산)

짝짓기

❶ 수컷이 짝을 찾기 위해 물 위에 떠 있다.(2017. 3. 6.)

❷ 수컷이 나뭇가지에서 구애 행동을 하며 암컷을 자극한다.

❸ 알을 배어 배가 불룩한 암컷이 수컷이 있는 나뭇가지로 이동한다.

❹ 수컷이 암컷을 산란 장소로 불러들여 산란을 유도한다.

산란

❺ 수컷이 지키는 가운데 암컷이 산란을 시작한다.

❻ 암컷이 몸을 세워 산란하는 동안 수컷은 주위를 맴돈다.

❼ 수컷이 암컷과 엉긴 채 알주머니를 감싼다.

알의 수정

❽ 수컷은 정자를 뿌리기 위해 알주머니를 감싼다. 암컷은 옆에서 지켜보고 있다.

❾ 수컷이 정자를 뿌린다. 이때 수정률을 높이기 위해 악을 쓰듯 입을 벌린다.

❿ 수컷이 매달려 있는 알주머니를 안고 정자 뿌리기를 계속한다.

수정 후 알 돌보기

⓫ 정자를 뿌린 후에 수컷이 알을 보호하며 지킨다.

⓬ 수정된 직후의 알주머니는 작고 주름지며 쪼그라들어 있다.

⓭ 알주머니는 물을 흡수하여 점점 팽창한다.

알의 발생

⓮ 수정된 알은 빠르게 발생이 진행된다. 수컷이 주변을 맴돌며 알주머니를 지키고 있다.

Q 도롱뇽은 주로 무엇을 먹을까

도롱뇽은 지렁이, 거미, 날도래, 파리, 딱정벌레, 벌과 나비 등을 먹는다. 먹이가 부족하면 같은 종류, 특히 유생의 경우 동종을 잡아먹는다. 도롱뇽을 사육하면서 관찰해 보면 비교적 부드럽고 공격성이 적은 나방 애벌레, 어린 곤충류를 즐겨 먹으나, 큰 거미류는 잡아먹지 못한다.

도롱뇽은 개구리와 달리 혀가 짧고 안쪽으로 말려 있으며, 입 가장자리는 위아래로 이가 배열되어 있다(치열). 따라서 도롱뇽은 작은 먹이는 가까이 접근하여 혀로 낚아채어 잡아먹고, 큰 먹이는 입을 벌려 치열로 통째로 물어 삼킨다. 또 입안에 들어온 먹이가 도망가지 못하도록 입천장에 서구개치가 있다.

입의 구조

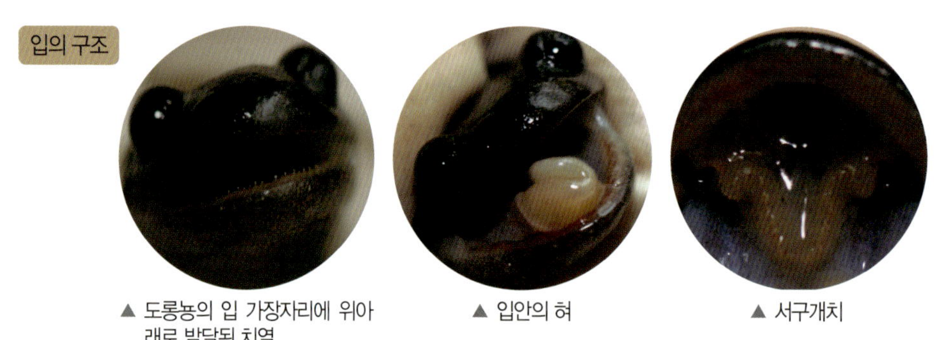

▲ 도롱뇽의 입 가장자리에 위아래로 발달된 치열

▲ 입안의 혀

▲ 서구개치

먹이를 먹는 모습

▲ 물가에서 나방 애벌레를 잡아먹고 있는 도롱뇽 성체(2015. 9. 실내 사육)

▲ 작은 노린재가 접근하자 순식간에 먹어 치운다.

▲ 큰 거미가 접근하자 경계를 하며 잡아먹지 못한다.

Q 도롱뇽은 같은 종의 도롱뇽을 어떻게 잡아먹을까

도롱뇽 유생은 먹이가 부족하면 같은 종류의 유생을 가차 없이 잡아먹는다. 악어가 먹이를 잡아먹을 때 몸을 회전하면서 뜯어 먹는 것과 같이 도롱뇽 유생도 몸을 회전하면서 먹는다.

같은 알주머니에서 부화한 유생을 배양한 후 비교해 보면 크기가 다르게 성장한 것을 볼 수 있다. 실제로 100여 개의 도롱뇽 알이 부화하여 자란 유생 14마리 중 한 마리가 특히 크다. 큰 유생은 같은 종을 잡아먹고 크게 자란 것이다.

같은 종을 잡아먹는 도롱뇽 유생

1~3 도롱뇽 유생의 포식. 악어처럼 몸을 회전하면서 잡아먹는다.
4 같은 종류의 유생을 머리부터 먹는 도롱뇽 유생

크기가 차이 나는 도롱뇽 유생

▲ 같은 알주머니에서 부화한 유생이라도 크기가 차이 나는 것은 같은 종을 잡아먹고 크게 자란 것이다.

Q 도롱뇽은 천적으로부터 어떻게 자신을 보호할까

도롱뇽은 알을 은밀한 곳에 낳고, 유생과 성체는 물속이나 땅에서 서식지 환경과 비슷하게 몸 색깔을 바꾸어 천적의 눈에 띄지 않도록 한다. 심지어 겨울잠을 잘 때도 피부 색깔을 흙 색깔과 비슷하게 하여 구별할 수 없도록 한다. 더욱이 성체는 피부에서 미끈한 점액과 독액을 분비하여 스스로를 보호한다.

흙 색깔과 같은 보호색 띠기

▲ 흙 색깔과 비슷한 보호색을 띠고 흙에서 쉬거나 땅속의 먹이를 잡아먹는다.

▲ 겨울잠을 잘 때도 흙 색깔과 비슷한 보호색을 띤다.

물 밑 색깔과 같은 보호색 띠기

▲ 물속에서도 물 밑 색깔과 같은 보호색을 띠어 눈에 잘 띄지 않는다.

▲ 물 밑 색깔과 같은 보호색을 띤 도롱뇽 유생

고리도롱뇽

도롱뇽과

- 학명 *Hynobius yangi*
- 영명 Ko-ri salamander, Gori salamander

크기 전체 길이 8~12cm, 꼬리 길이 4cm(전체 길이 9.5cm의 경우)
분포 부산, 울산, 울주, 양산, 밀양 등

월별	1	2	3	4	5	6	7	8	9	10	11	12
출현												
번식												
활동												
겨울잠												

형태 겉모습이 도롱뇽, 제주도롱뇽과 매우 비슷하나 몸집이 작고, 등이 비교적 밝은 갈색을 띤다. 앞다리와 뒷다리 길이는 0.9cm 내외로 길이가 같거나 뒷다리가 약간 길고, 굵기 또한 뒷다리가 굵다. 입천장의 서구개치는 31~36개이며, 몸통 옆면의 늑골 주름은 12~14개, 꼬리뼈는 24~26개이다.

습성 산림 지대의 계곡, 산과 접한 논, 습지, 습지 주변의 바위, 돌, 고목, 낙엽, 부엽토 아래에 살며, 주로 밤에 활동한다. 번식기에는 수컷이 먼저 산란지에 도착하여 암컷을 기다리고 수컷과 암컷의 출현 비율은 1.2~2.5 : 1로 수컷의 비율이 더 높다. 11월경에 겨울잠에 들어가며, 개미, 지렁이, 거미, 벌, 수서 곤충 등을 잡아먹는다.

산란 이른 봄에 짝짓기를 하며, 산간의 논 고랑이나 습지의 돌과 나뭇잎에 알주머니를 낳아 붙인다. 알주머니 1개는 길이 10~14cm, 지름 1.5~2cm이며, 알의 수는 19~60개로 개체마다 차이가 크다.

유생 등은 누런색, 황갈색을 띠고 작은 검은색 점이 온몸에 흩어져 있다. 몸통에 비해 머리가 크고 목덜미 부근에 3갈래의 겉아가미가 나 있다.

▲ 고리도롱뇽

[한국고유종, 멸종위기야생생물 Ⅱ급, 포획금지야생동물]

고리도롱뇽 생김새

몸 크기

▲ 고리도롱뇽 성체(위: 암컷, 아래: 수컷)

머리

▲ 양쪽 눈이 튀어나오고 콧구멍도 2개가 뚜렷하게 보인다.

▲ 머리 아랫면은 피부가 매끈하고 연한 흰색이며 무늬가 없다.

꼬리

▲ 암컷은 꼬리 끝이 뭉툭하다.

▲ 수컷은 꼬리 끝의 너비가 넓고 납작하다.

등

▲ 등은 밝은 갈색을 띠고, 몸통 옆면에 늑골 주름이 12~14개 있다.

배

▲ 배의 모습

앞뒤 발

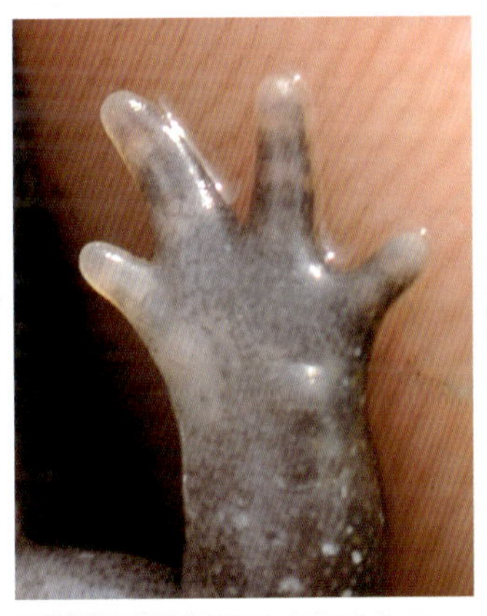

▲ 앞발

▲ 뒷발

총배설강

▲ 번식기의 총배설강(수컷)

물속에서의 모습

고리도롱뇽 한살이

짝짓기

▲ 번식기의 고리도롱뇽 수컷과 암컷
물속에서 수컷(왼쪽)은 몸통 흔들기 등의 행동으로 암컷(오른쪽)을 유인한다.

▲ 산란 직전의 암컷
성숙한 알을 가지고 있어 배가 불룩하다.

고리도롱뇽

▲ 고리도롱뇽 성체

산란

▲ 알을 낳고 있는 암컷
수컷과의 짝짓기 행동을 통하여 자극 받은 암컷이 알을 낳는다.

알

◀ 물속의 풀잎에 붙여 산란한 알주머니
어미는 알을 안전하게 물속의 나뭇가지나 풀잎에 붙여 산란한다.

수정

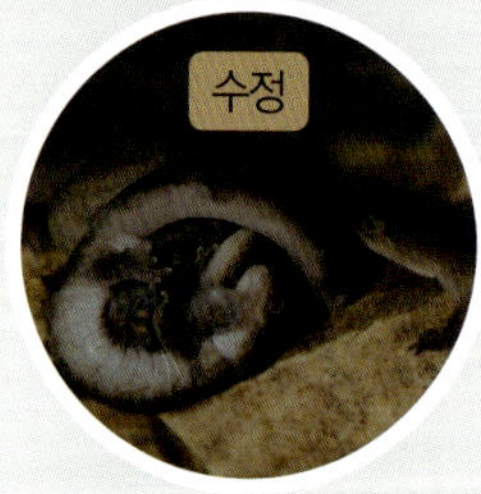

▲ 암컷이 낳은 알에 정자를 뿌리는 수컷
수컷들이 서로 알에 정자를 뿌리려고 경쟁한다.

▲ 겉아가미가 거의 퇴화한 고리도롱뇽 아성체
앞다리에 이어 뒷다리가 자라고 몸체가 커져 튼튼해진다.

알의 발생

▲ 한천질과 막에 둘러싸인 알주머니
알은 한천질과 막으로 세 겹으로 싸여 보호된다.

유생

◀ 부화되어 알주머니 밖으로 나온 고리도롱뇽 유생
겉아가미와 자라기 시작한 앞다리가 있다.

고리도롱뇽 탐구

Q 고리도롱뇽 이름은 어떻게 생겨났을까

고리도롱뇽은 부산광역시 기장군 고리 원자력 발전소 부근에서 처음 발견되어 '고리도롱뇽'이라고 이름을 붙였으나 그 후 울주군, 울산, 양산 등 다른 지역에서도 서식하고 있는 것으로 확인되었다.

▲ 고리 원자력 발전소

▲ 고리 원자력 발전소 근처에 서식하는 고리도롱뇽

Q 고리도롱뇽은 얼마나 오래 살까

고리도롱뇽을 비롯한 도롱뇽류는 사람처럼 출생 연도가 기록되어 사망하기까지 몇 년 동안 생존했는지 정확하게 기록된 통계가 없다. 다만 고리도롱뇽과 유사한 도롱뇽을 사육장에서 사육한 기록만 있을 뿐이다. 도롱뇽류는 어미의 몸에서 갓 나온 알 상태에서 성적으로 성숙한 성체가 되기까지 2~3년 정도 걸린다. 도롱뇽을 사육하면서 얼마나 오래 살았는지에 대한 통계는 외국의 사례가 있는데, 그 자료에 의하면 약 10~25년 정도 산 것으로 나타난다. '불도롱뇽'은 약 50년까지 살았나는 기록이 있다. 일반적으로 도롱뇽과 같은 유미류가 개구리와 같은 무미류보다 수명이 더 길고, 대형 종이 소형 종보다 더 오래 사는 것으로 알려져 있다.

▲ 알을 밴 성숙한 개체

▲ 오래 산 것으로 추정되는 개체

Q 고리도롱뇽은 주로 어디에 산란할까

고리도롱뇽은 논과 맞닿아 흐르는 개울의 물이 고여 있는 곳과 풀이 많이 난 습지에서 주로 살기 때문에 알을 물풀이나 낙엽에 붙여 산란한다. 그 밖에도 고리도롱뇽은 산지 주변의 계곡, 물웅덩이, 논 등에서 사는데, 이곳의 나뭇가지, 돌, 바위에 알주머니의 한쪽 끝을 붙여 산란한다.

사는 곳

▲ 논고랑과 습지

▲ 개울의 물이 고여 있는 곳

▲ 습지

▲ 풀이 많아 몸을 숨길 수 있는 습지

▲ 물이 고여 있는 논

산란하는 곳

▲ 풀잎 한쪽 끝에 붙여 산란된 알주머니

▲ 바위틈에 산란된 알주머니

▲ 냇가 돌 틈에 산란된 알주머니

▲ 돌 한쪽 끝에 붙여 산란된 알주머니

틈새 정보

고리도롱뇽 대체 서식지 조성

고리도롱뇽이 신고리 원자력 발전소 건설 예정지에 살고 있다는 것이 밝혀짐에 따라 고리도롱뇽 보전을 위하여 2005년 부산시 기장군 장안읍 길천리에 고리도롱뇽의 대체 서식지가 조성되었다. 고리도롱뇽이 발견되어 대체 서식지가 조성되기까지의 변천 과정은 다음과 같다.

▲ 고리도롱뇽 대체 서식지

- 1997년 양서영 교수(인하대)가 최초 발견하여 한국 "생물과학회지"에 보고
- 2003년 김종범, 민미숙, Matsui 박사 등이 일본 "동물과학회지" 에 신종으로 발표
- 2004~2005년 고리도롱뇽 서식 분포 실태 조사
- 2006~2010년 대체 서식지에서의 고리도롱뇽 모니터링 실시

Q 고리도롱뇽 유생과 성체의 먹이는 무엇일까

고리도롱뇽 유생은 몸체가 작기 때문에 물벼룩, 실지렁이 등 작고 부드러운 먹이를 먹는다. 고리도롱뇽 성체는 유생보다 몸체가 크기 때문에 옆새우, 지렁이, 강도래, 날도래, 하루살이 애벌레, 장구벌레 등의 수서 곤충과 육상 곤충 등을 잡아먹고 산다.

▲ 고리도롱뇽 유생과 성체의 먹이인 수서 곤충들
옆새우, 실지렁이, 날도래 애벌레, 하루살이 애벌레, 플라나리아 등이 있다.

▲ 고리도롱뇽 성체의 먹이인 지렁이

Q 고리도롱뇽과 도롱뇽 유생은 어떻게 구별할 수 있을까

고리도롱뇽 유생과 도롱뇽 유생은 생김새가 매우 비슷하여 구별하기 어렵다. 다만 고리도롱뇽 유생은 도롱뇽에 비하여 등 쪽이 밝은 색깔을 띤다.

▲ 고리도롱뇽 유생이 도롱뇽 유생에 비하여 등 쪽이 상대적으로 약간 밝은 편이다.

제주도롱뇽

도롱뇽과

- 학명 *Hynobius quelpaertensis*
- 영명 Che-ju salamander, Jeju salamander

크기 전체 길이 9~11cm, 꼬리 길이 4~5cm
분포 제주도, 전라남도, 전라북도 부안 등

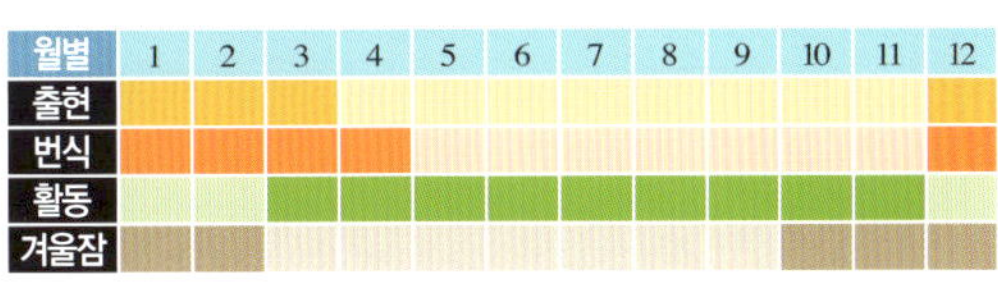

형태 겉모습은 도롱뇽, 고리도롱뇽과 큰 차이가 없다. 번식기에 암컷은 노란색, 황갈색을 띠고 수컷은 짙은 갈색을 띤다. 앞다리 생김새에도 암수 차이가 있는데, 수컷은 굵고 암컷은 가는 편이다. 총배설강은 암컷은 밋밋하고, 수컷은 주변이 둥글게 부풀고 위쪽 끝에 작은 돌기가 있다. 몸통 옆면에 늑골 주름이 12~13개 있고, 서구개치 수는 37~42개로 도롱뇽보다 많은 것이 특징이다.

습성 주로 산림 지대, 하천, 농경지 주변의 바위, 돌, 고목, 낙엽 밑에 산다. 밤에 먹이 활동을 하며, 10월 중순경에 돌, 나뭇잎, 쓰러진 고목 아래에서 겨울잠을 잔다. 곤충, 거미, 지렁이 등을 잡아먹는다.

산란 12월에서 다음 해 4월 사이에 웅덩이나 하천 주변, 연못, 계곡 등의 낮은 지대에서 높은 지대인 한라산 백록담에까지 산란한다. 바나나 모양의 알주머니 2개를 낳아 돌이나 나뭇가지, 풀잎 등에 붙이며, 알은 보통 2개의 알주머니에 60~150개 정도가 들어 있다.

유생 도롱뇽, 고리도롱뇽과 생김새 및 생태가 비슷하다.

▲ 제주도롱뇽(수컷)

[한국고유종, 포획금지야생동물]

제주도롱뇽 생김새

몸 색깔

▲ 암컷의 몸은 주로 노란색 또는 황갈색을 띤다.

▲ 수컷의 몸은 주로 검은색 또는 암갈색을 띠나 황갈색을 띨 때도 있다.

꼬리

▲ 암컷의 꼬리는 뭉툭하다.

▲ 수컷의 꼬리는 너비가 넓고 납작하다.

배

▲ 배는 피부가 부드럽고 은색 반점이 흩어져 있다.

총배설강

▲ 양서류는 생식공, 배설공이 한 공간에 함께 있어 총배설강이라 한다. 번식기에 생식공이 두드러지게 볼록하다(수컷).

머리

▲ 눈은 튀어나와 있고 주둥이는 둥글다.

▲ 머리 아랫면은 흰색을 띠는 경우가 많다.

옆모습

▲ 옆에서 본 모습

▲ 몸통 옆면의 늑골 주름은 12~13개이다.

발과 다리

▲ 앞발은 발가락이 4개이다.

▲ 앞다리는 가늘다.

▲ 뒷발은 발가락이 5개이다.

▲ 뒷다리는 앞다리에 비하여 굵다.

제주도롱뇽 한살이

짝짓기

▲ 산란을 앞둔 제주도롱뇽 암컷
수컷의 구애 행동을 통하여 알을 밴 암컷

산란

▲ 산란된 알주머니

알

◀ 알주머니가 물을 흡수하여 팽팽해졌다. 알은 한천질에 싸여 보호받는다.

수정

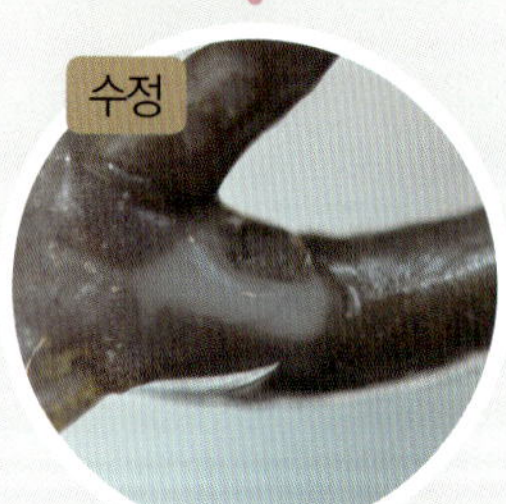

▲ 제주도롱뇽 암컷의 산란에 이어 수컷은 알에 정액을 뿌린다.

알의 발생

▲ 수정된 알은 발생이 진행되어 머리와 꼬리가 생겼다.

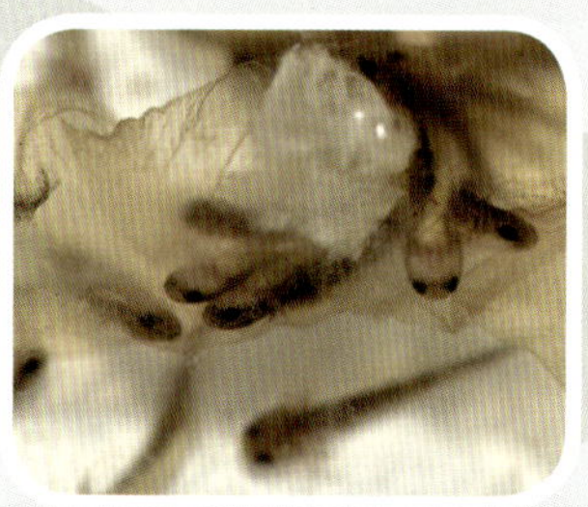

▲ 발생을 마친 제주도롱뇽 유생은 알주머니 밖으로 나온다.

유생

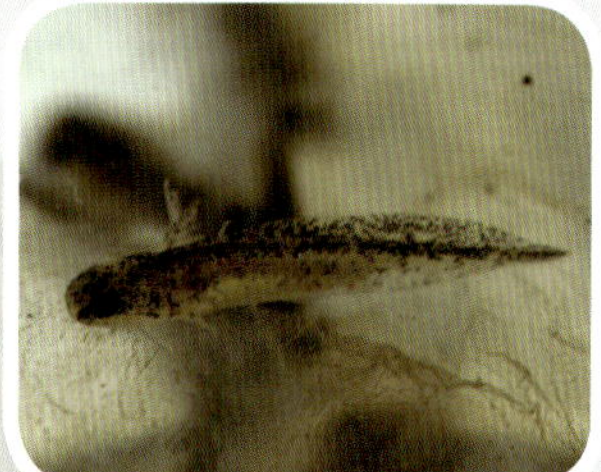

▲ 갓 부화한 제주도롱뇽 유생
유생은 효소의 도움으로 몸을 싸고 있던 한천질로부터 벗어난다.

▲ 제주도롱뇽 아성체
부화한 유생은 앞다리와 뒷다리가 자라고 겉아가미가 퇴화하면서 폐의 기능이 활성화된다.

제주도롱뇽

▲ 제주도롱뇽 성체
겉아가미가 없어지고 도롱뇽으로 탈바꿈하였다.

Q 제주도롱뇽 이름은 어떻게 생겨났을까

제주도롱뇽은 처음 제주도에서 발견되어 이 섬에만 사는 특산종으로 알고 '제주도롱뇽'이라고 했으나, 그 후 전라남도, 전라북도 일부 지역에도 분포하는 것으로 밝혀졌다.

▲ 제주도롱뇽이 처음 발견된 제주도 서식지(제주 곶자왈)

▲ 전남 흑산도의 제주도롱뇽 서식지

▲ 전북 고창에서 발견된 제주도롱뇽 수컷

▲ 전북 부안 내소사에서 발견된 제주도롱뇽 암컷

Q 제주도롱뇽은 주로 어디에 살까

제주도롱뇽은 산림 지대, 가시덤불과 나무들이 섞여 있는 곳, 하천, 경작지, 농수로, 웅덩이, 기타 습지 주변에서 관찰된다. 낮에는 바위, 고목, 낙엽, 풀 아래에 숨어 있다가 주로 밤에 활동한다.

▲ 계곡의 물이 고여 있는 곳에 살며 번식한다. 몸을 숨길 수 있는 바위나 돌이 있으면 더욱 좋아한다.

▲ 저지대에서는 수심이 낮은 곶자왈에서 산다.

Q 제주도롱뇽의 산란은 어떻게 이루어질까

제주도롱뇽은 번식기인 12월에서 이듬해 4월에 수컷은 산란지에 먼저 도착해 몸통 흔들기와 페로몬을 분비하여 암컷을 유인하고, 암컷은 돌과 바위 또는 나뭇가지, 수초, 낙엽 등에 알주머니를 붙여 산란한다. 번식기가 끝나면 산림 지대로 이동하여 살아간다.

▲ 물 속의 나뭇가지에 붙여 무더기로 산란된 알주머니

▲ 수심이 낮은 습지에 산란된 알주머니

▲ 농수로 주변에 산란된 알주머니와 그 주위를 맴도는 수컷

Q 제주도롱뇽의 암수는 어떻게 구별할까

제주도롱뇽 암컷의 몸 색깔은 노란색이나 황갈색이고 수컷은 짙은 갈색이며, 꼬리는 암컷은 뭉툭하고 수컷은 넓적하다. 또 번식기에 총배설강이 암컷은 밋밋하고 수컷은 둥글게 부풀어 있다.

▲ 제주도롱뇽 암컷과 수컷

▲ 암컷의 총배설강
번식기에 총배설강 주변이 밋밋하다.

▲ 수컷의 총배설강
번식기에 총배설강 주변은 하트 모양으로 부풀어 오르고 가운데에 좁쌀만한 돌기가 있다.

Q 제주도롱뇽과 도롱뇽은 어떻게 구별할까

제주도롱뇽은 도롱뇽과 매우 비슷하게 생겼기 때문에 생김새로 구별하기가 쉽지 않다. 다만 제주도롱뇽은 입천장의 서구개치 수가 37~42개로, 도롱뇽의 31~36개보다 많다(때로는 서구개치 수가 같은 경우도 있다.). 유전자 분석에 의한 구별도 가능하지만 전문 실험실을 갖추고 있어야만 하므로 대중적인 방법은 아니다.

▲ 제주도롱뇽

▲ 도롱뇽

▲ 도롱뇽(위)과 제주도롱뇽(아래)은 생김새가 비슷하여 겉으로 구별하기 어렵다.

꼬마도롱뇽

도롱뇽과

- 학명 *Hynobius unisacculus*
- 영명 Korean small salamander

크기 전체 길이 6~11cm, 꼬리 길이 2~5cm
분포 전라남도(고흥, 여수, 순천, 선암사, 주양호 등) 일대

월별	1	2	3	4	5	6	7	8	9	10	11	12
출현												
번식												

형태 2016년에 발표된 신종으로, 생김새는 도롱뇽과 비슷하나 크기가 작은 편이다. 등은 주로 갈색 또는 누런색 바탕에 검은색 또는 흰색 반점이 흩어져 있으나, 다른 도롱뇽류처럼 피부색과 반점이 다양하게 나타난다. 배는 투명하고 흰 반점이 흩어져 있다. 전체 길이 6~11cm 중 주둥이에서 총배설강까지의 길이는 4~6cm로 꼬리가 비교적 짧다.

습성 전라남도 일부 지역에 사는 우리나라 고유종으로, 주로 농경지나 낮은 지대의 습지에서 살며 생활 습성은 다른 도롱뇽류와 비슷하다.

산란 2~3월경에 논도랑, 물이 고여 있는 논, 웅덩이 등의 습지에 알을 낳는다.

▲ 꼬마도롱뇽

[한국고유종]

꼬마도롱뇽 생김새

등

▲ 주로 갈색 또는 누런색 바탕에 검은색~흰색 반점이 흩어져 있다.

배

▲ 배에 흰색 반점이 흩어져 있다.

머리

▲ 머리는 둥글고 납작하다.

피부색

▲ 흑갈색을 띤 개체

▲ 엷은 색깔을 띤 개체

Q 꼬마도롱뇽은 주로 어디에 산란할까

꼬마도롱뇽은 논도랑이나 물이 고여 있는 논, 웅덩이 등의 습지에 주로 알을 낳는다.

▲ 물이 고여 있는 도랑에 산란된 알주머니(고흥 외나로도, 3월)

▲ 진흙 속에 산란된 알주머니. 진흙 속에 물이 있어 부화가 가능하다.

▲ 논둑 속에 산란된 알주머니. 논둑 속에는 물이 흐르고 있어 부화가 가능하다.

Q 꼬마도롱뇽은 어떻게 신종으로 발표되었을까

꼬마도롱뇽이 신종으로 발표되기 전까지 우리나라에는 양서류가 18종(유미류 5종, 무미류 13종) 살고 있는 것으로 알려졌었다. 2016년 꼬마도롱뇽이 신종으로 발표되면서 우리나라 양서류는 유미류 1종이 추가되어 총 19종이 되었다. 학계에서는 형태적 분석, 알의 특이성, 유전자 분석 등을 거쳐 꼬마도롱뇽이 신종임을 확정지었다.

2008년부터 꼬마도롱뇽 관련 연구 결과가 본격적으로 발표되었다. 2008년 순천 지역(백혜준), 2009년 고흥 외나로도(이병휘 등), 2010년 순천 · 고흥 지방의 알의 특이점 발표(송재영 등), 2011년 꼬마도롱뇽 관련 논문 발표(백혜준 등)를 거쳐 마침내 2016년 계통적으로 제주도롱뇽에 가까운 신종인 꼬마도롱뇽을 발표(민미숙 등)하기에 이르렀다.

논문에 나타난 꼬마도롱뇽의 형태 분석

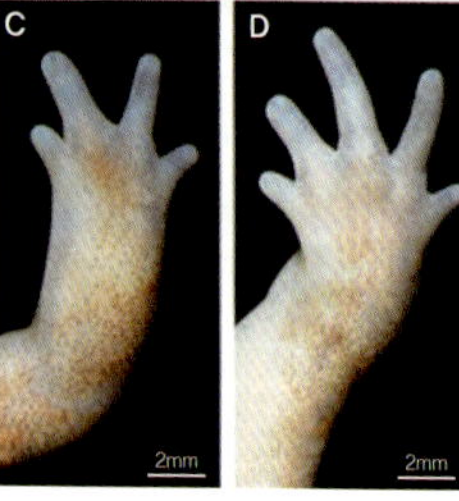

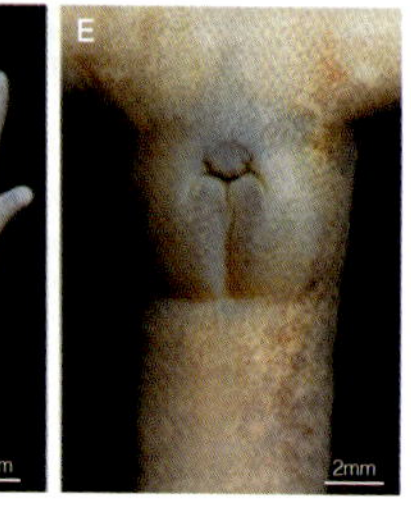

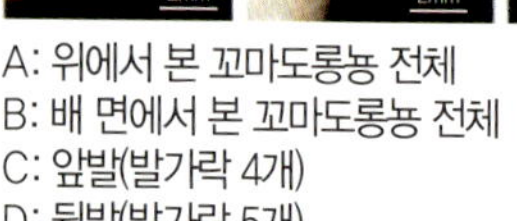

A: 위에서 본 꼬마도롱뇽 전체
B: 배 면에서 본 꼬마도롱뇽 전체
C: 앞발(발가락 4개)
D: 뒷발(발가락 5개)
E: 총배설강(수컷)

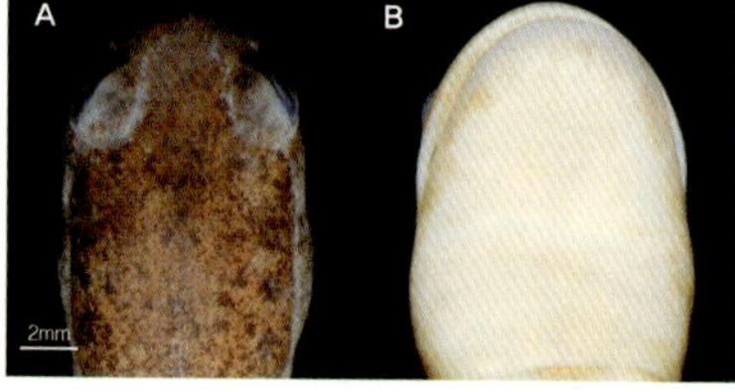

A: 위에서 본 머리 부위
B: 머리 밑 부위
C: 옆에서 본 머리 부위(눈, 콧구멍, 입, 혀, 피부)

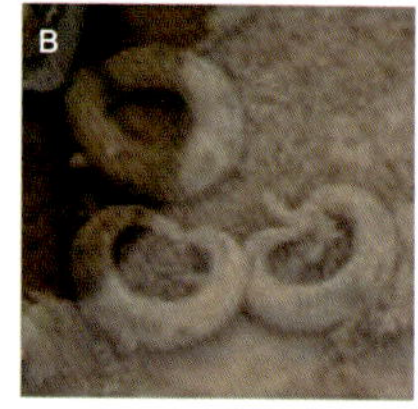

A, B: 꼬마도롱뇽 알주머니
C: 500원짜리 동전과 비교한 알주머니 크기

〈출처: 2016년 발표 논문(민미숙 등)〉

한국꼬리치레도롱뇽 도롱뇽과

- 학명 *Onychodactylus koreanus*
  Onychodactylus fischeri
- 영명 Korean clawed salamander
  Long-tailed clawed salamander

별명 발톱도롱뇽
크기 전체 길이 13~18cm, 꼬리 길이는 몸통 길이의 1.2배 정도
분포 제주도를 제외한 한반도 전역, 러시아, 중국

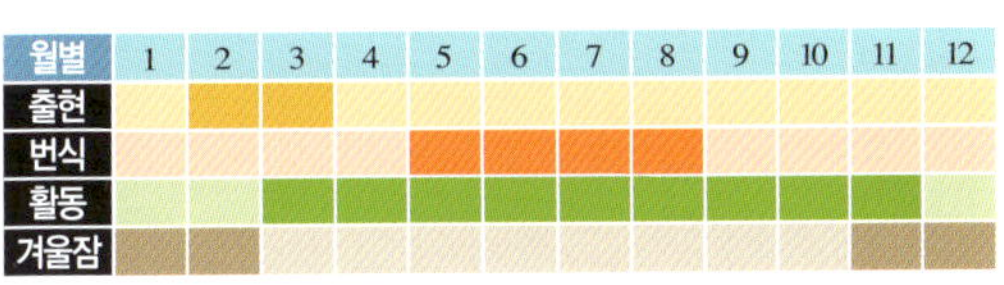

월별	1	2	3	4	5	6	7	8	9	10	11	12
출현		■	■									
번식					■	■	■	■				
활동			■	■	■	■	■	■	■	■	■	
겨울잠	■	■									■	■

형태 몸은 길고 가늘며, 꼬리가 전체 길이의 반 이상을 차지한다. 사는 곳에 따라 몸 색깔에 변화를 보이는데, 보통 황금색 또는 적갈색 바탕에 검은색 점무늬가 등 전체에 걸쳐 마치 두꺼운 선 모양으로 나 있다. 눈은 크고 툭 튀어나왔으며, 주둥이 끝은 둥글다. 동굴에 사는 한국꼬리치레도롱뇽은 유생뿐만 아니라 성체도 까만 발톱을 가지고 있다.

습성 산림 지대의 계곡, 동굴이나 하천 주변의 바위, 돌, 낙엽, 고목, 이끼 등에서 생활한다. 깊은 계곡의 수온이 차고(약 7~10℃) 깨끗한 물이 흐르는 곳에서 생활하는 대표적인 종이다. 유생은 겉아가미로 호흡하나 성체가 되면 폐가 발달하지 않아 피부로 호흡한다. 곤충, 거미와 같은 절지동물과 지렁이 등을 잡아먹는다.

산란 늦은 봄부터 초여름에 걸쳐 물이 약하게 흐르는 곳의 돌이나 동굴 벽면에 바나나 모양의 알주머니를 붙여 낳는다. 알주머니 길이는 약 3cm이고, 알의 수는 16~26개 정도로 약 180일 만에 부화한다.

유생 몸 색깔은 작은 반점이나 얼룩무늬, 줄무늬 등 여러 가지로 변이가 심하다. 보통 2년 동안 물속에서 겉아가미가 있는 상태로 생활하며 3년째에 겉아가미가 없어지고 성체의 모습으로 탈바꿈하여 땅으로 올라온다. 유생 때부터 발가락에 까만 발톱이 있다.

▲ 한국꼬리치레도롱뇽(암컷)

[한국고유종, 포획금지야생동물]

한국꼬리치레도롱뇽 생김새

몸 크기

▲ 한국꼬리치레도롱뇽 성체
전체 길이가 13~18cm이고, 꼬리 길이는 7~11cm로 머리와 몸통을 합친 길이보다 약 1.2배 정도 더 길다.

생식혹

▲ 번식기에도 뒷발에 생식혹이 없다.

▲ 뒷발의 둥글고 넓은 모양을 띤 생식혹은 번식기에만 나타난다.

머리

▲ 양 눈이 유난히 튀어나와 있다.

옆모습

▲ 몸통 옆면의 늑골 주름은 11~13개이다.

뒷발

▲ 발가락이 5개이다.

총배설강

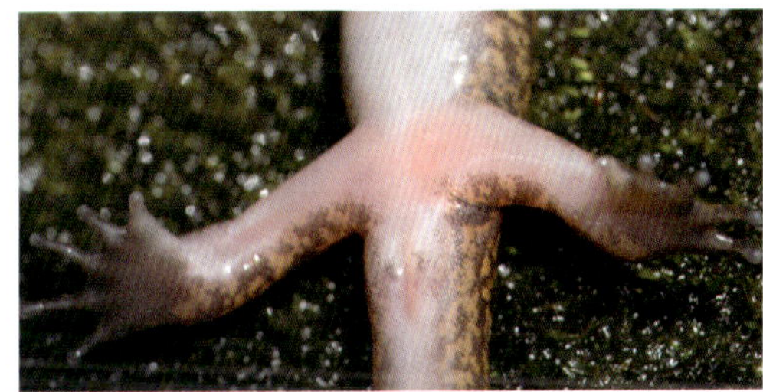

▲ 총배설강(암컷)

유생

▲ 한국꼬리치레도롱뇽 유생
머리는 길쭉한 사각형 모양이며, 겉아가미가 목덜미 부근에서 3갈래로 갈라져 있고 발가락 끝에 까만 발톱이 있다.

▲ 유생의 배 면
회백색 또는 연한 흰색을 띠고 무늬가 없다.

◀ 유생(위)과 성체(아래)의 비교

한국꼬리치레도롱뇽 생활사

산란

▲ 암컷의 산란과 동시에 수컷이 정자를 뿌린 후 알주머니 주위를 맴돌고 있다.

알

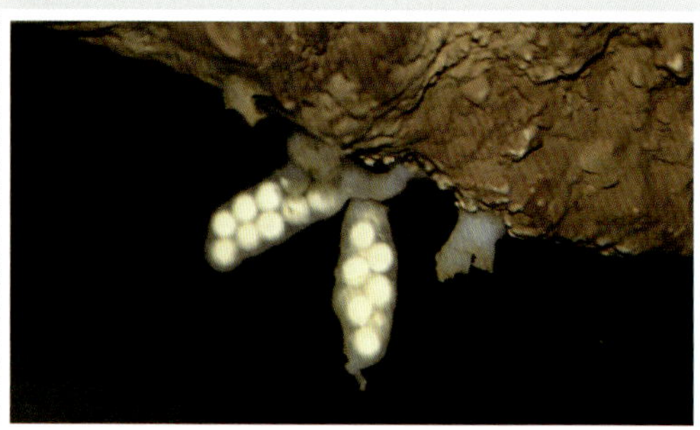

▲ 동굴의 물속 바위에 붙여 산란된 알주머니

유생

▲ 차고 깨끗한 동굴의 물속에서 부화한 한국꼬리치레도롱뇽 유생

▲ 탈바꿈을 시작하여 몸에 무늬가 생긴 한국꼬리치레도롱뇽 유생

▲ 한국꼬리치레도롱뇽 유생은 3쌍의 겉아가미가 있고, 앞뒤 발가락에 까만 발톱을 가지고 있으며, 전체 길이는 약 4cm이다.

▲ 한국꼬리치레도롱뇽 유생(위: 2~3년생, 아래 : 0~1년생)

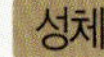

◀ 한국꼬리치레도롱뇽 성체

Q 꼬리치레도롱뇽 이름은 어떻게 생겨났을까

꼬리가 머리와 몸통을 합친 길이보다 약 1.2배 정도 더 길고 꼬리를 흔드는 모습이 매우 인상적이어서 '꼬리치레도롱뇽'이라고 이름을 붙이게 되었다. 특히 꼬리치레도롱뇽 수컷은 꼬리가 몸통보다 훨씬 긴 편이어서 치렁치렁하다.

▲ 꼬리 길이가 몸길이보다 훨씬 길다(수컷).

▲ 긴 꼬리를 흔드는 모습이 인상적이다.

Q 한국꼬리치레도롱뇽은 어디에서 살까

한국꼬리치레도롱뇽은 깨끗한 물이 흐르는 깊은 계곡에서 생활하는 도롱뇽의 대표적인 종이다. 동굴의 벽이나 물속, 깨끗한 물이 흐르는 계곡의 큰 돌 밑이나 계곡 주변의 낙엽이 많은 돌 밑에서 생활한다.

한국꼬리치레도롱뇽 서식지

계곡

▲ 깨끗한 물이 흐르는 곳(강원도 태백)

▲ 차고 깨끗한 물이 흐르는 계곡(강원도 삼척)

계곡 주변

▲ 계곡 주변의 낙엽이 많은 곳(충남 논산)

▲ 이끼가 많은 곳(강원도 영월)

동굴

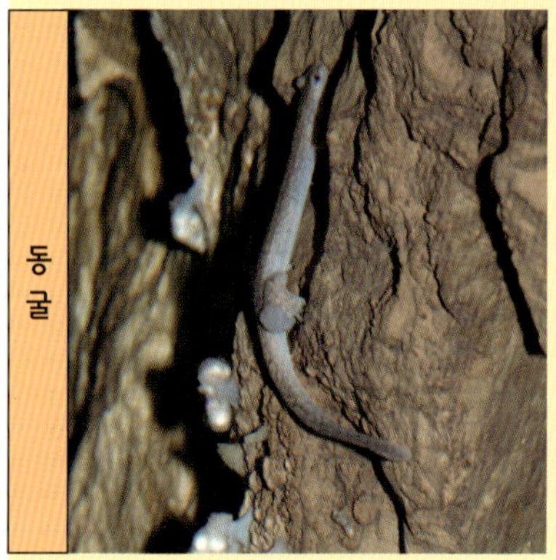

▲ 동굴 벽(강원도 삼척 환선동굴)

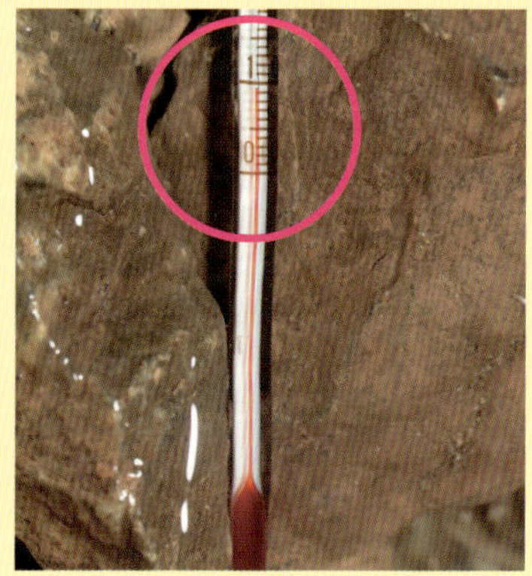

▲ 한국꼬리치레도롱뇽 서식지(동굴)의 수온 (7월, 9℃ 정도)

Q 동굴에 사는 개체와 계곡에 사는 개체의 발톱 모양이 다른 이유는 무엇일까

한국꼬리치레도롱뇽은 유생 시기에는 어디에 살든 발톱 모양에 차이가 없다. 유생은 물속에서 수서 곤충의 어린 개체들을 주로 잡아먹기 때문에 땅 위로 나올 필요가 없다. 따라서 강한 물살에 떠내려가지 않고 바위에 잘 붙어 있도록 앞뒤 발가락에 단단한 까만 발톱이 발달해 있다.

그러나 성체가 되면 동굴 벽에 붙어 사는 한국꼬리치레도롱뇽은 까만 발톱이 그대로 있는 데 비하여 계곡에 사는 개체는 까만 발톱이 없어지는 경향이 있다. 이 현상은 동굴에 사는 성체는 물속에서 주로 살아가기 때문에 동굴 바위에 잘 붙어 있어야 하는 데 비해 일반 계곡에 사는 성체는 물에서 나와 먹이를 잡거나 휴식을 취할 때가 많기 때문에 바위에 부착하는 데 필요한 까만 발톱이 퇴화한 것으로 추측된다.

▲ 앞발 ▲ 뒷발 ▲ 앞발 ▲ 뒷발

▲ 동굴 벽에 붙어 있는 유생

▲ 계곡 바위에 있는 유생

Q 한국꼬리치레도롱뇽의 암수는 어떻게 구별할까

한국꼬리치레도롱뇽의 암수 구별은 번식기에 뚜렷하게 나타난다. 암컷은 알을 가지고 있어 배가 불룩하고 꼬리 끝이 가는 편이다. 수컷은 뒷발에 둥근 생식혹(혼인육지)이 생기고 꼬리 끝의 너비가 넓다.

암컷

▲ 암컷의 뒷발에는 생식혹이 생기지 않고 꼬리는 끝으로 갈수록 원통 모양으로 가늘어진다.

수컷

▲ 번식기에 수컷 성체의 뒷발에는 넓고 둥근 생식혹이 발달하고 꼬리 끝이 납작하다.

번식기의 암수 역할

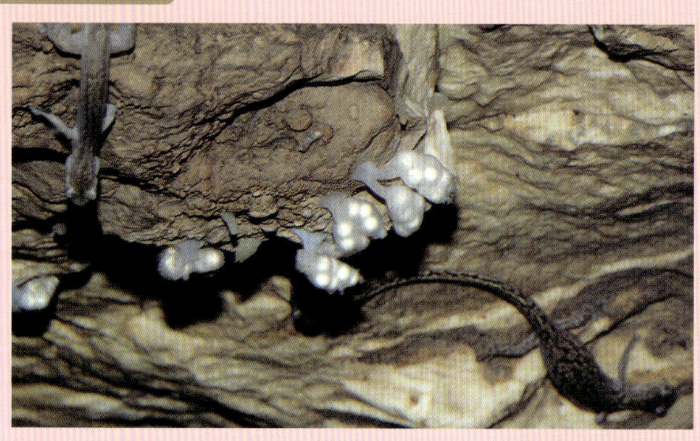

◀ 수컷(왼쪽)이 암컷을 산란 장소로 유도하고 있고 암컷(오른쪽)이 그 주위를 맴돌고 있다.

▶ 암컷이 산란 후 수컷이 알주머니를 지킨다.

Q 한국꼬리치레도롱뇽 유생은 도롱뇽 유생과 어떤 차이점이 있을까

한국꼬리치레도롱뇽 유생은 도롱뇽 유생과 달리 발가락에 까만 발톱이 있고 머리와 몸통의 크기가 비슷하며 체색 변이가 심하게 일어난다. 도롱뇽 유생은 까만 발톱이 없고 머리가 몸통에 비하여 유난히 크며 체색 변이가 심하지 않다.

한국꼬리치레도롱뇽 유생

도롱뇽 유생

발톱

▲ 앞뒤 발가락에 까만 발톱이 있다.

▲ 앞뒤 발가락에 까만 발톱이 없다.

머리

▲ 머리 부위가 몸통 크기와 비슷하고 길쭉한 사각형 모양이다.

▲ 머리 부위가 몸통에 비하여 크고 둥근 모양이다.

몸 색깔

▲ 노란색의 불규칙한 얼룩무늬를 띠는 등 체색 변이가 심하다.

▲ 체색 변이가 심하게 일어나지 않는다.

Q 한국꼬리치레도롱뇽은 어떤 먹이를 좋아할까

한국꼬리치레도롱뇽은 대부분 곤충류를 먹이로 하는데, 그중 수서 곤충류를 많이 먹는다. 수서 곤충류 중에서도 특히 날도래류를 즐겨 먹고 그 밖에 하루살이류, 파리류, 강도래류 순으로 포식하는 것으로 알려졌다.

먹이 사냥 모습

▲ 먹이를 노리는 한국꼬리치레도롱뇽 모습

▲ 옆새우를 잡아먹으려고 노리는 한국꼬리치레도롱뇽 유생

한국꼬리치레도롱뇽 먹이

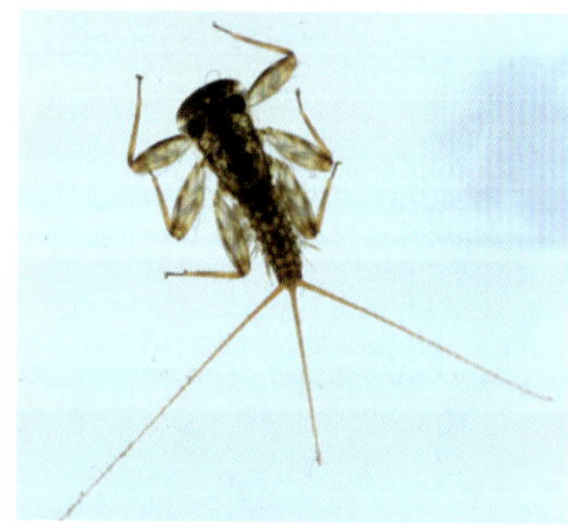

▲ 하루살이 애벌레

▲ 날도래 애벌레

▲ 옆새우

▲ 무늬하루살이 애벌레

▲ 하루살이 성체

Q 한국꼬리치레도롱뇽을 잘 보호할 방법은 무엇일까

한국꼬리치레도롱뇽은 매우 깨끗한 청정 지역에서 서식하는 동물이므로 물이 차고 맑고 깨끗해야 살 수 있다. 따라서 한국꼬리치레도롱뇽이 살 수 있는 환경은 사람이 건강하게 살아가는 데 꼭 필요한 자연 조건이기도 하다. 그러므로 한국꼬리치레도롱뇽의 산란 장소, 유생이 살 수 있는 생태적 환경을 이해하고, 먹이가 되는 수서 곤충이 잘 살 수 있는 환경을 보존해야 한다. 현재 전국 각지에서 한국꼬리치레도롱뇽이 발견되고는 있지만 삼척의 환선동굴 이외에 산란 장소가 알려지지 않고 있다. 한국꼬리치레도롱뇽이 산란지를 늘릴 수 있도록 우리 주변의 환경을 아름답고 깨끗하게 보전해야겠다.

▲ 맑은 물속의 돌 틈에서 먹이를 찾고 있는 한국꼬리치레도롱뇽

▲ 한국꼬리치레도롱뇽이 산란하기 적당한 깨끗한 시냇물

▲ 숲에서 서식하는 한국꼬리치레도롱뇽

틈새 정보

양서류의 피부와 탈피

양서류의 몸은 대부분 비늘이나 털이 없고 부드러운 피부로 덮여 있다. 양서류의 피부는 외피(겉껍질)와 진피(속껍질)로 되어 있으며, 외피는 바깥쪽에서 몸을 싸서 보호하고, 외피 안쪽에는 진피가 있는데 여기에 신경, 혈관과 분비샘이 있다. 분비샘에서는 대부분 양서류의 피부를 축축하게 해 주는 점액질이 분비되고 일부의 분비샘(독샘)에서는 독성 물질을 분비하여 천적에 대항하기도 한다. 또 피부의 특수한 세포 내에는 색소 물질을 가지고 있어 피부 색깔이 주위 온도와 주변 환경에 따라 변화된다.

양서류는 1년에 여러 번 오래 묵은 껍질을 벗겨 낸다. 곤충이나 뱀처럼 일정하게 벗는 것이 아니고 몸의 여러 부분에서 자연스럽게 껍질이 벗겨져 떨어져 나간다. 벗겨진 껍질은 마치 신부의 면사포처럼 보인다. 양서류는 벗겨진 껍질을 다시 먹어 버리기 때문에 자연에서 뱀 껍질처럼 쉽게 찾아볼 수가 없다. 양서류의 탈피는 성장을 위해서 일어나며 뇌의 갑상선에서 분비되는 티록신이라는 호르몬에 의하여 조절된다.

도롱뇽의 탈피

개구리의 탈피

양서류는 몸의 여러 부분에서 자연스럽게 껍질이 벗겨져 떨어져 나간다. 벗겨진 껍질은 다시 먹기 때문에 자연에서 보기 힘들다.

이끼도롱뇽

미주도롱뇽과

- 학명 *Karsenia koreana*
- 영명 Korean crevice salamander
  Lungless salamander

별명 하늘청
크기 전체 길이 7~10cm(평균 8cm 내외), 꼬리 길이 약 4cm
분포 충청도, 전라북도, 경상남도, 강원도

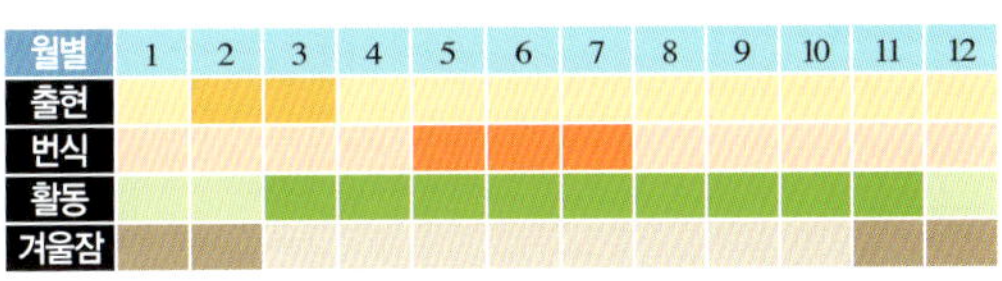

형태 몸은 가늘고 길며, 머리는 뾰족하고 각이 졌다. 몸 색깔은 전체적으로 암갈색이며, 등에 금색 무늬가 있다. 혀, 발목, 두개골의 구조가 일반적인 도롱뇽류와 전혀 다르며, 폐가 없다. 다리는 가늘고 발가락은 짧으며 앞발가락은 4개, 뒷발가락은 5개로 발가락 사이에 약간의 물갈퀴가 있다. 서구개치 수는 13~21개이고, 늑골 주름은 14~15개이다.

습성 피부로만 호흡하므로 연중 습기가 일정하게 유지되는 산림 지대의 계곡 및 하천 주변, 산림이 우거진 곳의 돌덩이, 이끼, 낙엽 아래에서 산다. 경사가 심한 곳에서 이동하거나 천적 등을 만나 위험해지면 꼬리와 몸통을 이용하여 팔딱팔딱 튀어 이동한다. 개미, 딱정벌레 등의 곤충류를 주로 잡아먹는다.

산란 특이하게 체내 수정을 한다. 가을에 짝짓기를 하면서 수컷은 정자가 들어 있는 작은 주머니인 정포를 암컷의 총배설강에 건네 준다. 암컷은 정포를 배설강의 저정낭에 보관해 두었다가 이듬해 산란할 때 수정에 사용한다. 5~7월경 땅의 돌 틈에 알을 붙여 낳는다. 알의 지름은 약 5mm이다.

▲ 이끼도롱뇽

[한국고유종, 포획금지야생동물]

이끼도롱뇽 생김새

체형

▲ 몸이 가늘고 길다.

등

▲ 등에 금색 무늬가 있다.

배

▲ 배에 작은 흰색 반점이 흩어져 있다.

머리

▲ 머리는 앞쪽이 뾰족하고 금색을 띤다.

▲ 눈은 튀어나와 있다.

다리와 꼬리

▲ 몸통에 비해 다리가 가늘고 짧은 편이며, 꼬리는 가늘고 길다.

옆모습

▲ 몸통 옆면에 14~15개의 늑골 주름이 있다.

총배설강

▲ 총배설강(수컷)

피부

▲ 폐가 발달하지 않아 피부로만 호흡하므로 피부가 촉촉하다.

Q 이끼도롱뇽은 주로 어디에 살까

이끼도롱뇽은 이끼가 많은 습한 숲속 바위 밑에서 여러 마리가 모여 산다. 그래서 '이끼도롱뇽'이라는 이름이 생겼다. 그러나 반드시 이끼가 있는 곳에서만 사는 것이 아니라 돌 틈, 낙엽과 흙 속 등에서도 관찰된다. 지금까지 우리나라에서 이끼도롱뇽의 서식지로 밝혀진 곳은 대전의 장태산과 충남 계룡산 등 최소한 16개 지역이다.

이끼도롱뇽 서식지

▲ 이끼 등이 서식하는 축축한 바위 밑에서 산다.

▲ 이끼류가 서식하는 습한 환경에서 잘 산다.

▲ 물이 흐르는 깊은 계곡은 높은 습도를 유지할 수 있고 먹이가 풍부해서 이끼도롱뇽이 살아가기에 적합하다.

▲ 습한 낙엽 밑은 먹이를 찾기도 쉽고 숨을 수도 있어 이끼도롱뇽이 살기에 좋은 장소이다.

▲ 이끼가 많이 자라고 있는 돌 틈이 이끼도롱뇽의 좋은 서식지이다.

Q 이끼도롱뇽은 어떻게 피부 호흡만으로 살아갈까

대부분의 양서류는 유생 시기에는 아가미 호흡(약간의 피부 호흡도 함.)을 하다가 어린 양서류로 탈바꿈하는 과정에서 폐 호흡과 피부 호흡으로 전환한다. 그러나 이끼도롱뇽은 폐 호흡을 하지 않고 피부 호흡만 하는 것으로 알려져 있는데, 습한 이끼가 낀 너덜바위나 고목, 돌, 낙엽 밑에서 주로 살기 때문에 피부를 축축하게 하는 데 유리하다. 즉, 습도가 높아 피부로 호흡할 수 있는 최적의 조건을 갖춘 곳에서 살아가므로 폐 호흡 없이 피부 호흡으로만 살아갈 수 있다고 할 수 있다.

▲ 피부 호흡을 할 수 있도록 축축한 이끼가 있는 곳에서 서식한다.

▲ 습한 돌에서 생활하는 것도 피부 호흡에 도움이 된다.

Q 이끼도롱뇽의 암수는 어떻게 구별할까

이끼도롱뇽도 다른 도롱뇽류와 마찬가지로 번식기에 암수의 특징이 뚜렷이 나타난다. 몸통을 비교해 보면, 겉에서 보아도 암컷은 알을 배서 수컷보다 통통하다. 배 면에서 보면 더욱 뚜렷하게 구별되는데, 암컷은 뱃속에 가진 알의 윤곽이 두드러지게 나타난다. 또한 총배설강(생식공)을 보면 알을 낳을 때가 다가옴에 따라 암컷의 총배설강은 두툼하게 올라오는 데 비하여 수컷은 윤곽이 거의 나타나지 않는다. 이 현상은 도롱뇽류가 2~4월에 짝짓기 하고 산란하는 데 비하여 이끼도롱뇽은 가을에 짝짓기 하고 그 다음 해 봄이나 6~7월에 산란하는 것으로 알려진 바와 같이 산란기 때에는 수컷의 총배설강(생식공)은 변화가 없고 암컷만 변화가 있는 것이 아닌가 추정된다.

▲ 등 면에서 본 이끼도롱뇽 암수(위: 수컷, 아래: 암컷)

▲ 배 면에서 본 이끼도롱뇽 암수(위: 수컷, 아래: 암컷)

Q 이끼도롱뇽과 도롱뇽은 어떤 차이가 있을까

이끼도롱뇽은 주로 바위 주변에서 생활하기 때문에 다른 도롱뇽에 비해 발가락뼈가 짧고 단단하다. 또한 위험에 처했을 때 점프를 할 수 있고, 꼬리를 끊고 도망갈 수 있다.

도롱뇽 / 이끼도롱뇽

발과 다리

▲ 이끼도롱뇽 다리에 비하여 굵고 발가락 길이가 길다.

▲ 도롱뇽 다리에 비하여 가늘고 발가락이 길이가 짧으며 약간의 물갈퀴가 있다.

꼬리

▲ 꼬리가 굵고 짧으며, 점프를 하지 못한다.

▲ 꼬리가 도롱뇽에 비하여 가늘고 길어 점프를 할 수 있다.

등 색깔

▲ 황갈색을 띤다.

▲ 금색을 띤다.

Q 이끼도롱뇽의 번식은 다른 도롱뇽과 어떻게 다를까

이끼도롱뇽은 암컷이 3~4월에 50~100개 정도의 알을 가지나, 다음 해 봄에 산란할 시기에는 6~12개만 성숙하고 나머지는 퇴화한다. 수컷과의 짝짓기는 가을에서 다음 해 봄에 하는 듯하며, 암컷이 수컷에게 받은 정포를 가지고 있다가 필요할 때 수정시켜 산란하는 것으로 보인다. 일반적으로 도롱뇽류는 길쭉한 2개의 알주머니를 물속에 낳는 데 비해, 이끼도롱뇽은 새알같이 둥근 작은 알(지름 5mm 정도)을 축축한 땅속의 돌에 낱개로 붙여 낳는다.

북아메리카 동남쪽에는 폐 없이 피부 호흡만으로 살아가는 미주도롱뇽과(Plethodontidae) 도롱뇽이 살고 있는데, 우리나라에서 발견된 이끼도롱뇽과 분류학상 매우 가까운 종이라고 할 수 있다. 한국에 서식하는 이끼도롱뇽의 생활사는 아직도 밝혀지지 않은 점이 많이 있기 때문에 생김새가 비슷한 미주도롱뇽과 누수도롱뇽을 소개한다.

누수도롱뇽(*Desmognathus aeneus*)은 하천의 잎, 썩은 통나무에서 주로 발견된다. 가을에 짝짓기를 하고 그 이듬해 4~5월에 3~17개 정도의 알을 낳는다. 누수도롱뇽은 일반 도롱뇽과 달리 물속의 유생 시기를 거치지 않고 알에서 발생 과정을 모두 마친 다음 어린 새끼가 되어 태어난다. 태어날 때의 크기는 약 1.6cm이며 성적으로 성숙하기까지 2년 정도가 걸린다. 알은 봄과 여름에 늦게 부화하는데, 부화 기간은 68~75일이며 산란 장소는 습한 바위와 썩은 통나무의 밑이나 틈새라고 알려져 있다.

짝짓기 과정은 수컷의 구애 행동과 꼬리 걸음걸이, 성호르몬 분비 등으로 암컷을 유인한 다음, 수컷이 정자가 들어 있는 작은 주머니인 정포를 암컷의 배설강에 건네 준다. 암컷은 정포를 배설강의 저정낭에 보관해 두었다가 산란할 때 사용한다.

▲ 북아메리카 동남부 지역에 서식하는 누수도롱뇽

▲ 물속이 아닌 축축한 땅에 알을 낳아 번식하는 누수도롱뇽. 알 속에서 유생 시기를 마치고 성체의 모습으로 알에서 부화한다.

틈새 정보

이끼도롱뇽의 발견과 학술적 가치

* 이끼도롱뇽 발견과 학계의 반응

2005년 5월 이끼도롱뇽이 한국에서 발견되었다는 논문이 6명의 한미 공동 연구진 이름으로 영국의 과학 전문지인 '네이처'지에 발표되자 국제 생물학계가 술렁였다. 폐 없이 피부로 호흡하는 도롱뇽을 '미주도롱뇽'이라고 하는데, 이끼도롱뇽은 '폐 없는 미주도롱뇽(lungless salamander)'의 한국어 이름으로, 유럽 일부 지역에서 발견되긴 하지만 주로 북아메리카에 서식하기 때문이다. 생물 지리학상 태평양 북서쪽에서 사는 미주도롱뇽이 도저히 있을 수 없는 한국에서 발견되는 '사건'이 벌어졌으니 놀랄 수밖에 없었다. 학자들은 수억 년 전 대륙이 이동하는 과정에서 미주도롱뇽 일부 종이 한국에 정착하여 진화했을 것으로 추정하고 있다. 학명인 '카르세니아 코레아나(*Karsenia Koreana*)'의 속명(*Karsenia*)은 첫 발견자인 카슨의 이름에서, 종명(*koreana*)은 발견지인 한국에서 딴 것이다.

* 미국인 과학 교사 스테판 카슨이 처음 발견

이끼도롱뇽은 2003년 기독교계 대전국제학교의 미국인 과학 교사 스테판 카슨(Stephen J. Karsen)이 장태산(대전시 서구 장안동)에서 돌 밑에 어떤 생물이 살고 있는지를 관찰하는 수업을 하던 중 우연히 발견하였다. 이것은 세계 생물학계를 깜짝 놀라게 한 중요한 발견이었다. 왜냐하면 한국 도롱뇽은 대부분 폐 호흡을 하는데, 이 도롱뇽은 피부 호흡을 하는 것으로 관찰되었기 때문이다. 카슨은 남일리노이 대학 동물학 교수였던 그의 스승 로널드 브랜던 박사에게 이 사실을 알렸고, 스승은 이를 다시 세계적으로 유명한 미주도롱뇽 전문가이자 진화 생물학자인 데이비드 W. 웨이크 박사(UC 버클리 대학)에게 전했다.

웨이크 박사는 이끼도롱뇽이 아시아 도롱뇽과는 전혀 다른 혀, 발목, 두개골의 구조를 가졌고 특히 폐 없이 피부로만 호흡하는 것을 보고 놀라지 않을 수 없었다. 그는 언론 기자와 가진 인터뷰에서 이끼도롱뇽 발견을 자신의 45년 연구 역사상 '가장 흥미로운 사안'이라고 말했다.

▲ 장태산에서 이끼도롱뇽을 처음 발견한 스테판 카슨

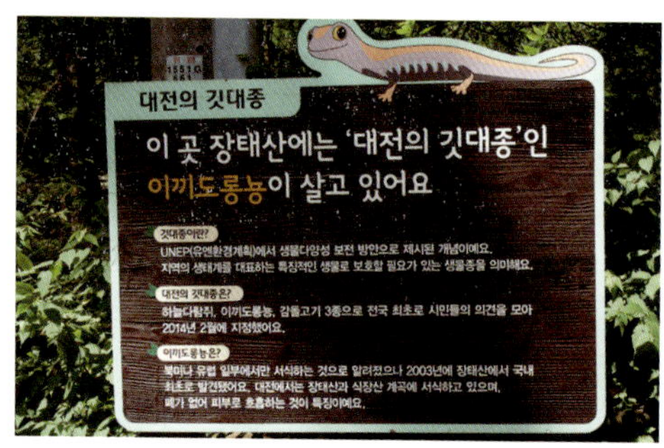

▲ 이끼도롱뇽의 첫 발견지인 장태산에 이끼도롱뇽이 살고 있음을 알리는 푯말이 세워져 있다.

무미목

무미류의 종류

우리나라에 서식하는 무미류(꼬리가 없는 종류)는 13종으로 밝혀져 있으며, 보통 개구리(Frog)형, 두꺼비(Toad)형, 청개구리(Treefrog)형으로 크게 나눈다.

두꺼비형

두꺼비형은 뒷다리가 발달되어 있지 않으며, 몸집이 비교적 무거워서 뛰지 못하고 주로 기어 다닌다. 특히 맹꽁이의 경우, 다리가 짧고 튼튼하여 뒷다리로 구멍을 잘 판다. 또한 머리 길이는 짧고 몸집이 둥글며 통통해서 뛰기에 적당하지 않다. 두꺼비와 무당개구리는 주로 기어 다니나 비상시에는 짧은 거리를 폴짝폴짝 뛰는 경우도 있다. 두꺼비형에는 두꺼비, 물두꺼비, 무당개구리, 맹꽁이가 있다.

▲ 두꺼비

▲ 물두꺼비

▲ 맹꽁이

▲ 무당개구리

개구리형

개구리형은 앞다리보다 뒷다리가 길고 근육이 발달하여 멀리 뛰기에 유리하다. 또 뒷발가락 사이에 물갈퀴가 있고 몸이 유선형이어서 헤엄치기에도 능한 무리이다. 참개구리의 경우 뒷다리 근육이 매우 발달하여 1m 이상 높이 점프할 수 있다. 주로 천적이 다가올 때나 다른 장소로 옮길 때 점프를 한다. 개구리형에는 참개구리, 한국산개구리, 북방산개구리, 계곡산개구리, 금개구리, 옴개구리, 황소개구리 등이 있다.

▲ 참개구리(뒷다리가 발달하여 멀리 뛰고 헤엄을 잘 친다.)

▲ 금개구리

▲ 한국산개구리

▲ 북방산개구리

▲ 계곡산개구리

▲ 옴개구리

▲ 황소개구리

청개구리형

청개구리형은 몸이 가볍고 앞뒤 발가락에 빨판이 발달되어 있다. 이 빨판에서 끈적끈적한 물질이 나와 나무나 유리를 잘 기어오를 수 있고 또한 붙어 있을 수도 있다. 번식기에만 물가를 찾을 뿐, 나머지 대부분의 기간을 풀잎이나 나뭇가지에서 살아간다. 청개구리형에는 청개구리, 수원청개구리가 있다.

▲ 청개구리(빨판을 이용하여 나뭇가지에 올라앉아 있다.)

▲ 앞뒤 발가락에 발달된 빨판

▲ 수원청개구리(빨판이 있어 유리를 잘 기어오를 수 있다.)

개구리와 두꺼비의 차이점

개구리(과)와 두꺼비(과)를 비교할 때 가장 큰 차이는 이동할 때의 행동에서 나타난다. 개구리는 이동할 때 점프를 한다. 개구리 뒷다리는 몸통에 비하여 대단히 길고 근육이 발달되어 있기 때문에 점프를 잘할 수 있다. 반면 두꺼비는 몸집이 크고 무거울 뿐만 아니라 뒷다리가 길지 않고 강한 근육이 발달되어 있지 않아서 주로 어슬렁어슬렁 기어 다닌다. 또 개구리는 몸통이 비교적 납작하고 뒷다리가 길어서 헤엄을 잘 칠 수 있다. 그러나 두꺼비는 개구리에 비해 몸통이 둥글고 다리가 짧으며 물갈퀴가 잘 발달되어 있지 않아 능숙하게 헤엄을 칠 수가 없다.

개구리와 두꺼비 비교

비교 사항	개구리	두꺼비
뒷다리	길고 가늘지만 근육이 발달되어 있다.	짧고 뭉툭하며 근육이 발달되어 있지 않다.
몸통	납작한 편이다.	개구리에 비해 둥근 편이다.
이동	점프로 이동하고 날렵하다.	어슬렁어슬렁 기어 다닌다.
물갈퀴	잘 발달되어 있다.	발달이 미약하다.
물에서의 행동	헤엄을 잘 친다.	헤엄을 잘 치지 못한다.
피부	매끈하고 촉촉하다.	오톨도톨하고 건조하다.
울음주머니	수컷에 울음주머니가 2개 또는 1개 있다.	울음주머니가 없다.
울음소리	소리가 크고 무리 지어 운다.	목에서 소리를 내므로 소리가 작고 제각기 운다.
이	있다.	없다.
보호색	초록색, 갈색, 진녹색 등 다양하다.	연한 색이거나 갈색이다.
건드렸을 때의 반응	독액을 분비하지 않는다.(옴개구리는 예외적으로 독액을 분비한다.)	흰색 독액을 분비한다.
알	알 덩이가 둥글고 무더기로 산란한다.	알 덩이가 두 가닥으로 긴 띠 모양이다.
올챙이 몸 색깔	갈색	검은색
올챙이 행동	민첩하고, 개별 행동을 할 때가 많다.	느리고, 무리 지어 행동한다.

또한 개구리의 피부는 옴개구리를 제외하고는 대부분 매끈하고 촉촉하다. 그러나 두꺼비는 피부가 오톨도톨하고 건조한 편이다. 또 울음주머니가 있는 개구리와 달리 두꺼비는 울음주머니가 없으며, 자신을 건드리면 귀밑샘 등에서 흰색의 독액을 분비한다. 반면, 개구리는 독액을 분비하지 않는다.

개구리 올챙이와 두꺼비 올챙이를 비교해도 차이가 난다. 개구리 올챙이에 비해 두꺼비 올챙이의 색깔은 검은 편이고, 개구리 올챙이는 행동이 재빨라 개별 행동을 하는 반면, 두꺼비 올챙이는 행동이 느려 수서 곤충의 먹이가 될 경우가 많으므로 무리를 지어 행동한다.

▲ 뒷다리가 길고 근육이 발달하여 점프를 잘한다.

▲ 뒷다리가 짧아 주로 엉금엉금 기어 다닌다.

▲ 물에 떠 있다.

▲ 물에 떠 있지 못해 앞다리로 돌을 잡고 있다.

▲ 뒷발에 물갈퀴가 발달하였다.

▲ 뒷발에 물갈퀴 발달이 미약하다.

	개구리	두꺼비
피부	 ▲ 매끈하고 촉촉하다.	 ▲ 오톨도톨하고 건조하다.
울음주머니	 ▲ 수컷에 울음주머니가 있다.	 ▲ 수컷에 울음주머니가 없다.
독의 분비	 ▲ 귀밑샘이 없어 독액을 분비하지 않는다.	 ▲ 귀밑샘에서 독액을 분비한다.
올챙이 행동	 ▲ 때에 따라 개별 행동도 한다.	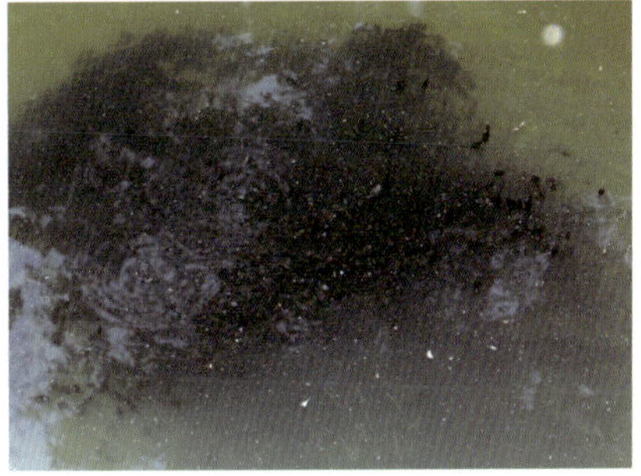 ▲ 언제나 무리를 지어 행동한다.

산개구리의 종류와 비교

산개구리에는 한국산개구리, 계곡산개구리, 북방산개구리의 3종류가 있다. 번식기를 제외하고는 주로 산에서 살기 때문에 붙여진 이름이다.

몸의 크기와 융기선 모양

먼저 몸의 크기를 비교하면, 북방산개구리가 가장 크고 다음에 계곡산개구리, 한국산개구리 순이다. 또 눈에서 뒷다리까지 있는 두 줄의 융기선을 비교하면 북방산개구리는 뚜렷한데 다른 두 종류는 뚜렷하지 않다.

산개구리 형태 비교

	새끼 개구리 모양	성체 모양	특징
한국산개구리	▲ 주둥이에 흰 줄무늬가 뚜렷하다.	▲ 주둥이에 흰 줄무늬가 있고 몸집이 가장 작다.	몸길이가 3.5~5cm로 가장 작고, 주둥이 가장자리에 새처럼 흰 줄무늬가 있다.
계곡산개구리	▲ 등에 융기선이 뚜렷하지 않다.	▲ 등에 두 줄의 융기선이 뚜렷하지 않고, 머리는 둥글고 뭉툭하다.	몸길이가 4.5~6cm로 중간 크기이다. 등 양쪽에 가는 두 줄의 융기선이 있고, 뒷다리 무늬가 뚜렷하지 않다.
북방산개구리	▲ 등에 융기선이 뚜렷하다.	▲ 등에 두 줄의 융기선이 뚜렷하며, 머리는 둥글고 다소 뾰족하다. 몸집이 가장 크다.	몸길이가 5.4~8cm로 가장 크다. 등 양쪽에 가는 두 줄의 융기선이 있고, 뒷다리 무늬가 뚜렷하다.

산란 장소 및 알 덩이의 특징

북방산개구리는 산기슭 웅덩이, 논, 습지에 산란하고, 계곡산개구리는 계곡의 냇가에 산란하며, 한국산개구리는 주로 논에 산란한다. 산란된 알 덩이의 위치와 크기를 살펴보면 북방산개구리와 한국산개구리의 알 덩이는 나중에 물 위로 뜨는데, 북방산개구리의 알 덩이가 한국산개구리의 것보다 훨씬 크다. 그러나 계곡산개구리의 알은 물 위로 뜨지 않는다. 한국산개구리의 알 덩이 모양은 둥글거나 타원형이고 알 덩이가 한 무더기씩 흩어져 있으나 북방산개구리와 계곡산개구리는 무더기로 산란하는 경우도 있다.

알 덩이 형태 | 알 덩이 특징

한국산개구리

▲ 논바닥에 낳은 알 덩이가 한 무더기씩 흩어져 있다.

▲ 산란 후 물을 흡수하여 물 위로 뜬다.

계곡산개구리

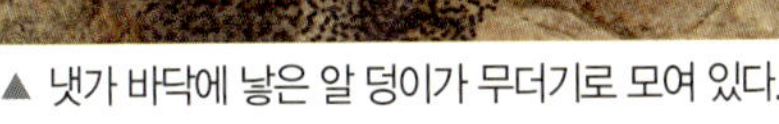

▲ 냇가 바닥에 낳은 알 덩이가 무더기로 모여 있다.

▲ 포도송이 같고 물에 뜨지 않는다.

북방산개구리

▲ 웅덩이 가장자리에 낳은 알 덩이가 무더기로 모여 있다.

▲ 산란 후 물 위로 뜬다.

울음주머니와 울음소리

북방산개구리만 양 옆의 울음주머니를 이용하여 울고, 한국산개구리와 계곡산개구리는 울음주머니가 없어 후두 기관으로 약한 소리를 낸다. 따라서 북방산개구리는 "호르르- 호르르르-" 하며 맑은 고음의 소리를 내는 데 반해, 한국산개구리는 "크크크큭, 크크크큭" 하며 낮고 작게 드럼 치는 소리를 내고, 계곡산개구리는 "끄륵-끄륵-" 하며 낮은 소리를 낸다.

▲ 북방산개구리의 울음주머니(옆모습)

▲ 북방산개구리의 울음주머니(앞모습)

생식혹의 형태와 역할

수컷은 짝짓기 할 때 오랫동안 암컷을 껴안고 있기 때문에 번식기 수컷의 앞다리 발가락에 생기는 생식혹으로 인해 암컷의 가슴과 배에 큰 상처가 나기도 한다. 생식혹은 남성 호르몬의 작용으로 생기며, 짝짓기 할 때 쐐기 역할을 하여 포접이 풀리지 않도록 한다. 수컷의 몸 크기가 암컷보다 작아도 수컷의 앞다리는 암컷보다 훨씬 굵어서 암컷을 강하게 끌어당길 수 있다. 짝짓기 할 때 생식혹이 암컷의 배 부위에 어떤 영향을 미치는지 알아보기 위해 암컷과 수컷의 배를 조사해 본 결과, 산개구리류 모두 암컷의 배에는 수컷의 생식혹으로 인하여 상처가 크게 나 있었다.

생식혹의 형태

▲ 한국산개구리

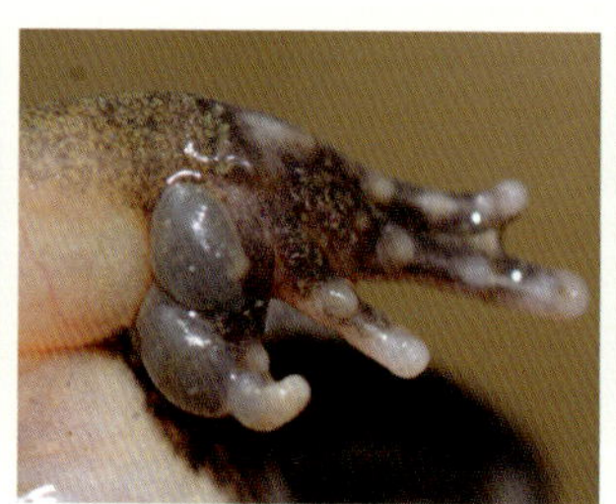
▲ 계곡산개구리

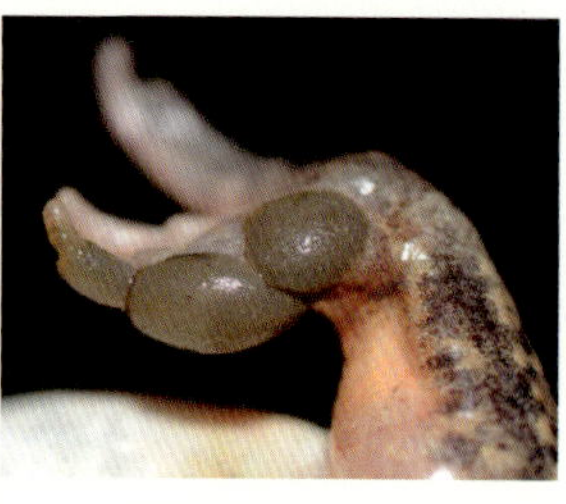
▲ 북방산개구리

짝짓기 할 때 생식혹이 암컷의 배에 미치는 영향

▲ 세 종류 모두 수컷이 앞발가락의 생식혹을 이용하여 암컷의 가슴 부위를 꼭 껴안는다.

	한국산개구리	계곡산개구리	북방산개구리
암컷의 배에 미치는 영향	▲ 목, 가슴 부위는 붉은색이며, 가슴, 배 부위에 심한 상처 흔적이 있다.	▲ 목, 가슴 부위는 회백색이며, 배 아래쪽으로 노란색을 띤다.	▲ 목, 가슴 부위는 붉은색이며, 그 부위에 상처 흔적이 있다.
수컷의 배에 미치는 영향	▲ 목, 가슴 부위는 흰색이며 가슴 부위에 상처가 없다.	▲ 목, 가슴 부위는 회색이며 가슴 부위에 상처가 없다.	▲ 목, 가슴 부위는 흰색이며 가슴 부위에 상처가 없다.

사는 장소와 올챙이 형태

북방산개구리는 계곡산개구리보다 경사가 덜 급한 나지막한 산에서 살고, 계곡산개구리는 경사가 급한 계곡에서 주로 산다. 한국산개구리는 산기슭 논이나 웅덩이 등의 얕은 습지 주변에서 주로 산다. 또 올챙이 형태를 비교해 보면, 한국산개구리와 북방산개구리 올챙이는 꼬리지느러미에 얼룩무늬가 있으나 계곡산개구리에는 무늬가 없고, 한국산개구리 올챙이의 크기가 가장 작다.

사는 장소

한국산개구리

▲ 산기슭 논이나 웅덩이 등 얕은 습지에 산다.

계곡산개구리

▲ 경사가 급한 계곡에 산다.

북방산개구리

▲ 나지막한 산 웅덩이에 산다.

올챙이 형태 비교

한국산개구리 올챙이

▲ 몸통이 작고 꼬리지느러미에 얼룩무늬가 약하게 있다.

계곡산개구리 올챙이

▲ 꼬리지느러미에 얼룩무늬가 없다.

북방산개구리 올챙이

▲ 몸통이 크고 꼬리지느러미에 얼룩무늬가 있다.

무당개구리

무당개구리과

- 학명 *Bombina orientalis*
- 영명 Oriental fire-bellied toad, Fire-bellied toad

별명 뽁쟁이(강원도), 고치메구리(함경북도), 얼룩개구리, 예비군개구리, 독개구리, 비단개구리, 고추개구리
크기 몸길이 4~5cm, 앞다리 길이 2~2.5cm, 뒷다리 길이 5~6cm
분포 우리나라 전역 산간 지대, 러시아, 중국

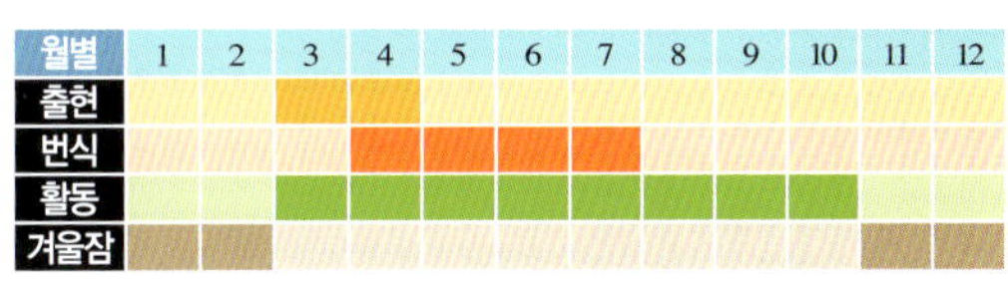

월별	1	2	3	4	5	6	7	8	9	10	11	12
출현												
번식												
활동												
겨울잠												

형태 등은 오톨도톨하고 진한 녹색에 불규칙한 검은색 무늬가 있다. 배는 매끄럽고 붉은색 또는 붉은색 바탕에 검은색 무늬가 흩어져 있다. 몸 색깔은 서식 장소에 따라 개체 변이가 심하고, 고막은 겉으로 드러나 있지 않다. 번식기에는 수컷의 앞다리가 굵어지고 앞발 1~3번째 발가락에 검은색 생식혹이 생긴다.

습성 산림의 습지, 산골짜기, 하천 주변에 산다. 번식기에는 논, 도랑, 물웅덩이 등에 집단으로 모여 수컷이 "꾸웅-꾸웅-꾸웅-" 하는 낮고 가느다란 소리를 내며 매우 격렬하게 짝짓기 행동을 한다. 천적이 나타나면 몸을 등 쪽으로 구부려 배의 붉은색을 드러내 보이는 습성이 있고, 피부에서 독액을 분비한다. 겨울에는 돌 밑이나 땅속으로 들어가 겨울잠을 자며, 애벌레, 곤충, 거미, 지렁이 등을 잡아먹는다.

산란 1년에 여러 번 알을 낳는데, 한 번에 50~70개의 알을 물풀, 낙엽, 돌 등에 붙여 산란한다.

유생 몸은 둥글거나 길쭉하며, 황갈색 또는 암갈색을 띤다. 성장함에 따라 몸 색깔이 어두워지면서 등에 길쭉한 검은색 반점이 나타난다.

▲ 무당개구리

무당개구리 생김새

등

▲ 등은 녹색 바탕에 검은 점이 흩어져 있다.

▲ 등의 피부에 침 같은 것이 뾰족하게 나 있어 오톨도톨하다.

배

▲ 배는 붉은색 바탕에 검은 무늬가 흩어져 있어 경계색을 띤다.

▲ 배 면의 피부는 매끄럽다.

머리

▲ 눈은 머리 밖으로 돌출해 있고 고막은 겉으로 드러나 있지 않다.

다리와 발

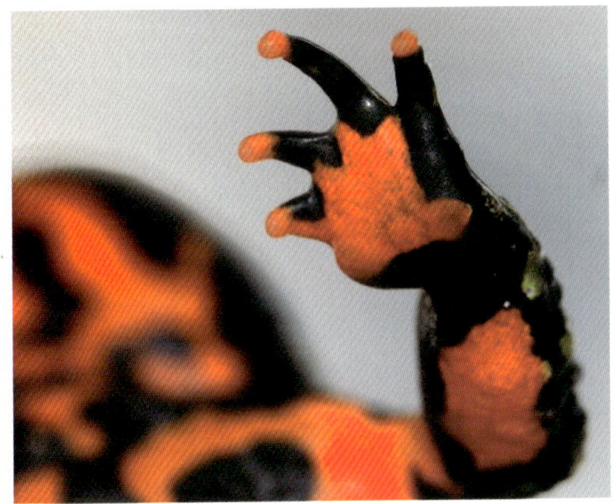

▲ 앞다리는 발가락 끝이 붉은색이고 물갈퀴가 없다.

▲ 뒷다리는 발가락 끝이 붉은색이고 물갈퀴가 있다.

▲ 물 위에 떠 있을 때 앞뒤 발바닥 모습

성체

▲ 성체는 등과 배의 색깔이 뚜렷이 구별된다.

▲ 번식기에는 모여 있는 경우가 많다.

무당개구리 한살이

짝짓기

▲ 암컷과 수컷이 짝짓기를 한다.

무당개구리

▲ 무당개구리 성체

산란

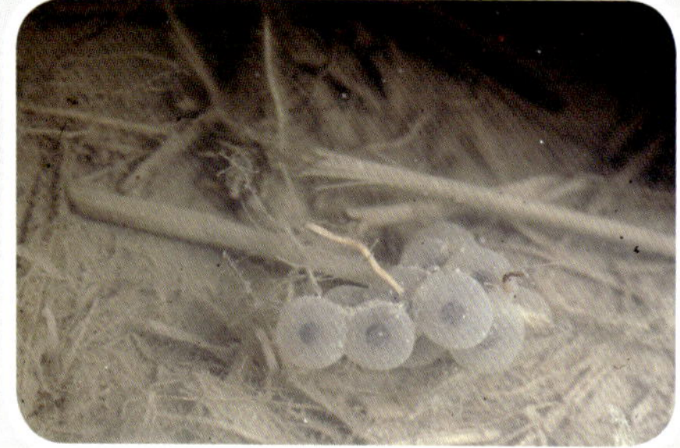

▲ 물이 고인 논의 볏짚에 알을 낳는다.(5월)

알

▲ 무당개구리 알 덩이

알의 발생

▲ 알이 안으로 함몰되어 가는 단계

▲ 올챙이 모양으로 발생되어 가는 단계

▲ 알에서 무당개구리 올챙이가 깨어나고 있다.

▲ 꼬리가 더욱 짧아지고 물 밖에 나와 있을 때가 많다.

▲ 꼬리가 상당히 짧아진 무당개구리 올챙이
몸 색깔의 무늬가 진해진다.

새끼 무당개구리

▲ 꼬리가 없어진 새끼 무당개구리
물 밖으로 나와 숲으로 가려고 시도한다. 몸의 무늬가 더욱 뚜렷해진다.

▲ 꼬리가 서서히 짧아지는 무당개구리 올챙이
수면 밖으로 머리를 내밀 때가 많다.

▲ 앞다리가 나온 무당개구리 올챙이
길쭉한 검은 반점이 나타난다.

올챙이

▲ 갓 부화한 무당개구리 올챙이

▲ 다리가 나오지 않은 무당개구리 올챙이
몸길이 1.5cm, 꼬리 길이 2cm 정도이다.

▲ 뒷다리가 나온 무당개구리 올챙이
몸 색깔이 어두워지면서 무늬가 나타나기 시작한다.

Q 무당개구리 이름은 어떻게 생겨났을까

무당개구리의 배 부위 색깔이 마치 무당이 굿할 때 치장하는 옷 색깔을 연상한다고 하여 '무당개구리'라는 이름이 붙여졌다. 또 강원도 지방에서는 무당개구리 배의 색깔이 얼룩덜룩하다고 하여 '비단개구리'라고 하기도 한다. 무당개구리는 크기가 작고 색이 화려하여 관상용 또는 실험용으로 외국에 수출되기도 한다. 이러한 색은 서식지에서 몸을 숨기거나 또는 천적에 대하여 강한 경계색을 띠어 방어 효과를 나타낸다.

▲ 무당이 치장하는 옷 색깔과 유사한 무당개구리 배의 색깔

▲ 몸집이 작고 색깔이 화려한 무당개구리

Q 무당개구리는 천적으로부터 어떻게 자신을 보호할까

양서류 피부 샘의 기능 중 하나는 독성 물질을 만드는 것이다. 무당개구리나 두꺼비 등은 이런 독샘(Poison gland)이 몸 전체에 퍼져 있어 적에 대한 방어 수단으로 이용한다. 무당개구리는 뱀 등의 천적으로부터 공격을 받으면 몸을 뒤로 젖혀 배 부분의 빨간색을 보이며 죽은 척하거나 피부 돌기에 있는 독샘에서 흰 액체의 독을 분비한다. 이 흰 물질은 알칼로이드 계통의 독성이 있어서 사람의 손이나 눈에 닿으면 강한 자극을 준다. 무당개구리가 배 부분의 빨간색을 보이는 행동은 천적의 관심을 돌리거나 자신의 몸에는 독이 있으니 함부로 건드리지 말라는 경고이다.

한편, 무당개구리는 수심이 낮은 물 바닥을 기어 다니면서 산란하다가도 사람이 나타나면 바닥에 살짝 엎드려 몸을 낮추어 숨는다. 또 주위 환경 색깔과 비슷하게 피부 색깔을 바꾸어 천적의 눈에 잘 띄지 않도록 하거나 돌, 낙엽 등을 은신처로 하여 숨기도 한다. 그러나 낮게 기어 다니는 포식자에게는 강한 경고를 나타내는 경계색을 띤다.

천적으로부터 보호하기

경계색

천적의 공격을 받으면 그 자리에서 몸을 뒤로 젖혀 빨간색의 배를 보여 죽은 척하며, 내 몸에 독이 있으니 잡아먹지 말라는 경고를 보낸다.

▲ 몸을 젖히기 시작하는 경고 행동의 중간 단계

▲ 몸을 젖혀 앞뒤 다리가 위를 향한 자세

▲ 완전히 몸을 젖힌 자세

▲ 위기 상황이 지난 뒤 몸을 푸는 단계

▲ 거의 몸을 푼 자세

보호색

주위 환경과 유사하게 몸 색깔을 바꾸어 천적의 눈에 띄지 않도록 한다.

▲ 어두운 갈색의 보호색을 띤 모습

▲ 주변 환경과 유사한 색깔로 몸 색깔을 변화시켜 보호색을 띤 모습

물체 뒤에 숨기

사람이 나타나면 바닥에 엎드리거나 물체 뒤에 숨기도 한다.

▲ 돌 틈에 몸을 숨긴 모습

▲ 낙엽에 몸을 숨긴 모습

Q 무당개구리는 어떻게 헤엄을 잘 칠 수 있을까

무당개구리는 몸이 편평하고 뒷발에 물갈퀴가 있어 물에서 헤엄을 칠 수가 있다. 그러나 참개구리처럼 뒷다리가 길거나 근육이 발달해 있지 않고 물갈퀴도 잘 발달하지 않아서 빠른 속도로 헤엄을 치지는 못한다.

▲ 뒷발은 물갈퀴가 조금 발달해 있다.

▲ 앞발은 물갈퀴가 거의 없다.

▲ 짝짓기 한 채 헤엄치는 모습
몸통을 납작하게 펴고 네 다리를 벌려 수면 가까이 뜨고, 두 눈은 물 밖에 나와 있다.

Q 무당개구리는 어떻게 이동할까

무당개구리는 참개구리처럼 다리가 길거나 근육이 발달해 있지 않다. 그러므로 주로 기어서 이동하고 급할 때는 폴짝폴짝 뛰기도 한다. 따라서 산기슭에서 살아가는 무당개구리와 마주칠 때면 기어가거나 경사진 곳을 기어오르는 장면을 쉽게 볼 수 있다.

▲ 바위를 기어오르는 모습

▲ 포접한 채 비탈을 기어오르는 모습

Q 무당개구리의 천적에는 어떤 종류가 있을까

무당개구리 올챙이는 물속의 천적인 게아재비, 장구애비, 물장군 등 수서 곤충에게 쉽게 잡아먹힌다. 또한 무당개구리 성체는 뱀, 너구리, 족제비, 조류 등 육상의 천적에게 먹힐 수 있으나 무당개구리 피부에 독성이 있기 때문에 잘 잡아먹히지는 않는다. 특히 유혈목이와 같은 일부 뱀은 무당개구리를 삼켰다가 무당개구리의 독성 때문에 다시 토해내기도 한다.

▲ 올챙이의 천적인 물장군(왼쪽)과 게아재비(오른쪽)

▲ 피부에 독성이 있어 천적에 잘 잡아먹히지 않는다.

Q 무당개구리의 산란 장소는 어디일까

무당개구리는 일반적으로 2월 말에서 3월 말에 겨울잠에서 깨어나지만, 산란은 지역 특성에 따라 4월부터 7월까지 폭넓게 이루어지며, 암컷이 수컷을 만나 짝짓기를 한 후 이루어진다. 산란 장소는 물이 깨끗하고 수심이 약 20~30cm 정도의 깊지 않은 논이나 웅덩이, 계곡, 길가의 물이 고여 있는 곳 등 2급수 이상의 물 흐름이 없는 곳이다. 알을 낳은 곳에 물이 마르면 부화된 올챙이가 죽으므로 어미는 웬만한 가뭄에는 끄떡없을 곳에 알을 낳는다. 이러한 습성은 조상 때부터 시행착오에 의한 학습의 결과로 가물어도 물이 마르지 않을 산란 장소를 찾고, 모내기철에 물을 대는 것을 감안해 시기를 조절하는 방향으로 진화해 왔을 것이다.

▲ 무당개구리는 수심이 깊지 않은 물이 고여 있는 곳이나 웅덩이, 연못에 산란한다.

Q 무당개구리는 어떻게 짝짓기를 할까

양서류들은 교미를 하는 포유동물과 달리 짝짓기 행동을 하여 몸 밖에서 수정이 이루어지는 체외 수정을 한다. 무당개구리 수컷들은 암컷을 차지하기 위해 매우 격렬하게 쟁탈전을 벌인다. 무당개구리 수컷은 번식기가 되면 앞다리가 굵어지고 엄지발가락이 두껍게 되어 암컷을 움켜쥐기 쉽도록 생식혹(glandular thumb)이 생긴다. 짝짓기에 성공한 수컷은 암컷의 등 쪽에서 아랫배를 움켜쥐고 다리와 생식혹으로 암컷의 아랫배 부분을 자극하고 압박하여 암컷의 산란을 돕는다. 산란과 동시에 수컷은 정자를 뿌린다. 이러한 짝짓기 행동은 비록 체내 수정처럼 정교한 과정은 아니지만 짝짓기 한 수컷의 정자로 수정될 확률이 높기 때문에 수컷이 격렬한 짝짓기 투쟁을 통하여 종족을 보존하겠다는 생존 전략이라 할 수 있다. 암수 짝짓기 형태는 일반적으로 양서류가 앞다리에 가까운 겨드랑이를 포옹하는 데 비하여 무당개구리는 뒷다리에 가까운 아랫배를 포옹하는 자세이다. 이 포옹 자세는 진화적인 요소가 남아 있는 것으로 보인다.

▲ 번식기에 수컷들은 집단적으로 모여 암컷과 짝짓기 하려고 격렬한 싸움을 벌인다.

▲ 암수 짝짓기 형태는 아랫배 포옹 자세(왼쪽)와 겨드랑이 포옹 자세(오른쪽)가 있으며, 무당개구리는 아랫배 포옹 자세가 일반적이다

Q 무당개구리의 암수는 어떻게 구별할까

무당개구리는 번식기에는 암수의 특징이 나타나 구별이 쉽지만 그 이후에는 구별하기 어렵다. 수컷은 번식기가 되면 암컷의 가슴이나 배를 움켜쥐기 쉽도록 앞발에 생식혹이 발달한다. 즉, 앞발 1~3번째 발가락과 앞다리 안쪽이 약간 부풀어 검은색의 색소 띠가 형성된다. 또한 수컷의 앞다리는 암컷에 비하여 굵고, 발가락은 암컷이 수컷에 비하여 가늘고 길다. 그리고 수컷은 등 색깔이 암컷보다 진하고 돌기가 더 조밀하다. 번식기에 수컷은 목 밑의 피부를 약간 부풀게 하여 "꾸욱-꾸욱-꾹" 하는 낮은 울음소리를 연속적으로 내어 암컷을 유혹한다. 수컷의 울음주머니는 다른 양서류처럼 크게 부풀지 않기 때문에 울음 전후를 자세히 비교해 보아야 알 수 있다.

몸 색깔 비교

발과 다리 비교

울음주머니

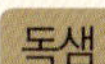

▲ 울음주머니가 크게 부풀지 않으므로 울음 전후를 자세히 비교해 보아야 수컷임을 알 수 있다.(왼쪽: 울기 전, 오른쪽: 울고 있을 때)

독샘

▲ 무당개구리 수컷은 독샘이 발달한다.

Q 무당개구리의 독 성분은 다른 개구리에게 어떤 영향을 끼칠까

참개구리 암컷과 무당개구리 수컷을 함께 사육하면 무당개구리는 참개구리와 짝짓기를 시도하는데, 포접된 상태에서 얼마 지나지 않아 참개구리가 죽는다. 아마도 무당개구리의 독성이 피부를 통해 옮겨진 것으로 생각된다. 또한 무당개구리 여러 마리를 물에 넣은 후 그 물에 다시 황소개구리를 넣으면 황소개구리가 죽는다.

무당개구리 배의 피부색이 붉은 고추를 닮았고, 등 표면에서 독액이 분비되어 피부를 맨손으로 만지고 눈을 비비면 독성 때문에 눈이 맵고 따가우므로 북한에서는 무당개구리를 '고추개구리'라고도 한다. 중국에서는 무당개구리를 식용하거나 보신제(補身劑) 또는 폐병의 약재로 쓴다고 한다.

독액을 분비하는 돌기

▲ 겨울잠을 잘 시기에는 독액의 분비가 감소하여 돌기들이 부풀어 있지 않다.

▲ 번식기가 되면 돌기들이 송곳 모양으로 부풀어 독액을 분비한다.

무당개구리의 독성 실험

▲ 사육통에 황소개구리와 무당개구리를 함께 넣어 기르면 황소개구리가 죽게 된다.

두꺼비

두꺼비과

• 학명 *Bufo gargarizans*
• 영명 Asiatic toad

별명 뚝개비, 두깨비, 더터비, 두텁, 나흘마
크기 몸길이 7~12cm, 앞다리 길이 4cm, 뒷다리 길이 10cm
분포 우리나라 제주도를 제외한 전역. 일본, 러시아, 중국, 몽골

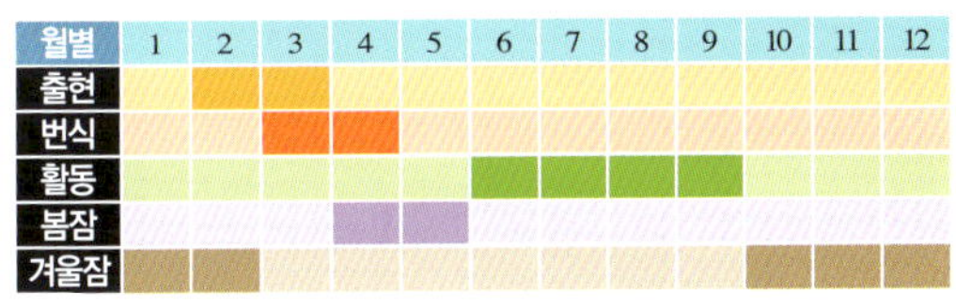

형태 토종 양서류 중에서 가장 크며, 암컷이 수컷보다 크다. 머리는 옆으로 넓적하고 눈과 입이 크다. 피부는 두껍고 건조하며, 크고 작은 돌기가 나 있어 오톨도톨하다. 등은 보통 갈색, 누런색, 황적색에 작은 검은색 반점이 흩어져 있고, 위쪽 융기 부분은 검은색이며, 몸 색깔의 변이가 심하게 나타난다. 번식기에 수컷의 앞발 1~3번 발가락에는 검은 생식혹이 생긴다. 두꺼비류는 개구리와 달리 머리의 너비가 넓고, 울음주머니가 없다.

습성 산지의 밭, 숲 등지의 그늘이나 낙엽 밑에 산다. 낮에는 돌이나 풀 밑 또는 얕은 구멍에 숨어 있다가 밤에 나와 먹이 활동을 하며, 봄철 번식기나 천적을 만났을 때, 피부에서 독액을 분비한다. 두꺼비는 겨울잠만 자는 것이 아니라 번식기 이후 4, 5월경 번식지 주변의 산기슭이나 논두렁에서 약 40일간 봄잠을 잔다. 지렁이, 땅강아지, 집게벌레, 파리, 모기, 개미, 벌 등을 먹이로 하며, 반드시 움직이는 것을 잡아먹는다.

산란 끈 모양의 투명한 알주머니를 물풀, 벼 그루터기 등에 감아 낳는다. 두 줄을 동시에 낳는데 알의 수는 총 12,000~20,000개이다.

유생 몸 전체가 암갈색, 검은색을 띠며 무리를 지어 활동하고 행동이 둔하다. 배는 투명하지 않아 내장이 보이지 않는다.

▲ 두꺼비(암컷)

[포획금지야생동물]

두꺼비 생김새

▲ 두꺼비 성체(번식기 수컷)

▲ 새끼 두꺼비

등과 배

▲ 등은 크고 작은 돌기가 있어 오톨도톨하다.

▲ 배에는 검은 점이 군데군데 나 있다.

▲ 암컷의 배는 노란색을 띤다.

▲ 수컷은 배의 색깔이 옅다.

머리

▲ 머리는 옆으로 넓적하고 입이 매우 크다.

▲ 콧구멍은 주둥이 쪽에 있고, 고막은 뚜렷하다.

앞뒤 발

▲ 앞발 발바닥이 오톨도톨하다.

▲ 뒷발이 흙을 파기에 적합하도록 뭉툭하며, 물갈퀴의 발달이 미약하다.

귀밑샘

▲ 눈 뒤에 있는 커다란 귀밑샘에서 독액을 분비한다.(번식기 암컷)

기어가는 옆모습

위에서 본 모습

▲ 위: 수컷, 아래: 암컷

두꺼비 한살이

짝짓기

▲ 논에서 암컷과 수컷이 짝짓기를 한다.

두꺼비

▲ 두꺼비 성체

산란

▲ 산란 중인 두꺼비(3월 초)

알

▲ 끈 모양의 알주머니 두 줄을 산란한다.

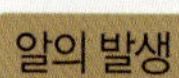

▲ 새끼손가락 굵기로 부푼 알주머니(3월 말)

◀ 올챙이 몸 색깔은 검은색이며, 꼬리지느러미는 너비가 좁고 끝이 둥글며 유연하다.(5. 5.)

올챙이

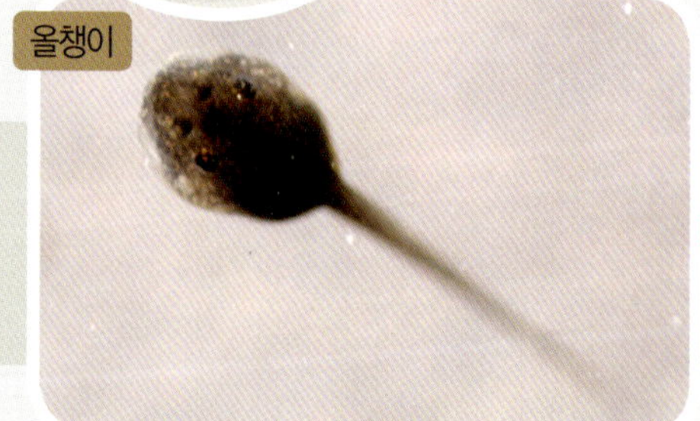

▲ 부화한 어린 두꺼비 올챙이(4월 초)

새끼 두꺼비

▲ 육상에 적응하기 시작한 새끼 두꺼비(7월)

▲ 새끼 두꺼비
배에 회색 점이 흩어져 있다.

▲ 두꺼비 은신처

▲ 두꺼비 배설물

▲ 꼬리가 없어지고 몸 색깔이 어둡고 다리가 약하다.(6. 1.)

▲ 꼬리가 짧아지면서 새끼 두꺼비로 탈바꿈해 가는 두꺼비 올챙이(5. 23.)

▲ 뒷다리가 나온 두꺼비 올챙이
양눈이 등에 위치한다.

▲ 앞다리가 나온 두꺼비 올챙이(5월)
이때가 생존율이 취약한 시기이다.

두꺼비 탐구

Q 두꺼비는 왜 산란할 때 자신이 태어난 곳을 찾아갈까

두꺼비는 여름철 비 올 때 마을로 내려오기 때문에 사람들은 이 시기가 번식기인 줄 알지만, 실은 두꺼비는 2월 말~3월 초에 겨울잠에서 깨어나 암컷과 수컷이 만나 짝짓기를 한 채 산란한다. 어미는 물이 깨끗하고 수심이 깊지 않은 논이나 물풀이 많은 저수지, 웅덩이 가장자리, 늪 등에 산란하는데, 본능적으로 가물어도 물이 마르지 않을 곳을 선택한다. 두꺼비를 비롯한 양서류들의 알은 반드시 물에 있어야 부화한 올챙이가 아가미 호흡을 통해 살아갈 수 있기 때문이다.

또한 두꺼비는 자신이 태어난 곳을 찾아와 산란하고 서식지로 돌아간다. 산란을 위해 이동하는 두꺼비는 위치를 바꿔 놓아도 산란지로 용케 찾아온다. 어떻게 자신이 태어난 곳으로 다시 찾아갈 수 있을까? 이에 대한 답에는 여러 가지 주장이 있으나 다음 두 가지로 요약된다. 하나는 자기장에 의해 찾아간다고 하는 학설(천체의 위치)이고, 다른 하나는 번식 장소의 냄새, 습도, 지형 등을 인식하여 찾아간다고 하는 학설이다. 그러나 어느 학설이 정확한지는 아직 밝혀지지 않았다.

두꺼비의 산란 장소

▲ 물이 항상 담겨 있는 무논

▲ 얕은 웅덩이

▲ 얕은 늪

틈새 정보

어미 대왕두꺼비의 모성애

외국의 두꺼비 중에는 자신이 산란한 알에서 부화한 올챙이의 서식지에 물이 말라 올챙이들이 위험에 처하면 물이 있는 쪽으로 도랑을 내어 새끼를 안전하게 보호하는 종류가 있다. 실제로 오스트레일리아의 어미 대왕두꺼비는 올챙이가 사는 곳의 물이 마르면, 뒷발로 도랑을 내어 올챙이가 물이 많은 곳으로 이동하도록 한다고 한다.

▲ 물이 많은 곳으로 올챙이를 이동시키고 있는 대왕두꺼비 [사진 | OBS 방송 2015. 10. 3.]

Q 두꺼비는 어떤 방법으로 산란할까

두꺼비는 암컷과 수컷이 짝짓기 한 채 이동하면서 수컷의 자극으로 암컷이 산란하는데, 물풀이나 벼 밑동에 여러 마리가 반복해서 알을 낳아 겹쳐 놓는 경우가 많다. 어미 두꺼비는 투명한 막에 싸인 끈 모양의 알주머니 두 줄을 동시에 뽑아내는데, 한 줄의 길이는 6~10m 정도에 이른다. 알주머니에 싸인 알은 검은색 염주 모양이다.

❶ 암컷과 짝짓기를 하려고 수컷끼리 싸운다.(검붉은 쪽이 암컷, 암갈색 쪽이 수컷)

❷ 짝짓기 한 채 산란 장소로 이동한다.

❸ 수컷이 앞다리로 암컷 가슴을 꽉 껴안고 짝짓기를 한다.(위: 수컷, 아래: 암컷)

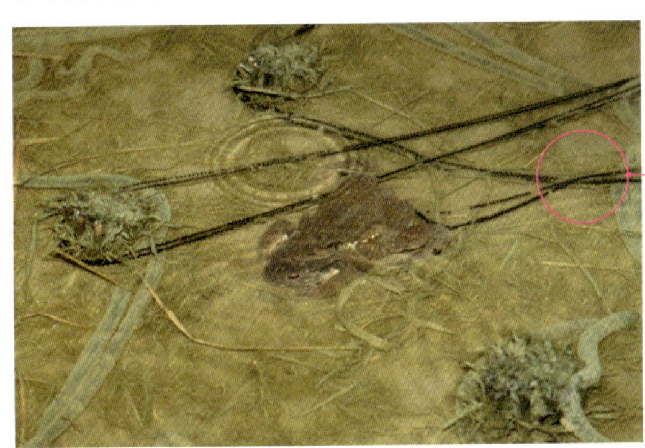

❹ 물풀이나 벼 밑동에 알주머니 두 줄을 동시에 뽑아내어 산란한다.

▲ 물풀에 감겨 있는 알주머니

Q 두꺼비는 번식기 이후에 왜 잘 보이지 않을까

두꺼비는 3~4월에 산란한다. 이때 산기슭의 논 등에서 암컷과 수컷이 큰 무리를 이루어 산란하는 장면을 쉽게 관찰할 수 있다. 그런데 산란 이후에는 그 많던 두꺼비들이 어디론가 사라져 버린다. 두꺼비들은 어디로 간 것일까? 두꺼비가 산란할 시기에는 날씨가 쌀쌀하여 두꺼비의 먹이인 곤충이 거의 없다. 또 어미 두꺼비는 산란하느라 에너지가 소모되어 왕성하게 돌아다닐 힘이 없다. 그래서 두꺼비는 산란이 끝나면 번식지 근처의 산기슭이나 논두렁 또는 습지의 제방 등에 흙을 파고 들어가 40일 정도 봄잠을 잔다. 6월이 되어 두꺼비의 주 먹이인 곤충이 많이 출현하면 두꺼비는 봄잠에서 깨어나 왕성하게 먹이 활동을 한다.

한편 번식기 이후 두꺼비의 이동 거리를 측정한 연구 논문(이 등, 2003)에 의하면, 수컷의 등에 소형 전파 발신기를 부착해 연구한 결과 번식지로부터 100m에서 최대 500m 범위로 흩어졌다고 한다. 두꺼비 암컷은 수컷보다 행동권이 최대 3배 정도 넓기 때문에 두꺼비의 번식지로부터 약 1500m까지 이동할 것으로 추정했다.

▲ 산란을 마친 두꺼비가 봄잠을 자기 위해 기어가고 있다.

▲ 두꺼비가 봄잠을 자기 위해 산란지 근처의 풀밭을 파고 들어가고 있다.

Q 두꺼비는 언제까지 무리를 지어 살아갈까

두꺼비는 무리를 지어 무더기로 산란하고 알에서 부화한 올챙이는 떼를 지어 행동한다. 마치 멸치나 꽁치가 무리를 지어 살아가는 것과 같다. 그리고 새끼 두꺼비로 탈바꿈한 다음 떼를 지어 뭍으로 나오고 그때부터 서서히 흩어져 각자 살아간다.

이처럼 두꺼비는 이른 봄철인 3월 초에 짝짓기 하여 산란하고, 대략 3개월이 지난 5월 말에서 6월 초에 새끼 두꺼비로 된 다음, 비 오거나 흐린 날에 일제히 뭍으로 올라오는 신비로운 양서류이기도 하다.

▲ 어미 두꺼비는 여러 마리가 한곳에 알을 낳아 겹쳐 놓는 습성이 있다.

▲ 알 무더기에서 부화한 두꺼비 올챙이들은 흩어지지 않고 떼 지어 산다.

▲ 두꺼비 올챙이들은 무리를 지어 뭍으로 나갈 준비를 한다.

▲ 새끼 두꺼비는 비 오거나 흐린 날 떼 지어 물 밖 산 쪽으로 간다.

Q 두꺼비의 암수는 어떻게 구별할까

두꺼비는 번식기에 암수의 구별이 분명하게 드러나 구별하기가 쉽다. 우선 번식기에 수컷의 앞발 1~3번째 발가락에는 작은 검은색 생식혹이 생겨 암컷과 뚜렷이 구별된다. 또 다리는 암컷이 수컷보다 가늘고 길다. 몸집은 암컷이 수컷보다 훨씬 크고, 몸 색깔이 암컷은 붉은색을 띠는 데 반해 수컷은 흑회색을 띤다.

▲ 번식기가 지나면 암수 구별이 쉽지 않다.(왼쪽: 수컷, 오른쪽: 암컷)

두꺼비의 암수 구분

Q 두꺼비는 어떻게 먹이를 잡아먹을까

▲ 두꺼비의 혀

두꺼비의 혀는 길고 매우 유연하다. 긴 혀는 입 안쪽으로 접혀 있기 때문에 먹이를 향해 재빠르게 내밀 수 있고, 입안의 침에 의해 끈적끈적하다. 두꺼비는 움직이는 먹이를 보면 접근해서 응시하다가 잽싸게 혀를 내밀어 먹이를 감싸 잡아먹는다. 혀를 내밀어 먹이를 낚아채는 데 0.2초가 채 걸리지 않기 때문에 혀가 나가는 장면을 보기가 어렵다. 움직이는 것만을 먹는 것은 아마도 상하지 않은 먹이를 먹겠다는 생존 전략일 것이다. 파리같이 몸체가 작고 연약한 먹이는 한 번에 삼켜 버리지만, 방아깨비처럼 길고 다리가 단단한 먹이는 한 번에 삼키지 못하고 도로 내뱉는 경우도 있다. 올챙이 시기에는 해캄과 같은 녹조류나 고마리 등의 어린 싹, 지난 해의 낙엽, 지푸라기에 붙은 유기물, 죽은 지렁이 등을 먹고 산다.

▲ 해캄을 먹고 있는 두꺼비 올챙이들

▲ 새싹을 먹는 두꺼비 올챙이들

▲ 지푸라기에 붙은 유기물을 먹는 두꺼비 올챙이들

섬서구메뚜기를 잡아먹는 모습

❶ 두꺼비가 움직이는 섬서구메뚜기에 최대한 접근하여 노려본다.

❷ 순식간에 혀로 섬서구메뚜기를 낚아챈다.

❸ 섬서구메뚜기를 삼킬 때 순간적으로 눈을 감는다.

❹ 먹이가 길고 다리가 단단하여 삼키지 못하고 어쩔 줄 몰라 한다.

❺ 앞다리도 들어 보며 먹이를 삼키려고 애쓴다.

❻ 두꺼비는 결국 먹이를 삼킨다.

귀뚜라미를 잡아먹는 모습

❶ 두꺼비가 움직이는 귀뚜라미를 노려본다.

❷ 두꺼비가 귀뚜라미를 낚아채려고 시도한다.

❸ 두꺼비가 순식간에 혀로 귀뚜라미를 낚아채 삼킨다.

❹ 먹이를 삼킬 때에 안구 운동과 함께 눈을 감는다.

❺ 순막(눈꺼풀)이 반쯤 감겨져 있다.

❻ 먹이를 완전히 삼킨 후 눈을 뜬다.

Q 두꺼비의 반사 행동을 어떻게 볼 수 있을까

두꺼비 눈앞에서 강아지풀 이삭을 움직이면 두꺼비는 강아지풀 이삭을 먹이로 인식하고 혀로 낚아챈다(무조건 반사). 그러나 입안에 들어온 것이 먹이가 아님을 알고 바로 내뱉는다(조건 반사).

❶ 움직이는 강아지풀 이삭을 주시한다.

❷ 강아지풀 이삭을 재빨리 낚아챈다.

❸ 강아지풀 이삭을 삼키려고 잡아당긴다.

❹ 강아지풀 이삭을 입안에 넣는다.

❺ 강아지풀 이삭을 삼키려고 애쓴다.

❻ 먹이가 아님을 알고 강아지풀 이삭을 내뱉는다.

Q 두꺼비는 위협을 느끼면 어떻게 행동할까

두꺼비는 풀잎으로 등을 건드리면 앞다리를 펴고 몸통을 부풀려 자기 몸을 크게 보이게 하거나 성난 모습을 취하는데, 뱀 등의 천적을 만났을 때도 이와 같은 행동을 한다. "함부로 나를 건드리지 말라"는 경고일 것이다. 또한 두꺼비는 위험에 닥쳤을 때 귀밑샘과 피부의 독샘에서 독을 분비한다. 독샘에서 분비되는 이 흰 물질은 부포탈린(Bufotalin)으로 알려져 있는데, 독성이 매우 강해서 두꺼비나 두꺼비 알을 맨손으로 만지면 손이 아릴 정도의 통증을 느낀다. 한편 논바닥을 기어 다니면서 산란하다가도 사람이나 천적이 나타나면 논바닥에 살짝 엎드려 몸을 숨기기도 한다.

▲ 몸통을 부풀리고 다리를 세운다.

▲ 귀밑샘과 피부의 독샘에서 독액을 분비한다.

▲ 몸을 바닥에 바짝 대고 엎드려 숨는다.

Q 두꺼비의 천적에는 어떤 종류가 있을까

개구리 올챙이의 행동은 개구리처럼 매우 민첩한 데 비하여 두꺼비 올챙이의 행동은 두꺼비처럼 느리기 때문에 천적에게 쉽게 잡아먹힌다. 두꺼비 올챙이의 천적은 게아재비, 장구애비, 물장군 등의 수서 곤충이며, 먹이가 부족하면 옴개구리 올챙이 등에게도 잡아먹힌다. 두꺼비는 유혈목이(꽃뱀), 구렁이 등에게 잡아먹히는데, 특히 유혈목이는 두꺼비 독을 자신의 독으로 이용한다고 하는 연구 보고도 있다. 어떤 종류의 뱀은 두꺼비를 잡아먹은 후 두꺼비의 독 때문에 다시 토하는 경우도 있다고 한다.

▲ 두꺼비의 천적인 유혈목이

▲ 행동이 느린 두꺼비 올챙이를 낚아채어 체액을 빠는 게아재비

▲ 두꺼비 올챙이를 먹는 옴개구리 올챙이

Q 두꺼비는 좁은 굴에서 어떻게 빠져 나올까

두꺼비는 낮에 굴 등에 숨어 휴식을 취하다가 저녁에 나와 밤새 먹이를 잡아먹고 새벽에 다시 구멍으로 들어가는 생활을 반복한다. 좁은 굴에서 어떻게 빠져나오는지 살펴보자.

❶ 낮 동안 굴에서 지내다가 저녁 7시경 틈 사이로 두꺼비가 머리를 내민다.

❷ 머리를 좀 더 내민다.

❸ 틈이 좁아 몸을 비틀며 나오려고 몸부림친다.

❹ 몸통과 앞다리가 나온다.

❺ 두꺼운 앞 몸통이 나온다.

❻ 몸 전체가 완전히 빠져나온다.

❼ 굴을 빠져 나온 후 주위를 살핀다.

❽ 먹이가 어디에 있는지 머리를 들어 앞을 주시한다.

❾ 먹이를 찾아 이동한다.

Q 두꺼비의 독은 환경에 어떤 영향을 줄까

두꺼비는 부포탈린이라는 독액을 분비하는데, 이 독성 물질은 황소개구리에게도 치명적인 영향을 미친다. 1930년대 오스트레일리아에서는 농작물에 해를 끼치는 '사탕수수딱정벌레'를 제거하기 위해 '사탕수수두꺼비'를 남아메리카에서 도입했으나 효과가 없었다. 그 이유는 농작물에 해를 끼치는 사탕수수딱정벌레는 낮에 활동하고, 사탕수수두꺼비는 밤에 활동하기 때문이었다. 목적했던 효과는 거두지 못하고 오히려 부작용이 생겼는데, 강한 독이 있는 사탕수수두꺼비를 잡아먹은 큰 도마뱀이나 악어, 주머니고양이 같은 육식 포유류가 죽은 것이다. 이처럼 생태계 문제를 인위적으로 조절하는 것은 환경에 피해를 주기 때문에 생태 전문가의 도움을 받아 신중하게 이루어져야 한다.

▲ 생태계에 피해를 주는 오스트레일리아의 사탕수수두꺼비

▲ 사탕수수두꺼비를 잡아먹은 악어는 두꺼비 독으로 인해 죽게 된다.

Q 두꺼비를 위한 생태 도로 경계면을 어떻게 설치해야 좋을까

보통 개구리는 점프 능력이 있어 높이 뛸 수 있다. 그러나 두꺼비는 점프 능력이 없어 20cm 정도의 높이도 뛰어넘지 못한다. 그래서 도로로 잘못 들어선 수많은 두꺼비들이 도로의 보호대, 경계석을 넘지 못하고 달리는 차량에 죽음을 당하곤 한다. 이 경우 두꺼비가 넘을 수 있도록 경계석 높이를 낮춘다면 두꺼비가 무사히 숲속으로 돌아갈 수 있을 것이다. 야생 동물에 관심을 가지고 조금만 신경 써서 개선해 나가면 이런 문제들을 쉽게 해결할 수 있을 것이다.

▲ 도로 경계석을 올라가지 못해 쩔쩔매는 두꺼비(2014. 7. 천안)

▲ 도로 경계석이 낮아 숲속으로 돌아간 두꺼비(2014. 7. 천안)

▲ 도로 경계석을 넘지 못해 차에 치인 두꺼비

틈새 정보

캄보디아에 사는 두꺼비

동남아시아 지역의 캄보디아를 여행하다 보면 풀밭에서 두꺼비, 맹꽁이, 청개구리 등을 볼 수 있는데, 형태와 몸 색깔이 우리나라 종과는 눈에 띄게 다르다. 열대 지방인 캄보디아는 연중 낮에는 30℃, 밤에는 25℃로 계절별 온도 차이가 없다. 다만 우기인 5월 초에서 10월 말까지는 많은 비가 내리고, 건기인 11월부터 이듬해 4월까지는 비가 거의 내리지 않는다.

캄보디아 건기의 마지막에 해당하는 4월 말, 무덥고 건조한 시기에 노란 색깔을 띤 어미 두꺼비가 지켜보는 가운데 새끼 두꺼비가 온몸이 젖은 상태로 일어서려고 애쓰는 장면을 목격한 적이 있다. 이 새끼 두꺼비는 왜 누워 있으며, 왜 한 마리만 있을까 하는 의문이 들었는데, 극도로 건조한 시기여서 어미 두꺼비가 입안에서 새끼를 부화시킨 것은 아닐까 하는 생각이 들었다. 실제로 오스트레일리아에서는 입에서 새끼를 부화시키는 개구리가 발견되었는데, 이후 그 종이 멸종되었다는 내용을 책에서 읽은 적이 있다.

캄보디아의 두꺼비들

▲ 밤에 맹꽁이와 함께 있는 두꺼비들(2015. 4. 28. 캄보디아)

▲ 낮에 돌 밑에 숨어 있는 두꺼비 무리

▲ 어미 두꺼비 앞에 누운 새끼 두꺼비

두꺼비 이야기

두꺼비 관련 설화

우리 조상들은 두꺼비가 우직해 보이고 나방과 같은 해충을 잡아먹으며 집 주변에서 흔하게 보아 왔기 때문에 두꺼비를 친근한 동물로 여겼다. 이러한 이유로 예로부터 두꺼비가 집에 들어오면 부와 재물이 늘고 좋은 일이 생긴다고 여겼으며, 민담에서는 두꺼비의 보은에 대한 이야기가 전해 내려오고 있다.

• 지네장터

옛날 어느 마을에 홀어머니를 모시고 사는 처녀가 있었다. 어느 날 두꺼비 한 마리가 장마를 피해 그 처녀의 집안 부엌으로 들어왔다. 처녀는 측은한 마음이 들어 끼니때마다 밥 한 숟가락씩을 주며 두꺼비를 길렀다. 두꺼비가 크게 자랐을 무렵, 처녀에게 어려운 일이 닥쳤다. 그 처녀가 사는 마을의 당집에는 오래 묵은 요괴한 지네가 살고 있었다. 마을 사람들은 지네가 요술을 부려 마을에 흉년이 들게 하거나 전염병을 일으킬 수 있다고 믿었기 때문에 해마다 지네터(당집)에 처녀를 제물로 제사를 지내왔는데, 그 처녀가 제물로 결정된 것이다. 처녀는 눈물을 흘리며 홀어머니에게 작별 인사를 하고 지네터에 들어가 보니 두꺼비가 미리 와 있었다.

이윽고 지네가 나타나 처녀를 해치려고 하자 두꺼비가 이에 대항해서 불을 뿜으며 격렬한 싸움이 벌어졌고, 처녀는 놀라 기절했다. 이튿날 아침 마을 사람들이 지네터에 가 보니 두꺼비와 지네는 죽었고 처녀만 살아 있었다. 마을 사람들은 은혜 갚은 두꺼비를 잘 장사 지내 주고 그 이후로는 처녀를 제물로 바치는 풍습이 사라졌다고 한다.

이 설화에서 두꺼비는 은혜를 갚는 의리 있고 희생 정신이 강한 동물로 나타난다.

• 콩쥐 팥쥐

콩쥐는 어머니를 일찍 여의고 계모와 함께 살았다. 그런데 계모는 친딸인 팥쥐만을 감싸며 콩쥐를 학대한다. 어느 날 계모는 콩쥐의 외갓집 잔치에 팥쥐만 먼저 데리고 가면서 콩쥐에게는 전체 밭 갈기, 깨진 독에 물을 가득 채우기 등의 해내기 힘든 많은 일을 모두 마친 후 잔치에 오라고 하였다. 콩쥐가 이를 한탄하며 울자 두꺼비가 나타나 독의 깨진 구멍을 막아 주고 새와 검은 소, 선녀가 나타나 콩쥐의 어려운 일을 도와주어 잔치에 참석할 수 있도록 해 준다. (이하 생략)

이 설화에서 두꺼비는 어려운 처지의 사람을 도와주는 의리 있는 동물로 묘사된다.

• 섬진강 두꺼비

고려 말, 우리나라에는 왜구들이 자주 쳐들어와 섬진강 주변 지역의 피해가 컸었다. 어느 날, 섬진강 하구로 왜구들이 쳐들어오자 두꺼비 수십만 마리가 섬진 나루터에 몰려와 울부짖어 왜구들이 놀라 물러갔다고 한다.

이와 유사한 또 다른 설화도 있다.

섬진 나루터 건너편에서 우리 병사들이 왜구들에 쫓겨 붙잡힐 위기에 놓이게 되었는데, 두꺼비 떼가 강물 위로 솟아올라 다리를 놓아 주어 강을 무사히 건널 수 있었다. 이를 본 왜구들도 뒤쫓아 두꺼비 다리를 건너는데, 강 한가운데에 이르자 두꺼비들이 갑자기 물속으로 가라앉아 왜구들이 모두 강물에 빠져 죽었다고 한다. '다사강', '모래내', '두치강'으로 불리던 이 강이 이때부터 두꺼비 '섬(蟾)'자를 써서 '섬진강'이라 부르게 되었다고 한다.

▲ 섬진강 주변 공원에 조성된 두꺼비상

두꺼비 관련 속담

• **두꺼비 파리 잡아먹듯**

두꺼비는 눈앞에서 움직이는 파리를 눈 깜빡할 사이에 혀를 내밀어 날름 잡아먹으므로 '순식간에 음식을 먹어치우는 것' 또는 '무엇이고 닥치는 대로 사양 않고 받아 마시는 것'을 비유적으로 표현한 속담이다. 비슷한 뜻의 속담으로 '마파람에 게 눈 감추듯'이 있다.

• **떡두꺼비 같다.**

두꺼비는 우직해 보이고 몸집이 통통하므로 남자의 힘을 상징하고 복을 가져다주는 동물로 여기기도 했으므로 튼튼하게 생긴 남자아이를 가리켜 '떡두꺼비 같다' 는 말을 하여 '튼튼하고 복을 많이 받을 아기'라는 덕담을 했다.

• **두꺼비 꽁지 같다.**

매우 작아서 거의 없는 듯함을 비유적으로 이르는 말이다.

• **두꺼비 콩대에 올라 세상이 넓다 한다.**

생각하는 것이나 하는 일이 근시안적이고 옹졸한 사람을 비유적으로 이르는 말이다.(북한 속담)

• **두꺼비 싸움에 파리 치인다.**

힘센 자들이 싸우는 통에 약한 자가 억울하게 피해를 입는 경우를 비유적으로 이르는 말이다.(북한 속담)

물두꺼비

두꺼비과

- 학명 *Bufo stejnegeri*
- 영명 Korean water toad, Stejneger's toad

별명 귀신개구리, 작은두꺼비(북한)
크기 몸길이 5~8cm, 앞다리 길이 3~4cm, 뒷다리 길이 7~8cm
분포 우리나라 강원 동부에서 지리산 등 백두대간, 중국 동북 지역

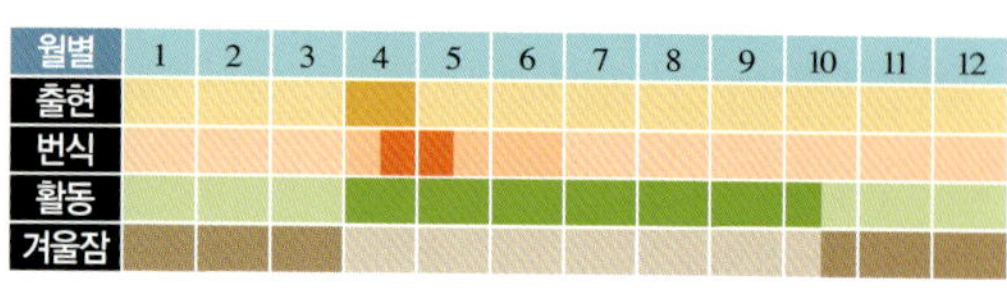

형태 두꺼비와 비슷하게 생겼으나 몸이 작고 고막이 뚜렷하지 않다. 몸 전체에 작은 돌기가 오톨도톨 나 있다. 땅에서 생활할 때는 흑갈색을 띠며, 번식기에는 수컷은 주로 흑갈색, 암컷은 황갈색 또는 적갈색을 띤다. 귀밑샘은 콩팥 모양이지만 원형에 가까운 것도 있다. 수중 생활에 적응하여 뒷발가락에 물갈퀴가 발달해 있다. 번식기에는 암컷이 수컷보다 크고, 수컷의 앞발 1~3번째 발가락에 생식혹이 발달한다.

습성 계곡, 강 상류 등 주로 물속에서 생활하고, 4~5월 산란기 이후 산란지 주변의 산비탈, 산골짜기의 계곡, 하천, 습지 주변에서 먹이 활동을 한다. 물두꺼비도 이동할 때 두꺼비처럼 기어 다닌다. 11월 전후부터 이듬해 3월까지 계곡과 하천의 물 흐름이 느리고 수심이 깊은 곳에서 겨울잠을 잔다. 소형 곤충과 지렁이, 수서 곤충을 먹는다.

산란 끈 모양의 알주머니를 물 흐름이 느린 곳의 돌에 말거나 돌 밑 낙엽에 붙여서 두 줄로 낳는다. 알주머니는 한 줄의 길이가 3~6m로, 600~1,000여 개의 알이 들어 있다. 알은 전체적으로 흑갈색을 띠나 한쪽은 회백색이다.

유생 몸은 검은색 또는 흑갈색 바탕에 금색 반점이 흩어져 있고 눈은 등 쪽에 있다. 배는 검은색이지만 반투명해서 내장이 보인다.

▲ 물두꺼비 암수(위: 수컷, 아래: 암컷)

[포획금지야생동물]

물두꺼비 생김새

▲ 물두꺼비 성체(암컷)

등

▲ 등은 많은 돌기가 있어 오톨도톨하다.

배

▲ 배는 검은색 반점이 흩어져 있다.

머리

▲ 콧구멍이 뚜렷하고 귀밑샘이 발달해 있다.(수컷)

앞뒤 다리

▲ 뒷발에 물갈퀴가 발달해 있고, 번식기 수컷의 경우 앞발에 생식혹이 생긴다.

물두꺼비 한살이

짝짓기

▲ 암컷과 수컷이 짝짓기를 한다.

산란

▲ 산란(4월)
얕고 물 흐름이 약하며, 큰 돌이 있는 안전한 곳에 알을 낳는다.

알

▲ 길이 3~6m 정도 되는 끈 모양의 알주머니를 한꺼번에 두 줄로 산란한다.

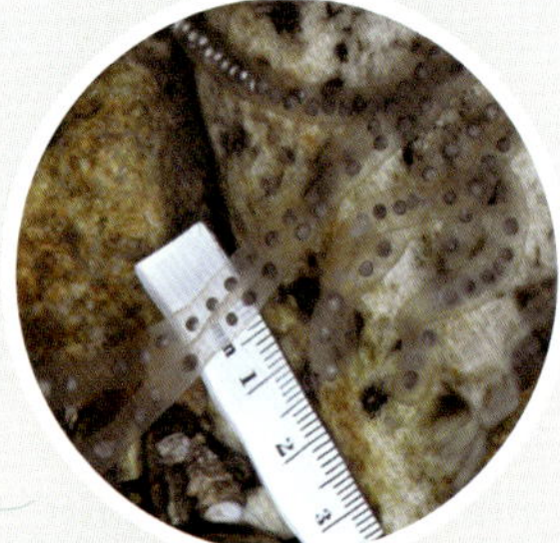

▲ 알의 크기
알은 일정한 간격으로 배열되어 있고 지름 1.5~2mm로 비교적 크다.

알의 발생

▲ 알에서 올챙이로 변하고 있다.

올챙이

◀ 몸통과 꼬리의 비율이 1:1.5로 꼬리가 길고 몸통은 작으나 몸통에 비해 입은 큰 편이다.(5월)

▲ 알에서 올챙이가 깨어난다. (5월)

물두꺼비

▲ 물두꺼비 성체

새끼 물두꺼비

▲ 앞다리가 나오고 꼬리가 짧아지면서 부화 후 60여 일 만에 새끼 물두꺼비 형태로 탈바꿈한다.(6월)

▲ 몸통이 길어지며, 등 쪽에 삼각형의 검은 줄무늬가 생긴다.(6월)

▲ 등 쪽에 있는 눈은 아래로 향해 있다.(5월)

▲ 뒷다리가 나온 물두꺼비 올챙이
주변 낙엽 색깔과 비슷하게 황금색의 보호색을 띤다.(6월)

▲ 뒷다리가 좀 더 자라 'M'자 형으로 굽었다.
눈 아래의 볼이 넓다.(6월)

물두꺼비 탐구

Q 물두꺼비와 두꺼비는 어떤 차이점이 있을까

물두꺼비와 두꺼비의 가장 큰 차이점은 물두꺼비는 물속에서 겨울잠을 자고 두꺼비는 땅속에서 겨울잠을 잔다는 것이다. 물두꺼비는 두꺼비에 비해 수중 생활 기간이 길기 때문에 헤엄을 잘 칠 수 있도록 뒷발가락에 물갈퀴가 발달되어 있다. 생김새는 두꺼비와 닮았지만 고막이 뚜렷하지 않고, 몸이 훨씬 작고 납작하며, 상대적으로 다리가 길어 보인다. 또 물두꺼비 올챙이는 수 마리 혹은 수십 마리가 흩어져 생활하지만, 두꺼비 올챙이는 수천 마리가 무리 지어 생활한다.

물두꺼비

▲ 물두꺼비는 눈 뒤와 귀밑샘 아래에 돌기가 있으나 고막은 보이지 않는다.

두꺼비

▲ 두꺼비는 눈 뒤의 귀밑샘 아래에 고막이 둥글게 위치하고 있다.

▲ 물에서 생활하는 물두꺼비는 물갈퀴가 두꺼비보다 잘 발달되어 있고, 발가락 끝이 아래로 휘어 있다.

▲ 육상 생활을 하는 두꺼비는 물갈퀴가 물두꺼비에 비하여 덜 발달되어 있다.

▲ 물두꺼비 올챙이는 드문드문 흩어져서 생활한다.

▲ 두꺼비 올챙이는 무리를 지어 생활한다.

Q 물두꺼비의 암수는 어떻게 구별할까

물두꺼비 수컷은 암컷에 비하여 몸이 작고 몸 색깔은 흑갈색이며, 번식기에 앞발의 첫째에서 셋째 발가락에 검은 생식혹이 생긴다.

▲ 몸 색깔은 수컷은 흑갈색, 암컷은 적갈색을 띠고, 몸길이는 수컷 6cm, 암컷 7cm로 수컷이 암컷보다 몸이 작다.

▲ 암컷은 앞다리가 가늘고 번식기에 검은 생식혹이 없다.

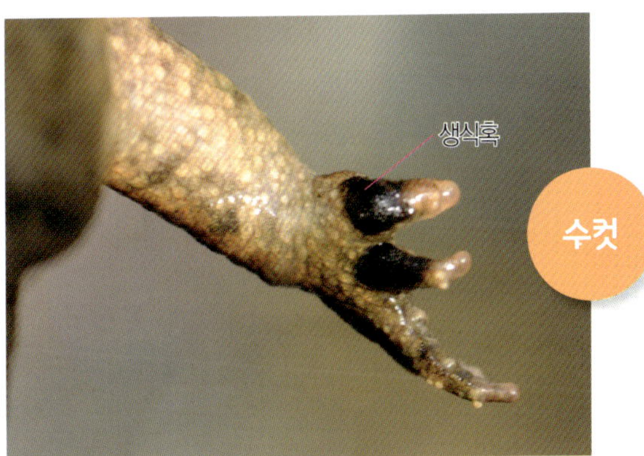

▲ 수컷은 앞다리가 굵고 번식기에 검은 생식혹이 생긴다.

Q 물두꺼비의 산란 장소는 어디일까

물두꺼비는 두꺼비와 달리 산지 계곡의 흐르는 물속에 산란하는데, 맑고 깨끗한 1급수 물로 비교적 물 흐름이 느린 장소를 좋아한다. 또한 물두꺼비의 산란 장소는 수심이 얕고 큰 돌이 있어 안정적이며, 부화 후 올챙이가 잘 성장할 수 있는 곳을 택한다. 물두꺼비는 다른 무미목 양서류와 달리 짝짓기 한 상태로 겨울잠을 자며, 4월부터 약 한 달 동안 번식하는데, 겨울잠을 잔 곳에서 그대로 산란하는 경우도 있고 인근의 얕은 곳으로 이동하여 산란하는 경우도 있다. 번식이 끝나면 성체들은 모두 산지로 이동하는데, 해발 1000m의 고지에서도 발견된다. 그리고 다시 겨울잠을 자기 위해 10월부터 산지에서 계곡이나 하천으로 이동하며, 이때 암컷과 짝짓기 하는 경우도 있다.

▲ 물두꺼비는 물이 깨끗하고 물 흐름이 느리며 큰 돌이 있는 곳에 산란한다.

▲ 물두꺼비가 짝짓기를 하는 시기의 수온은 9℃ 정도의 저온이다.(강원도 흥정 계곡, 2015. 4. 17.)

▲ 번식이 끝나면 산지로 이동하여 먹이 활동을 한다.(해발 1000m 고지에서 발견된 물두꺼비)

Q 서식 환경이 바뀌면 몸 색깔과 체형은 어떻게 변할까

물두꺼비는 물속에서 산지로 서식 환경이 바뀜에 따라 몸 색깔과 체형이 바뀐다. 이러한 현상은 호르몬 등의 영향으로 생기는데, 같은 종이 마치 다른 종의 개체처럼 보이므로 유의하여 관찰할 필요가 있다. 물 밖으로 나오면 몸 색깔은 주변의 밝은색의 영향으로 차츰 흑청색 → 흑갈색 → 황갈색으로 변하고, 체형은 둥글고 둔한 형태에서 날렵하고 길쭉한 형태로 변해 간다.

물속 생활 시기

▲ 번식기에는 물에서 생활한다.

▲ 번식기가 끝나고 물 밖으로 나오기 직전의 모습

산지 생활 시기

▲ 물 밖에 바로 나왔을 때 몸 색깔은 흑청색이며, 둥글고 둔한 체형을 보인다.

▲ 12일 후 체형이 날렵해지고 몸 색깔은 흑갈색을 띤다.

▲ 17일 후 체형이 더욱 길쭉해지고, 몸 색깔은 황갈색을 띤다.

▲ 번식기 이후 산지에서 활동하는 물두꺼비

Q 물두꺼비의 독은 위험하지 않을까

물두꺼비가 산란하는 장소는 깨끗한 1급수 계곡물이 바위와 큰 돌, 자갈 사이로 흐르고 있고, 돌에는 녹조류가 붙어 있어 먹이로 이용될 수 있으며, 돌 사이에는 떨어진 낙엽이 있어 천적으로부터 보호를 받는 곳이다. 계곡산개구리도 물두꺼비의 산란 장소와 같은 계곡에 산란하는 경우가 있으나, 물 흐름이 느린 곳에 산란하고 물두꺼비보다 이른 시기에 산란하므로 산란 시기와 장소가 쉽게 겹치지는 않는다. 그러나 계곡산개구리의 산란이 늦은 시기에 이루어질 때도 있어 두 종류의 올챙이가 한 장소에서 같이 살기도 한다.

또 북방산개구리의 경우, 산란 시기가 위 두 종류보다 빠르고 물이 고여 있는 산기슭 습지에 산란하므로 이 세 종류의 올챙이가 서로 마주칠 경우는 드물다. 그러나 간혹 계곡 물이 고여 있는 곳에 산란하거나 늦은 시기에 산란하여 부화한 올챙이가 이동하다가 물두꺼비, 계곡산개구리의 올챙이와 만나기도 한다. 물두꺼비 성체는 피부에서 독을 분비하나 올챙이 단계에서는 분비량이 극히 적고 맑은 물이 계속 흐르기 때문에 독성이 희석되어 다른 종류의 올챙이가 피해를 받는 경우는 거의 없다.

◀ 계곡산개구리(오른쪽)는 물두꺼비(왼쪽)와 함께 생활해도 독의 영향을 받지 않는다.

▲ 물두꺼비 올챙이의 서식지에서 함께 사는 올챙이들은 물두꺼비의 독에 중독되는 일이 거의 없다.(물두꺼비 올챙이와 함께 생활하는 북방산개구리 올챙이와 계곡산개구리 올챙이)

Q 물두꺼비는 왜 물속에서 겨울잠을 잘까

두꺼비는 땅속에서 겨울잠을 자는데 물두꺼비는 왜 물속에서 겨울잠을 잘까? 물속은 땅속보다 기온 변화가 심하지 않고 피부를 통하여 항상 산소를 공급받을 수 있다. 또 물속의 바위나 돌 밑에 숨으면 천적의 눈에 띄지 않는다. 그러나 짝짓기 한 상태로 겨울잠을 자면 천적의 눈에 쉽게 띌 수 있다. 그래서 물두꺼비는 수심이 깊은 곳으로 들어가 겨울잠을 잔다. 물두꺼비가 짝짓기 한 상태로 겨울잠을 자는 이유는 봄철에 날씨가 따뜻해져 겨울잠에서 깨어나면 바로 산란하고 산으로 올라가 활동할 수 있기 때문이다.

▲ 물속은 땅속보다 기온 변화가 심하지 않다.(짝짓기 한 상태로 수심이 깊은 돌 밑에서 겨울잠을 자는 물두꺼비)

▲ 물속 바위나 돌 밑에 숨으면 천적의 눈에 띄지 않는다.(돌 밑에 숨어 있는 물두꺼비)

▲ 이른 봄에 산란하기 위해서는 언 땅속보다 흐르는 물속에서 겨울을 나는 것이 유리하다.

Q 물두꺼비의 서식 환경을 어떻게 잘 보존할 수 있을까

물두꺼비의 산란 장소는 다슬기, 어리장수잠자리, 수염치레각날도래 애벌레가 함께 사는 1급수의 맑은 물이 흐르는 곳이다. 그러나 물두꺼비의 산란 장소는 경치 좋고 물이 맑은 계곡이어서 펜션 등의 위락 시설이 들어서고, 또한 관개 수로 공사로 인하여 서식지가 훼손되어 오염되고 있다. 특히 하천이 오염되면 알의 발생 시기인 4~6월에는 물두꺼비 성체와 올챙이에 치명적일 수도 있다. 따라서 이러한 생물 자원이 잘 유지, 보전될 수 있도록 자연환경을 잘 보존하여야 한다.

▲ 물두꺼비는 주변 환경이 좋고 물이 깨끗한 하천에 서식하므로 하천이 오염되지 않도록 해야 한다.

▲ 물두꺼비는 어리장수잠자리 애벌레(왼쪽), 수염치레각날도래 애벌레(오른쪽)가 함께 사는 1급수의 맑은 물이 흐르는 곳에 산란한다.

▲ 물두꺼비 서식지에서의 수로 공사는 산란철 물두꺼비에게 큰 위협을 주고 있다.

청개구리

청개구리과

- 학명 *Hyla japonica*
- 영명 Japanese tree frog, Tree frog

별명 나무개구리, 앙머구리
크기 몸길이 2.5~4.5cm, 앞다리 길이 2cm, 뒷다리 길이 4~5cm
분포 우리나라 전역, 러시아(연해주), 중국(북부), 몽골, 일본

월별	1	2	3	4	5	6	7	8	9	10	11	12
출현												
번식												
활동												
겨울잠												

형태 몸통은 납작하고 홀쭉하며 크기가 작다. 몸 색깔은 보통 등 쪽이 녹색을 띠나, 황록색 바탕에 진한 녹색이나 흑갈색의 불규칙한 무늬를 띠는 등 주변 환경에 따라 다양한 색깔을 나타낸다. 배는 주로 흰색 또는 황백색을 띤다. 콧구멍부터 눈, 고막, 목덜미까지 검은색, 갈색의 줄무늬가 있고 눈 아래에 고막이 뚜렷하다. 앞뒤 발가락에 둥근 빨판(흡반)이 발달하고 수컷은 인두 부근에 커다란 울음주머니가 있다.

습성 주로 평지에 살며, 번식기 이외에는 관목이나 풀잎 위에서 생활한다. 이에 따라 몸통 색깔이 녹색이나 갈색의 보호색을 띤다. 다른 개구리에 비하여 피부가 얇고 부드럽기 때문에 강한 햇볕에 노출되면 몇 분 만에 죽는 경우도 있다. 번식기에는 참개구리와 함께 어우러져 우는 경우가 많으며, 부식된 고사목이나 양지바른 토양 등에서 겨울잠을 잔다. 주로 곤충이나 곤충 애벌레를 먹는다.

산란 4~5월경 모내기 철에 모여들어 산란을 시작하여 6월까지도 산란한다. 암컷 한 마리가 여러 번에 걸쳐 총 250~800개의 알을 낳는다. 알은 전체적으로 진한 황갈색이나 아랫부분은 약간 연한 색이다.

유생 등은 황갈색 또는 암갈색이고 작은 검은색 점이 꼬리까지 흩어져 있다. 앞다리가 나오면 등은 녹색으로 변한다.

▲ 청개구리(수컷)

청개구리 생김새

◀ 청개구리 성체(수컷)
턱밑에 울음주머니가 있고 등과 다리에 무늬가 나타날 때도 있다.

몸 색깔

▲ 등과 다리에 무늬가 있다.

▲ 등과 다리에 무늬가 약간 나타나 있다.

▲ 등과 다리에 무늬가 없고 피부가 연녹색으로 매끈하다.

배

▲ 배는 흰색이다.

▲ 배에 작은 돌기가 나 있다.

옆모습

▲ 콧구멍, 눈, 고막이 뚜렷하다.

울음주머니

▲ 울 때 울음주머니는 연한 검은색으로 부푼다.

▲ 울지 않을 때에는 울음주머니가 연한 검은색으로 늘어져 있다.

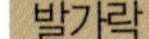

발가락

▶ 앞발가락은 4개, 뒷발가락은 5개이며 발가락 끝은 둥근 빨판으로 되어 있다. 뒷발가락 사이의 물갈퀴는 빈약하다.

청개구리 한살이

짝짓기

▲ 산란을 위해 짝짓기 하는 암컷과 수컷. 암수의 몸 색깔이 다르다. (위: 수컷, 아래: 암컷)

청개구리

▲ 청개구리 성체

산란

▲ 암수가 짝짓기 한 채 조금 가다가 머리를 숙이고 꽁무니를 들어 조금씩 산란하는 것을 반복한다.

알

▲ 알은 3~10개가 한 덩이를 이루며, 알의 지름은 1.5mm 내외로 작다.

알의 발생

▲ 알의 발생이 빠르게 진행된다.

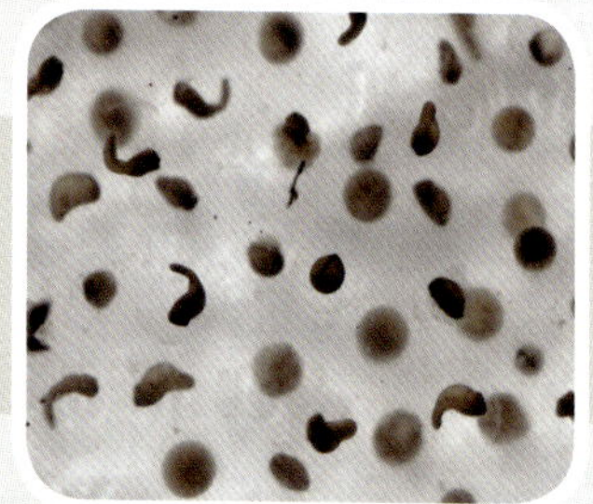

▲ 알 덩이에서 부화하고 있는 청개구리 올챙이들(5월)

올챙이

▲ 청개구리 올챙이(길이 11mm, 6월)

새끼 청개구리

▲ 꼬리가 없어진 새끼 청개구리 (2015. 8. 31.)

▲ 꼬리가 짧아진 새끼 청개구리 (2015. 8. 29.)

▲ 뒷다리에 이어 앞다리가 나온 청개구리 올챙이(2015. 8. 26)

▲ 뒷다리가 자라기 시작한 청개구리 올챙이(7월)

▲ 뒷다리가 나온 청개구리 올챙이(7월)

▲ 오른쪽 앞다리에 이어 왼쪽 앞다리가 나올 조짐이 보인다.

Q 청개구리의 암수는 어떻게 구별할까

청개구리는 번식기에 암컷과 수컷을 확실히 구별할 수 있다. 우선 짝짓기 한 모습을 보면 암컷이 수컷보다 더 크다. 그러나 번식기가 아닐 때에는 암수의 크기로 구별하기가 어렵다. 좀 더 뚜렷하게 구별할 수 있는 것은 울음주머니로, 수컷은 울음주머니가 있지만 암컷은 없다.

▲ 번식기 때 암컷(왼쪽)이 수컷(오른쪽)보다 크다.

▲ 짝짓기 할 때 암컷이 수컷보다 더 크다.

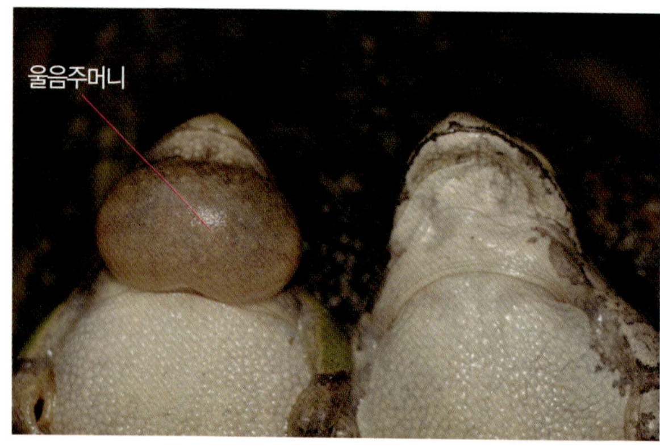

◀ 수컷(왼쪽)은 울음주머니가 있고 암컷(오른쪽)은 없다.

Q 청개구리는 어떻게 피부 색깔을 바꿀까

청개구리는 천적으로부터 몸을 보호하기 위하여 주변 색깔과 비슷하게 피부를 변화시켜 보호색을 띤다. 밤이 되면 검은색으로, 나뭇가지에 앉으면 나뭇가지 껍질 색깔로, 녹색 잎에 앉으면 녹색으로 바꾼다. 특히 짝짓기 한 상태에서도 암컷 등 위에 올라간 수컷은 자기 몸이 직접적으로 천적의 눈에 띄기 때문에 자신이 먼저 피부 색깔을 변화시킨다.

이와 같이 청개구리가 다양하게 피부 색깔을 변화시키는 원리는 무엇일까? 청개구리의 몸 색깔은 피부 표피층에 있는 색소 과립, 진피층의 특수한 색소체(노란색, 파란색, 검은색), 내부 조직에 있는 색소에 의해 나타난다. 이 색소체 안에 있는 멜라닌 등의 색소를 응집시키거나 확산시킴으로써 몸 색깔을 바꿀 수 있다. 예를 들면, 밝은 녹색 잎 위에서는 노란색과 파란색이 섞여서 연두색으로 보인다. 한편 밤에는 검게 보이는데, 이것은 멜라닌 색소가 확산되기 때문이다.

▲ 물 바닥 색깔로 피부색을 바꾼 청개구리

▲ 땅바닥 색깔로 피부색을 바꾼 청개구리

▲ 저녁에 어두운 색깔로 피부색을 바꾼 청개구리

▲ 밤에 어두운 색깔로 피부색을 바꾼 청개구리

▲ 나뭇가지 색깔로 피부색을 바꾼 청개구리

▲ 부레옥잠 색깔로 피부색을 바꾼 청개구리

▲ 논물 색깔로 피부색을 바꾼 청개구리

Q 청개구리는 유리판에서도 왜 미끄러지지 않을까

청개구리는 몸무게가 가볍고 발가락 끝이 둥근 빨판으로 되어 있다. 빨판은 점착성 원반으로 유리 같은 미끄러운 물체에도 잘 달라붙을 수 있는데, 배 부위에도 점착성이 있다. 따라서 청개구리는 풀잎이나 유리에 잘 달라붙어 있을 수 있다. 나무에 꽃이 피어 곤충이 모여들면 청개구리는 곤충을 잡아먹기 위해 가는 나뭇가지에도 잘 기어오른다.

이와 같이 다른 양서류와 달리 발가락 끝에 빨판이 발달되어 있어 물체에 잘 기어오를 수 있으므로 청개구리 무리를 '나무개구리(Tree Frog)'라고 한다. 그런데 여러 번 반복해서 유리에 붙여 놓으면 나중에는 떨어진다. 아마도 빨판이 건조해져서 더 이상 제 역할을 하지 못하기 때문일 것이다.

유리판에 붙어 있는 청개구리

▲ 발가락 끝에 발달된 둥근 빨판을 이용하여 유리판에 잘 붙어 있다. 그러나 붙였다가 떼는 것을 여러 번 반복하면 유리에서 떨어진다.

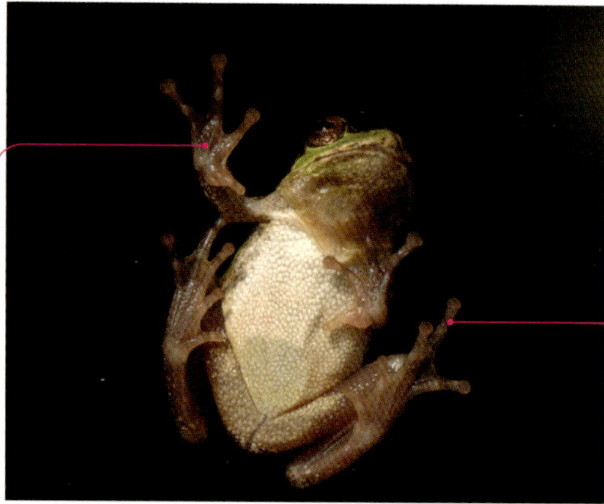

▲ 유리판에 배를 밀착시키고 있다.

▲ 빨판이 발달한 청개구리의 앞발가락과 뒷발가락

나뭇가지에 앉아 있는 청개구리

◀ 발가락 끝의 빨판을 이용하여 나뭇가지를 붙들고 앉아 있다.

White's Tree Frog의 발가락 빨판 형태

외국의 청개구리 중 White's Tree Frog(*Litoria caerulea*)의 발가락 빨판 구조를 현미경으로 관찰해 보면, 연속 요철 구조인 6각형 모양으로 되어 있어 벽면에서의 부착력을 높일 수 있는 구조이다. 다음 사진은 오스트리아에 서식하는 White's Tree Frog의 모습으로 우리나라 청개구리의 빨판 구조와 거의 비슷하다.

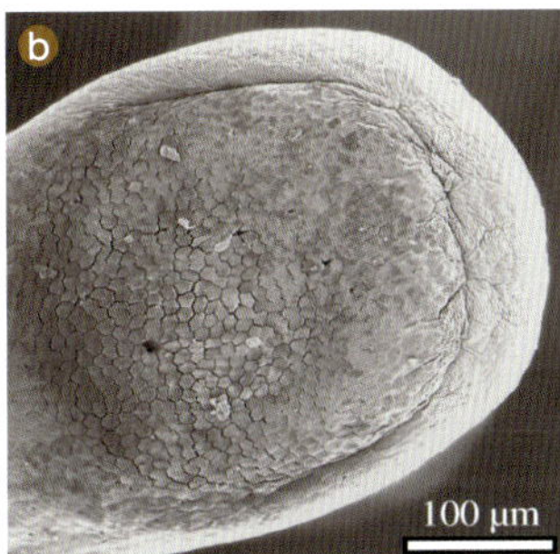

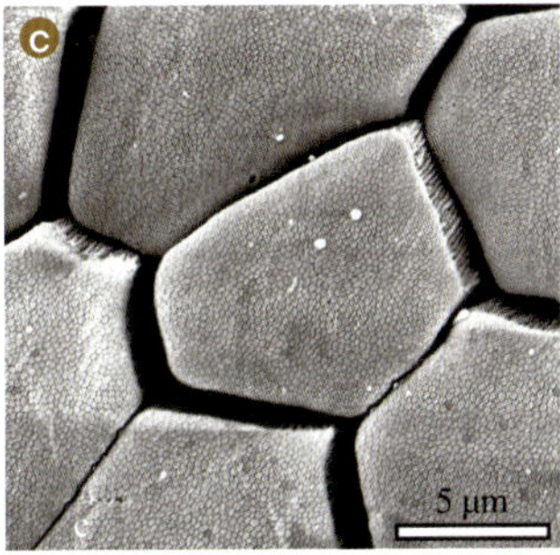

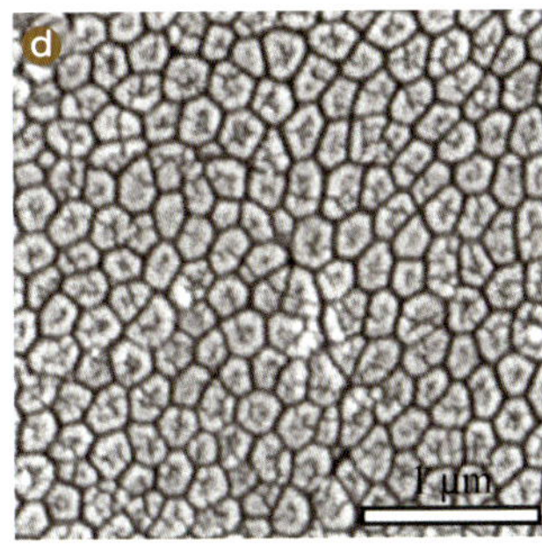

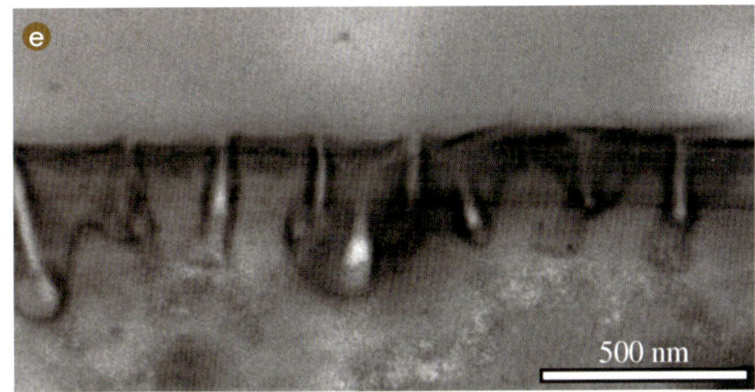

ⓐ 오스트리아에 서식하는 White's Tree Frog(*Litoria caerulea*)의 보습

ⓑ~ⓒ White's Tree Frog의 발가락 빨판을 주사전자현미경(SEM)으로 촬영한 것으로, 청개구리 발가락 빨판이 다각형 구조임을 확실하게 보여 준다.

ⓓ 다각형 구조 사이에 틈이 벌어져서 공기가 드나들 수 있는 구조이다.

ⓔ 다각형 단면의 투과전자현미경(TEM) 사진으로 구조 중앙이 약간 오목함을 볼 수 있다.

〈출처: http://www.ncbi.nlm.nih.gov/pmc/articles/PMC1664653/〉

Q 청개구리는 울음주머니로 어떻게 소리를 낼까

청개구리의 울음주머니는 수컷의 턱밑 피부가 늘어나 생기는데, 공기를 흡입하여 배와 울음주머니로 이동시킬 때 큰 꽈리 모양을 만들어 큰 소리를 낸다. 청개구리는 특히 번식기에 수컷이 암컷을 유혹하기 위하여 매우 강렬하고 힘찬 소리로 초저녁부터 다음날 이른 새벽 직전까지 울어댄다.

약한 소리를 낼 때

▲ 울음주머니를 작게 하면 공기를 흡입하여 배가 불룩하다.

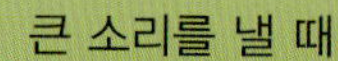

▲ 울음주머니를 크게 하면 공기를 배출하여 배가 오목하다.

◀ 돌에 앉아서 울음주머니를 부풀려 큰 소리로 우는 청개구리

Q 청개구리가 울면 왜 비가 올까

청개구리가 울면 비가 오는 경우가 많다. 그 이유는 청개구리는 참개구리나 북방산개구리와 달리 비가 오고 있거나 비 온 뒤 짝짓기 활동이 왕성하기 때문이다. 청개구리는 물 밖에 나와 우는데, 덩치가 작아 몸의 표면적이 상대적으로 넓기 때문에 습도 조건에 매우 민감하다는 것이다.

개구리들은 피부가 항상 젖어 있어야 공기 중의 산소를 받아들이기 쉽다. 또한 개구리가 울음소리를 내려면 일단 폐로 공기를 들이마신 다음 입과 콧구멍을 막은 상태에서 울음주머니로 공기를 내보내는데, 이때 공기가 성대를 지나면서 소리를 만들고 울음주머니에서 증폭해서 큰 소리를 내게 된다. 그와 같은 반복되는 공기의 흐름 과정에서 수분을 빼앗기게 되고 에너지도 많이 필요하게 된다. 따라서 낮보다는 밤이, 맑은 날보다는 비 오는 날이 청개구리가 숨쉬기를 편하게 할 수 있기 때문에 울음소리를 내기에 더 적합한 날이 된다.

청개구리의 울음

* **우는 시기**: 청개구리는 4월부터 모심기를 위해 물을 댄 논에 짝짓기를 위해 몰려들기 시작하여 밤새도록 울음소리를 낸다. 청개구리는 번식기 외에도 기압의 변화에 반응하여 저기압 전선이 다가오면 흥분하여 운다. 따라서 청개구리가 매우 큰소리로 울기 시작하면 비가 올 확률이 높다.
* **울음소리**: 수컷 개구리가 오래 울면 울수록 발정기의 암컷들에게 성적으로 보다 매력적으로 보인다는 연구 결과가 나왔다. 미국 콜롬비아 대학의 앨리슨 M. 웰치 연구팀은 청개구리의 울음소리에 관한 흥미로운 연구 결과를 유명 과학 전문 학술지인 '사이언스'에 소개했다. 이 논문에 의하면, 청개구리의 울음소리는 일종의 구애 신호로 암컷 청개구리는 수컷의 울음소리 중 가장 긴 울음소리를 가진 수컷을 선호한다고 밝혔다.

▲ 한밤중에 우는 청개구리 수컷(왼쪽)

Q 청개구리는 왜 나무에 올라갈까

청개구리는 발가락에 빨판이 있어서 높은 곳의 나뭇가지나 풀에 앉아 먹이를 기다리다가 사냥할 수 있다. 또 지상의 천적을 피하여 높은 곳으로 올라갈 수도 있다. 그러나 습한 호숫가에 있다가 뱀에게 먹히기도 하고, 나무 위에 있다가 새의 먹잇감이 되기도 한다.

한편 열대 우림 지역에 사는 열대 청개구리는 물기가 있는 수십 미터의 높은 나무에 올라갈 수도 있다. 이때 천적을 만나면 땅속으로 숨을 수 없으므로 바로 지상으로 뛰어내린다. 높은 데서 땅에 떨어지면 죽을 수도 있는데, 뛰어내리는 것은 하늘을 날 수 있는 날개를 가지고 있기 때문이다. 즉, 네 다리의 발가락 사이 피부를 넓게 펼쳐 하늘을 날 수 있는 날개를 만드는 것이다. 이와 같이 열대 청개구리는 발가락 빨판을 이용하여 높은 곳에 올라갔다가 천적을 만나면 '발가락 날개'를 펼쳐 안전하게 지상에 내려올 수 있다. 살아남기 위해 적응된 진화라고 할 수 있다.

▲ 꽃이 핀 나무에서 먹이 사냥을 하는 청개구리

▲ 연못가에서 천적인 유혈목이에게 잡아먹히는 청개구리

▲ 나무 위에서 때까치에게 희생된 청개구리

열대 청개구리

▲ 열대 우림에 사는 열대 청개구리(인도네시아)

▲ 발가락 사이의 피부를 펼쳐 하늘을 나는 모습

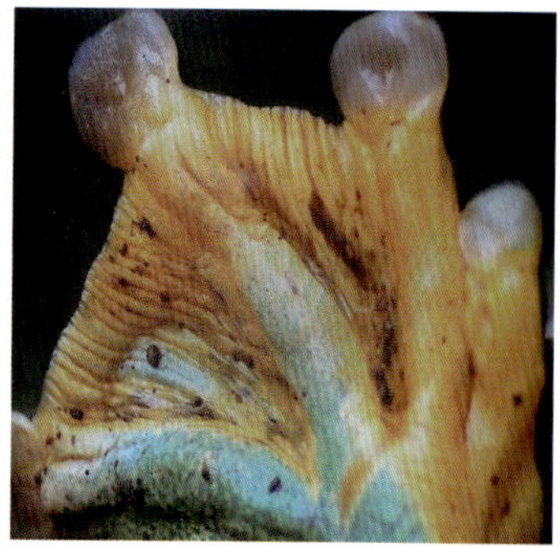
▲ 하늘을 날 수 있도록 주름 피부로 잘 발달된 발가락

[사진 | EBS(2017. 9. 6.). 빛을 삼킨 뱀.]

Q 청개구리의 먹이 종류를 어떻게 알아볼 수 있을까

청개구리의 머리에 소형 카메라를 장착하면 어떤 종류의 먹이를 먹는지 쉽고 정확하게 알 수 있으나, 청개구리가 매우 작아서 소형 카메라를 장착하기가 어렵다. 따라서 아직도 청개구리의 배설물을 분석하는 고전적인 방법을 사용한다. 청개구리의 배설물에 들어 있는 소화가 덜 된 먹이를 분석하여 먹이 종류를 대강 알아낼 수 있다. 청개구리에 먹이를 주면서 사육할 때 살펴보면, 1~2일마다 수분이 포함되지 않은 비교적 건조하고 단단한 배설물을 배출하는 것을 알 수 있다.

▲ 메뚜기를 먹는 청개구리

청개구리의 배설물

▲ 청개구리의 배설물로 먹이 종류를 알 수 있다.
개미의 다리, 몸통 등이 보인다.

청개구리를 실내에서 사육한 적이 있었는데, 청개구리가 베란다 창가 화분 밑에 숨어 있다가, 메뚜기를 가까이 놓자 먹이를 조심스럽게 응시하며 나와 다가갔다가 메뚜기가 긴 넓적다리를 세우자 포기하고 등을 돌리는 모습을 볼 수 있었다.

▲ 메뚜기를 보자 조심스럽게 응시하면서 접근했다가 메뚜기가 넓적다리를 세우자 포기하고 등을 돌려 다른 곳을 보고 있다.

청개구리 이야기

청개구리 설화

옛날 부모의 말을 잘 안 듣는 청개구리가 있었다. 청개구리는 엄마가 서쪽으로 가라고 하면 동쪽으로 가고, 산으로 가라고 하면 강으로 가곤 했다. 이와 같이 말 안 듣는 아들 때문에 마음고생을 하던 엄마 청개구리는 급기야 병을 얻어 죽을 지경이 되었다. 평소에 아들이 부모의 말에 대해 반대로만 행동하던 성질을 아는 엄마 청개구리는 아들에게 "내가 죽으면 냇가에 묻어 달라."는 유언을 남겼다. 산에 묻히고 싶은 엄마가 아들에게 냇가에 묻어달라고 부탁하면, 평소처럼 반대로 산에 묻어 줄 것으로 믿었기 때문이다.

엄마가 죽자 청개구리는 살아생전에 엄마의 말을 안 들은 것을 깊이 후회하며 엄마의 유언대로 엄마를 냇가에 묻었다. 그 후 청개구리는 비가 올 때면 엄마의 무덤이 물에 떠내려갈까 걱정이 되어 "개굴개굴…" 하며 슬피 운다는 이야기이다.

이 설화는 비가 올 때면 청개구리가 운다는 사실에 근거하여 이야기를 구성하고 있다. 효를 주제로 한 이 설화에 근거하여, 말 안 듣는 아이를 '청개구리 같다'고 하는 비유가 생기게 되었다. 이 설화는 중국 당나라 이석의 「속박물지」 권 9, 은성식의 「유양잡조속집」 권 4, 10세기 말 송나라 때에 발간된 「태평광기」 권 39 등에 실려 있는 내용으로 우리나라의 여러 지역에서 구전되고 있다.

▼ 엄마 무덤이 걱정되어 우는 청개구리(한민고 최다솜 학생 작품)

예술 작품의 모델이 된 청개구리

우리에게 친근한 청개구리는 조각상이나 금속 공예 등 다양한 예술품의 모델이 되기도 한다. 캐나다에서는 유리 세공으로 입체적인 청개구리 모형을 만들어 기념주화를 제작하기도 하였다. 이처럼 청개구리는 우리 생활에 귀엽고 친숙하게 느껴지며 의인화되어 다양한 예술품의 소재로 활용되고 있다.

▲ 청개구리 모형 (서천 국립생태원 소장)

▲ 청개구리를 의인화한 금속 공예 (강창균 작, 안개 속의 풍경들)

▲ 청개구리를 입체적 모형으로 나타낸 기념주화(캐나다)

날씨 속담으로 본 청개구리

'청개구리가 낮은 곳에 있으면 날씨가 맑다.', '청개구리가 요란스럽게 울면 비가 온다.', '청개구리가 나무에서 떨어지면 날씨가 맑다.' 등 청개구리를 주제로 한 날씨 속담이 많다. 옛날에는 오늘날처럼 인공위성의 구름 사진을 보고 일기를 예측하는 과학적 시스템이 갖추어지지 않았으므로 동물의 행동 특성을 보고 날씨를 예측할 수밖에 없었다.

과학적인 근거는 부족하지만 어떤 연구에 의하면, 번식기를 제외하고 청개구리의 울음소리를 들은 지 30시간 이내에 비가 올 확률이 60~70%라고 한다. 또 일본에서 조사한 바에 따르면 5월에서 12월 사이에 청개구리가 울 때 비가 올 확률이 23~66%라고 한다. 개구리가 울음소리를 내려면 일단 폐로 공기를 들이마신 다음, 입과 콧구멍을 막은 상태에서 울음주머니로 공기를 내보내는데 이때 공기가 성대를 지나면서 소리를 만들고 울음주머니에서 증폭해서 큰 소리를 내게 된다. 이러한 반복되는 공기의 흐름 과정에서 수분을 빼앗기게 되므로 맑은 날보다는 피부의 습도가 유지되어 숨쉬기 편한 비 오는 날이 개구리가 울음소리를 내기에 더 적합한 날이 된다.

한편 날씨가 맑아지면 건조하다. 이럴 때 청개구리는 피부의 습기를 유지하기 위해서 낮은 곳에 있게 된다. 청개구리는 날씨가 맑고 건조한 날에는 피부가 마르지 않도록 습기가 많은 지면 가까이로 이동하는 것이다. 또 날씨가 맑을 때, 청개구리 발에 붙어 있는 빨판(흡반)의 접착력이 약해져 청개구리가 나무에서 떨어질 확률이 높아질 수 있다.

수원청개구리

청개구리과

- 학명 *Hyla suweonensis*
- 영명 Korean suweon tree frog, Suweon tree frog

크기 몸길이 2.5~3.5cm, 앞다리 길이 1.5cm, 뒷다리 길이 3.9cm
분포 서해안 평지(경기 아산만 주변을 중심으로 주로 서해안을 따라 분포)

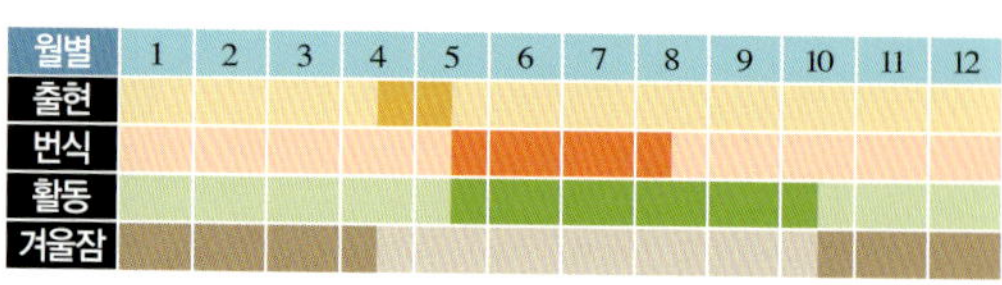

형태 청개구리와 비슷하나 청개구리에 비해 몸집이 작고 뒷다리가 짧으며, 물에 떠 있을 때 몸통 모양이 마름모 형태를 이룬다. 그러나 겉모양으로는 구분이 어렵고, 번식기에 울음주머니와 울음소리 등으로 구별할 수 있다. 등은 녹색이나 황록색 바탕에 진한 녹색 또는 흑갈색의 불규칙한 무늬가 있으며, 겨울잠을 잘 때는 황갈색으로 변한다. 수컷의 목 부위에는 노란 울음주머니가 있으나 암컷은 없다.

습성 청개구리와 같은 서식 공간에 살며, 주로 평지의 관목이나 풀잎 위에서 생활한다. 번식기에 수컷은 앞다리로 벼나 풀을 잡고 우는 습성이 있다. 이는 자신의 몸무게에 비해서 큰 울음주머니를 안정적으로 지탱하기 위해 적응한 방법으로 보인다. 앞뒤 발가락에 둥근 빨판(흡반)이 발달되어 있어 나무나 유리판을 잘 오른다. 논둑, 고사목이나 낙엽 등 부식된 곳에서 겨울잠을 자고 5월 말경 모내기 철에 논으로 모여 산란한다. 파리, 벌, 나비, 딱정벌레 등과 같은 작은 곤충들을 주로 잡아먹는다.

산란 5~7월에 짝짓기 하여 알을 물풀 사이에 10~20여 개씩 옮겨 다니며 낳는다. 알은 한천질에 싸여 있으며, 동물극은 진한 황갈색이고 식물극은 약간 연한 노란색이다. 알의 지름은 약 1mm로, 2~3일 후 부화한다.

유생 등은 황갈색이나 암갈색이고 작은 검은색 점이 꼬리까지 흩어져 있다. 앞다리가 나오면 등은 녹색으로 변한다.

▲ 수원청개구리(수컷)

[한국고유종, 멸종위기야생생물 I급]

수원청개구리 생김새

등과 머리

▲ 등 부위는 녹색을 띠고 눈, 콧구멍, 고막이 뚜렷하다.(수컷)

배와 목

▲ 배는 희며, 목 부위 양쪽에 옅은 노란색 반점이 있다.(암컷)

▲ 물 위에서 마름모 형태로 배를 부풀려 쉬는 모습

울음주머니

▲ 턱 아래에 노란 울음주머니 흔적이 있다.(수컷)

▲ 울음주머니를 부풀린 모습(수컷)

수원청개구리 한살이

짝짓기

▲ 암컷과 수컷이 짝짓기를 한다.(5월)

수원청개구리

▲ 벼 이삭에서 먹이 활동을 하는 수원청개구리 성체

산란

▲ 물속 풀 사이에 산란한다.(5월)

▲ 수원청개구리 알

알의 발생

▲ 물속 풀 사이에 흩어져 산란된 알은 위에서 보면 황갈색으로 보인다.

올챙이

▲ 부화한 지 20일 정도 된 수원청개구리 올챙이. 몸길이는 4mm로 작다.(6. 2)

▶ 입은 검은 각질이고, 위 2줄, 아래 3줄의 치설이 있어 핥아먹기에 편리하다. 배가 투명하여 내장이 보인다.

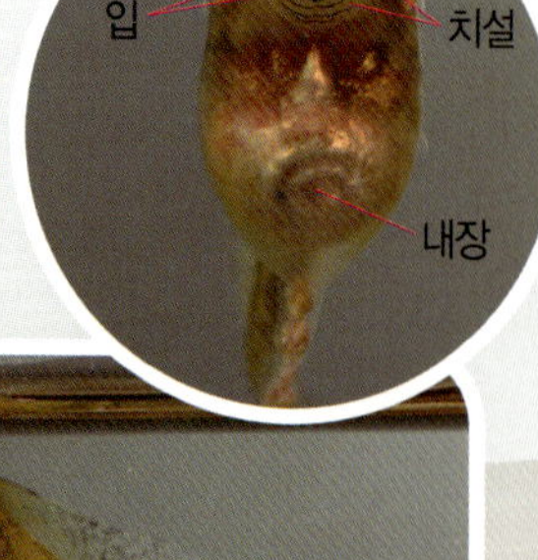

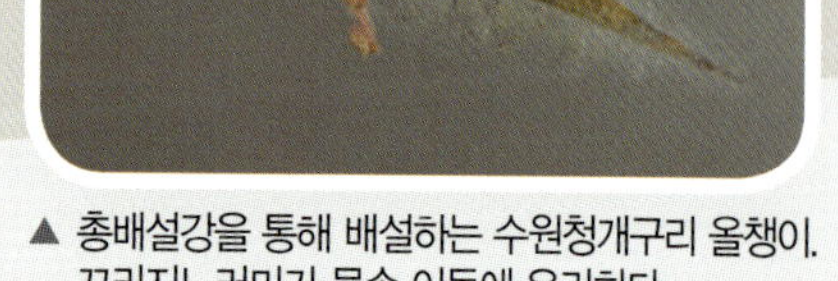

▲ 총배설강을 통해 배설하는 수원청개구리 올챙이. 꼬리지느러미가 물속 이동에 유리하다.

새끼 수원청개구리

▲ 막 육상 생활을 시작한 어린 개체. 아직 꼬리가 남아 있다.(7. 14.)

▲ 탈바꿈 준비 중인 수원청개구리 올챙이(7. 12.)

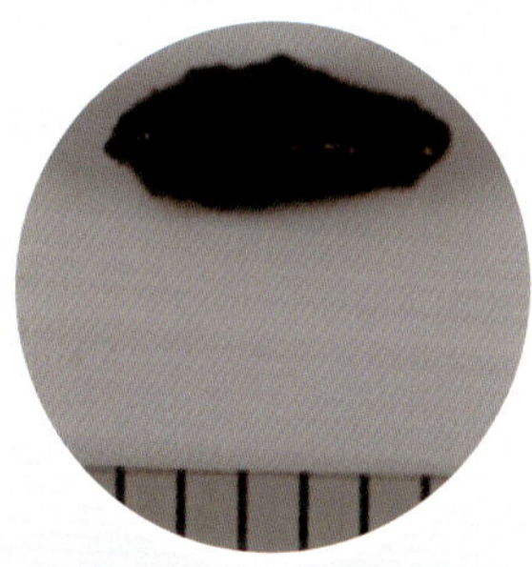

▲ 수원청개구리 배설물은 검은색 방추형(길이 6mm×너비 3mm 크기)이다.

▲ 몸통에 비해 꼬리가 발달하고 뒷다리에 이어 앞다리가 나온다.(7. 12)

▲ 뒷다리가 나온 수원청개구리 올챙이(7. 11.)

Q 수원청개구리는 어떻게 짝짓기를 할까

수원청개구리는 겨울잠에서 깨어나 모내기 철인 5월 말에서 7월에 논에서 짝짓기를 한다. 이때 수컷은 청개구리와 달리 흔히 앞다리로 벼를 붙잡고 우는 특성이 있는데, 물이 채워진 논에 벼 줄기가 없을 때는 돌출된 흙덩어리를 흔들리지 않도록 네 다리로 단단히 붙잡고 커다란 울음주머니를 만들어 운다. 수원청개구리는 청개구리와 달리 느리지만 앙칼진 "꽹－꽹－꽹－꽹" 하는 금속성 울음 소리를 내어 자신의 위치를 알리며 짝을 찾는다.

짝짓기 할 때 수컷의 앞다리는 암컷의 고막 아래와 앞다리 윗부분을 강하게 밀착하는데, 이는 빨판이 있기 때문에 앞다리 아래쪽 겨드랑이를 감싸지 않는 것으로 생각된다. 물 위에서 짝짓기 할 때 암컷은 앞다리로 물체를 잡고, 수컷은 필요에 따라 공기를 흡입하여 몸을 부풀려 잘 뜨도록 조절을 한다. 또한 수컷은 번식기에 물 위를 헤엄칠 때, 잘 뜨도록 몸을 마름모 형태로 최대로 넓게 펼치는 특성이 있다.

짝짓기

▲ 수컷이 밤에 네발로 벼를 잡고 울음주머니를 크게 부풀려 운다.

▲ 수컷이 앞다리로 암컷의 앞가슴을 강하게 밀착한다.

짝짓기 때 암수의 행동 특성

▲ 암컷은 숨는 특성이 강하며, 행동이 소극적이다.

▲ 수컷은 암컷에 비해 행동이 적극적이다.

Q 수원청개구리는 풀잎이나 유리창에서 왜 미끄러지지 않을까

수원청개구리는 청개구리처럼 몸무게가 가볍고 발가락이 빨판으로 되어 있어 풀잎이나 유리창에서 미끄러지지 않고 잘 타고 올라갈 수 있다. 그러나 나무판에서 이동할 때는 유리판보다 체외 수분 손실로 인하여 이동에 어려움이 있는 것으로 보인다. 가을철에 먹이 사냥을 하고 수평으로 된 콩잎에서 휴식하고 있는 모습을 살펴보면, 빨판이 콩잎에 닿지 않도록 발가락을 안쪽으로 말고 있는 것을 볼 수 있다. 이것은 빨판을 보호하고, 이후 이동할 때 더욱 강력한 마찰력을 가진 빨판으로 식물 줄기에 잘 부착할 수 있게 하기 위한 준비 행동으로 보인다.

▲ 빨판이 있어 유리창에서도 미끄러지지 않는다.

▲ 네발로 물체를 붙잡는 특성이 있다.

▲ 건조한 나무에도 빨판으로 쉽게 부착하지만, 허벅지가 가늘어 허약해 보인다.

▲ 수면 위의 볏잎을 붙잡고 자유롭게 이동하며 먹이 활동을 쉽게 할 수 있다.

▶ 식물 줄기에 오를 때 발가락 빨판을 밀착하여 이동한다.

Q 수원청개구리와 청개구리는 어떤 차이점이 있을까

수원청개구리는 청개구리보다 40일가량 늦은 번식기, 수컷의 우는 장소의 차이, 유전자 차이를 분석한 결과, 두 종은 완벽한 생식적 격리가 이루어진 것으로 보고되었다. 또 유전학적인 관점에서 볼 때, 일부 청개구리 집단이 원래 육지였던 황해 어딘가에 살다가, 해수면이 상승하면서 오랜 기간 고립되어 수원청개구리로 진화했을 가능성이 있는 것으로 보고 있다.

수원청개구리

▲ 알의 지름 0.9mm

▲ 청개구리보다 번식기가 40일가량 늦다. 수원청개구리 수컷은 주로 벼 잎 등을 붙잡고 운다.(5월 말)

▲ 수면에서도 붙잡는 특성이 있으며, 허리가 좁아 각진 마름모 형태이고 허벅지 부분이 약하다.

청개구리

▲ 알의 지름 1.2mm

▲ 4월 말 모내기 이전부터 울기 시작한다. 청개구리 수컷은 밤에 주로 논 가장자리에서 운다.(4월 말)

▲ 물체를 붙잡지 않고 물에 떠 있는 경우가 많으며, 허리와 허벅지 부분이 다소 굵다.

▼ 수원청개구리와 청개구리 비교

구분	수원청개구리	청개구리
수컷 우는 방법	벼를 네발로 잡고 운다.	수면 근처 논둑을 바라보며 운다.
울음소리	더딘 박자의 금속성 소리 (챙－챙－; 바리톤 음성)	빠른 속도의 낮은 옥타브 (꽥꽥꽥꽥; 테너 음성)
두 종 간 효소 분석 (전기영동)	유전적 큰 차이 있음.	유전적 큰 차이 있음.
알의 크기	0.9~1mm 정도	1.2mm 내외
첫 울음 시기	주로 모내기 철(5월 말경)	모내기 철 이전(4월 말)
수면에 떠 있을 때	각진 마름모형(허리, 허벅지 빈약), 주변 물체를 붙잡음.	둥근 마름모형(허리, 허벅지 굵음), 물체를 붙잡지 않음.
열에 견디는 능력	약함	약간 강함

Q 수원청개구리와 청개구리의 울음소리는 어떻게 다를까

밤에 청개구리가 울고 있는 곳에서 울음소리를 자세히 들어 보면, 소리가 아주 다른, 다소 느리지만 앙칼진 금속성의 소리를 들을 수 있다. 이 소리는 수원청개구리의 울음소리로, 청개구리에 비해 진폭이 낮아서 낮은 소리로 들리고, 진동수가 거의 일정하기 때문에 느리고 단절된 듯 앙칼진 금속성의 "챙－챙－챙－챙－" 혹은 "케엑－케엑－케"로 들리게 된다. 같은 장소에서 수원청개구리는 논의 한가운데에서, 청개구리는 논 가장자리 둑에서 우는 경우가 있다. 이때 그 소리를 비교해 보면 청개구리가 울 때는 진폭이 수원청개구리보다 커서 큰 소리로 들리고, 진동수가 불규칙하지만 빠르게 반복되기 때문에 성급한 "꽥꽥꽥꽥" 혹은 "쿠에－퀘－퀘－퀘" 소리로 들리게 된다.

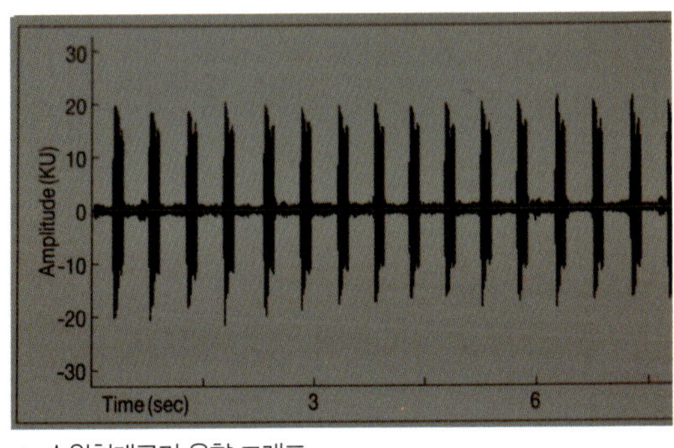

▲ 수원청개구리 음향 그래프

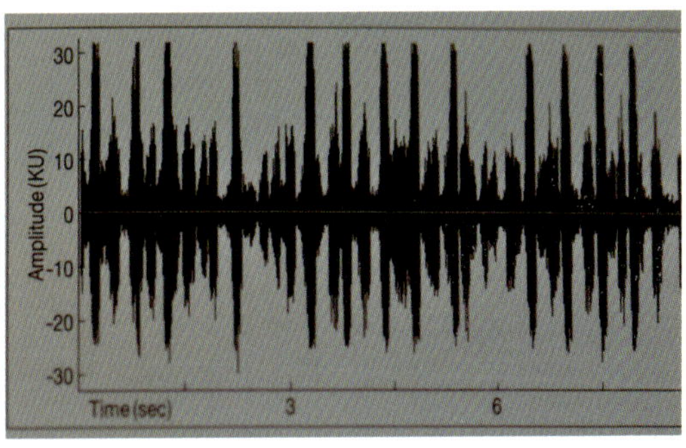

▲ 청개구리 음향 그래프

〈출처: 한국의 개구리 소리〉

Q 수원청개구리는 어떻게 겨울을 보낼까

수원청개구리도 다른 양서류와 마찬가지로 변온동물이기 때문에 추운 겨울을 대비하여 겨울나기를 한다. 먼저 늦가을부터 몸 색깔이 주변 색깔에 맞추어 변하기 시작한다. 등 쪽이 녹색~황록색 바탕에 흑갈색 줄무늬가 나타나고, 점차 주위의 땅 색과 비슷한 황갈색, 흑갈색의 보호색으로 변해 간다. 그러나 배 쪽 색깔은 색소포가 분포되지 않고 천적으로부터 노출될 확률도 적어 주위 환경에 관계없이 흰색을 유지한다. 또 추운 겨울철에 에너지를 사용하여 활동할 수 없기 때문에 땅속이나 고목, 돌 틈으로 들어가 에너지 소비를 최대한 줄인다. 그리고 남은 에너지를 다음 해에 겨울잠에서 깨어날 때 생식 세포 형성에 보충하게 된다.

▲ 겨울나기 준비 초기 상태
몸 색깔을 주변 색깔로 변화시켜 보호색을 띠고, 주변 물체를 이용하여 몸을 숨긴다.(10월 중순)

▲ 등 쪽이 황갈색으로 변해 가고, 무늬가 생긴다.(10월 중순)

▲ 주변 환경에 따라 흑갈색의 보호색을 띤다.(11월 말)

▲ 겨울잠을 잔다.
땅굴 깊이는 10cm 내외이다

▲ 겨울잠을 자다 파헤쳐져 드러난 수원청개구리 모습

Q 수원청개구리는 살아남기 위해 어떤 전략을 세울까

온대 지방의 양서류들은 생식을 위해서는 물가로, 산란 후 먹이를 얻기 위해서는 육상으로, 추운 겨울을 대비하기 위해서는 땅속으로 이동한다. 이때 천적을 피하기 위해서는 주변 환경에 맞게 보호색을 띠어야 하고, 자연 지형지물을 이용하여 몸을 숨겨야 살아남을 수 있다. 특히 수원청개구리는 몸의 크기가 작아 체온 조절 능력이 떨어지기 때문에 한겨울이 되기 전에 땅속으로 깊이 들어가야 견딜 수 있다. 만일 수원청개구리가 겨울잠을 자지 않는다면 주변에 먹이가 될 만한 곤충이 없고, 공기가 건조해서 피부 호흡을 할 수 없으므로 살아남기가 어려울 것이다.

▲ 풀 사이로 몸을 숨기고 녹색의 보호색을 띤다.

▲ 벼 사이로 몸을 숨긴다.

▲ 주변 식물체를 이용하여 몸을 숨긴다.

▲ 자연 지형지물을 최대한 활용하여 은신하고 서식 공간을 확보한다.

Q 수원청개구리는 서식지에 따라 어떤 특성을 가질까

수원청개구리는 우리나라에만 서식하는 한국 고유종인데, 이를 발견하여 새로운 종으로 이름을 붙인 사람은 일본 학자 구라모토(Kuramoto, 1980년)이다. 구라모토가 수원청개구리를 처음 발견한 곳은 당시 경기도 수원시에 있었던 농촌진흥청(현재는 전주로 이전) 주변이었으며, 울음소리, 울음주머니 색깔, 뒷다리의 물갈퀴 모양에서 청개구리와의 차이점을 발견하여 새로운 종으로 기재하였다. 그런데 처음 발견된 수원 지역에서는 현재 좀처럼 발견되지 않고 인근 지역인 평택, 아산, 천안 등 아산만 지역에 분포하는 것으로 조사되고 있다.

▲ 최초 발견지인 수원시의 율전공원에 있는 수원청개구리 모형(왼쪽: 수컷, 오른쪽: 암컷)

▲ 서식지에서 생태, 서식 환경을 관찰 조사하고 있다.(경기도 평택)

수원청개구리는 네 다리를 모두 사용하여 물체를 잡는 능력이 있어 벼를 잡고 우는 모습을 자주 볼 수 있는데, 서식지에 따라 우는 습관이 약간 다르다. 김포 지역의 수원청개구리는 벼를 잡고 우는 것보다는 논둑의 식물체, 때로는 돌출된 논흙을 붙잡고 울고, 체형도 청개구리 쪽에 더 가까운 형태를 띠고 있다.

김포 지역의 개체

▲ 논의 흙덩이를 잡고 우는 수컷(경기도 김포)

기타 지역의 개체

▲ 벼를 붙들고 있는 암컷(충남 아산만)

▲ 밤에 벼를 잡고 힘차게 우는 수컷

틈새 정보

수원청개구리의 학명 및 서식지 분포에 관한 연구

2016년 서울대 아마엘 연구원과 이화여대 장이권 교수 등 8명이 발표한 논문에 의하면, 중국의 민무늬청개구리(*Dryophytes immaculata*)와 수원청개구리(*D. suweonensis*)가 같은 종으로 밝혀졌다. 그러나 변함없이 국제자연보존연맹(IUCN)의 적색 목록으로 보호를 받는다. 각 지역 청개구리 집단의 개체를 표본으로 미토콘드리아 DNA 분석 조사 결과, 한국의 수원청개구리와 중국의 민무늬청개구리가 동일 종으로 밝혀졌고, 김포, 아산 지역을 제외한 한반도의 나머지 지역과 중국 동북부, 일본 남쪽 지역이 청개구리 A 분류군, 일본의 중·북부 지역이 청개구리 B 분류군의 분포를 나타내고 있다고 한다.

계통 발생학적으로 한국의 수원청개구리와 중국의 민무늬청개구리는 과거의 지질 시대에 동일한 육지에서 살았으나, 마지막 빙하기가 끝날 무렵 황해가 형성되어 격리되었다고 한다. 이 두 종이 서로 다른 지역에 오랫동안 격리되었는데, 과연 같은 종으로 생식이 가능할지, 또 생태적인 차이는 없는지 더욱 깊은 연구가 필요하다.

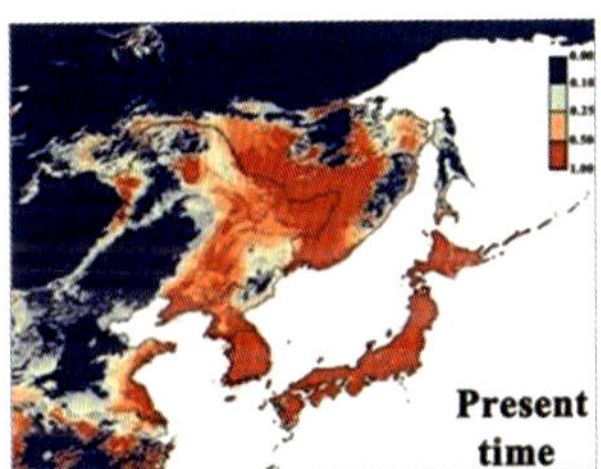

▲ 청개구리 그룹의 출현 빈도
현재 중국, 한반도, 러시아, 일본 지역의 청개구리 그룹의 출현 빈도를 나타낸 지도로, 붉은색은 출현 빈도가 높고, 파란색은 출현 빈도가 낮음을 나타내고 있다.

▲ 우리나라의 수원청개구리 분포
우리나라에 서식하는 수원청개구리는 평택, 서산, 아산, 김포, 파주, 충주, 익산 등의 아산만을 비롯한 서해안 일대에 분포하는 것으로 알려졌다.

▲ 새로 밝혀진 청개구리 3종의 분포도
한국의 수원청개구리와 중국의 민무늬청개구리가 동일 종으로 밝혀졌고, 청개구리 A종과 청개구리 B 종의 분포를 지도상에 보여 주고 있다.

〈출처: '자연에서 만나는 생명 이야기(김현태)' 사이트에서 인용〉

한편 수원청개구리의 학명(*Hyla suweonensis*)은 일본 학자 구라모토(Kuramoto, 1980)가 처음으로 기재하였다. 그런데 2016년 동물분류학회(Zoo Taxa)에서 청개구리와 수원청개구리 속명을 *Hyla*에서 *Dryophytes*로 변경하여 전 세계적으로 통일하여 사용하도록 함으로써 수원청개구리 학명은 *Hyla suweonensis*에서 *Dryophytes suweonensis*로 바뀌게 되었다. 그러나 한국양서파충류학회에서는 수원청개구리 학명을 *Hyla suweonensis*로 사용하고 있다. 아마도 수원청개구리가 한국 고유종이어서 학명 변경에 좀 더 신중을 기하는 것이라고 생각된다. 수원청개구리가 중국의 민무늬청개구리와 동일 종이라는 것이 확실해진다면 학명 변경을 다시 한 번 논의하게 될 것이다.

Q 수원청개구리를 잘 보호할 방법은 무엇일까

최근 수원청개구리의 분포지인 경기도 평택, 충남 아산 지역에서 그 개체를 쉽게 찾아볼 수 없다. 수원청개구리가 멸종위기야생생물(Ⅰ급)로 지정된 이유이기도 하다. 몸이 연약한 수원청개구리는 참개구리처럼 점프나 헤엄치기를 잘할 수 없어 천적으로부터 벗어나기가 어렵다. 서식 환경 또한 수원청개구리에게 위험한 요소가 무수히 많다. 농약을 뿌리거나 제초제를 살포하는 것뿐만 아니라 트랙터로 쓰레질할 때 날카로운 기계로 인해 겨울잠을 자던 수원청개구리가 희생되기도 하고, 땅속에 있던 수원청개구리가 노출되어 황로, 백로 등 조류의 먹잇감이 되기도 한다. 그뿐만 아니라 개구리의 피부 호흡을 위하여 서식지가 습해야 하는데, 벼 경작기 이외에는 논을 말리기 때문에 수원청개구리의 생존에 큰 위협이 된다. 무엇보다 중요한 것은 수원청개구리의 서식지인 논이 계속 확보되어야 하는데, 많은 면적의 논이 택지나 산업 단지 개발로 사라지고 있다는 점이다.

따라서 앞으로 수원청개구리가 사람과 함께 잘 살아갈 수 있도록 앞에서 언급한 위험 요소들을 줄이고, 습지를 잘 보존하고 가꾸는 일에 관심을 가져야 할 것이다.

개체의 감소 요인

▲ 수원청개구리는 황로, 백로의 좋은 먹잇감이 된다.

▲ 모내기를 위한 농기계 쓰레질로 인해 수원청개구리가 죽기도 한다.

서식지인 논의 확보가 중요하다

▲ 수원청개구리의 서식지인 논

▲ 논둑은 수원청개구리의 겨울나기, 먹잇감 및 은신처를 확보할 수 있는 좋은 장소이다.

맹꽁이

맹꽁이과

- 학명 *Kaloula borealis*
- 영명 Narrow-mouthed toad, Digging toad, Boreal digging toad

별명 쟁기발개구리
크기 몸길이 3.5~6cm, 앞다리 길이 2cm, 뒷다리 길이 3cm(몸길이 4cm의 경우)
분포 우리나라 전역, 중국

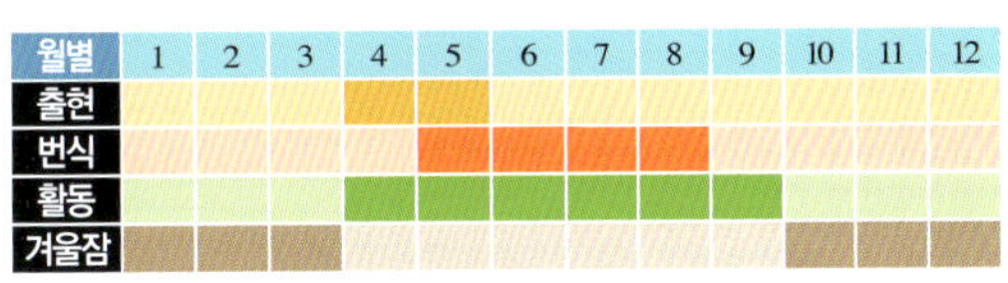

월별	1	2	3	4	5	6	7	8	9	10	11	12
출현				■	■							
번식					■	■	■	■				
활동				■	■	■	■	■	■			
겨울잠	■	■	■							■	■	■

형태 머리가 작고 다리가 짧으며 몸통이 통통하다. 주둥이는 뾰족하고 피부는 매끄럽다. 등은 노란색 또는 진한 갈색을 띠며 검은색 반점이 흩어져 있다. 울음주머니는 수컷의 아래턱 앞쪽 끝에 1개가 있다. 개구리와 달리 번식기에도 앞발가락에 생식혹이 생기지 않는다.

습성 웅덩이 주변 야산이나 언덕, 저지대의 습지, 경작지, 공원 주변에 산다. 낮에는 돌 밑이나 풀 밑 등 습한 땅속에 콧구멍만 보일 정도로 숨어 있다가, 밤이 되면 나와 먹이 활동을 한다. 청각이 예민하여 작은 소리에도 숨는 습성이 있으며, 뒷발로 땅을 파고 들어가 숨는 능력은 매우 탁월하다. 10월부터 서식지 근처의 땅속에서 여러 마리가 모여 겨울잠을 잔다. 쥐며느리, 파리, 모기, 개미 등 작은 벌레를 잡아먹으며, 살아 움직이는 것만을 먹는다.

산란 6~8월 장마철, 많은 비가 올 때 습지, 물웅덩이 등 고인 물에 산란한다. 암컷 한 마리가 알을 1,500개 이상, 많을 때는 1,800~2,100개 낳는다. 알은 지름 0.5~1mm이며, 2겹으로 되어 있다. 알들은 덩이를 이루지 않고 물 위에 펴져 있으며, 하루에서 이틀이면 유생으로 부화한다.

유생 몸은 황갈색이고 작은 흑갈색 반점이 흩어져 있으며, 흰 무늬가 머리와 몸통에 이어져 있다. 다른 종에 비해 몸체가 납작한 편이다.

▲ 맹꽁이(수컷)

[멸종위기야생생물 Ⅱ급]

맹꽁이 생김새

몸통

▲ 몸통이 통통하고 머리와 목덜미, 등에 작은 둥근 돌기가 듬성듬성 나 있다. 이 돌기에서 흰색 점액질이 분비된다.

등

▲ 등은 펑퍼짐하고 둔해 보인다.

▲ 등은 노란색 또는 진한 갈색을 띤다.

배

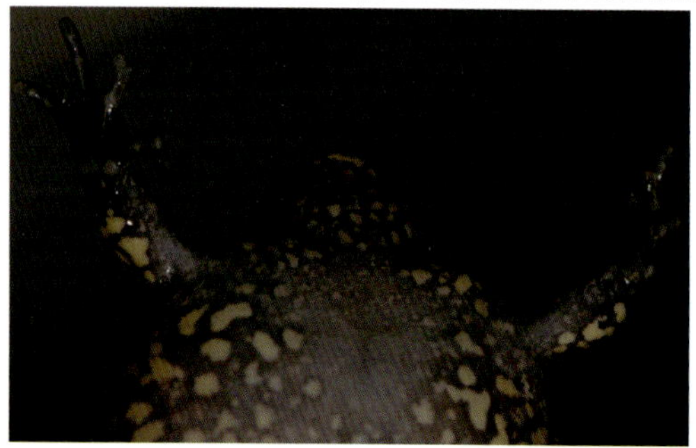

▲ 암컷은 배와 목덜미 색깔이 희다.

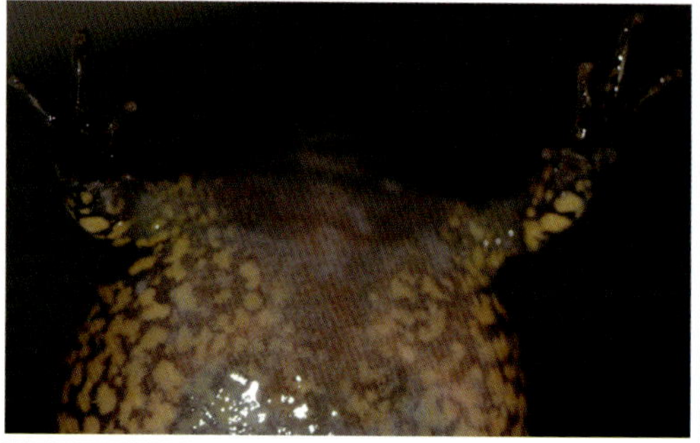

▲ 수컷은 배 부위가 희고, 목덜미는 어두운 색깔을 띤다.

머리

▲ 주둥이는 짧고 작으며, 고막이 뚜렷하지 않다.

▲ 머리가 작다.

앞뒤 발

▲ 뒷발은 짧고 근육질이어서 진흙을 잘 판다.

▲ 앞발

올챙이

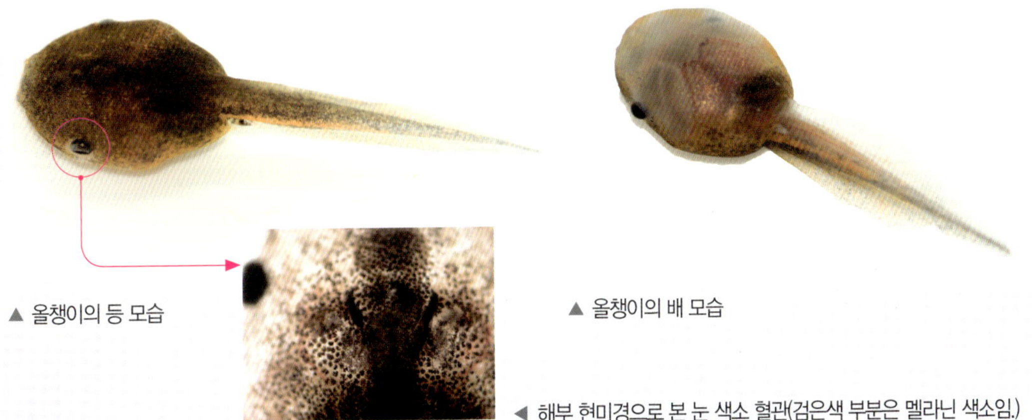

▲ 올챙이의 등 모습

▲ 올챙이의 배 모습

◀ 해부 현미경으로 본 눈 색소 혈관(검은색 부분은 멜라닌 색소임.)

맹꽁이 한살이

짝짓기

▲ 암컷과 수컷이 짝짓기를 한다.(6월)

맹꽁이

▲ 맹꽁이 성체(7월 말)

산란

▲ 알을 물 표면에 넓게 산란한다.

알

▲ 수정란은 한천질에 싸여 보호된다.

▲ 수정란은 점착성이 높아 물체에 잘 부착한다.(점착 실험 결과 접착률 100%)

◀ 발생이 진행된 알. 신경 주름이 나타난 상태(16시간 경과)

알의 발생

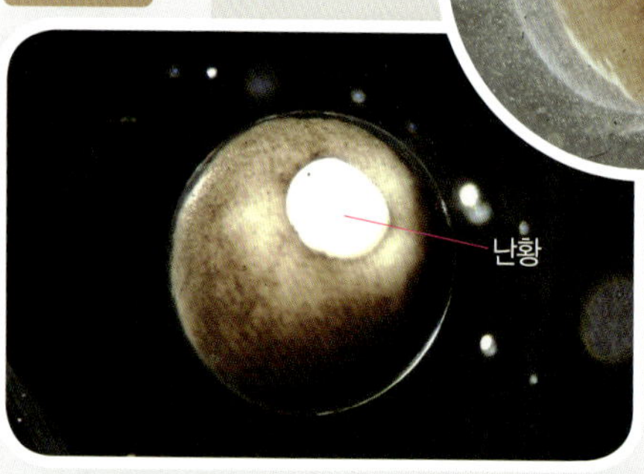

▲ 난할 과정 중 난황이 원형으로 남아 양분을 공급한다.

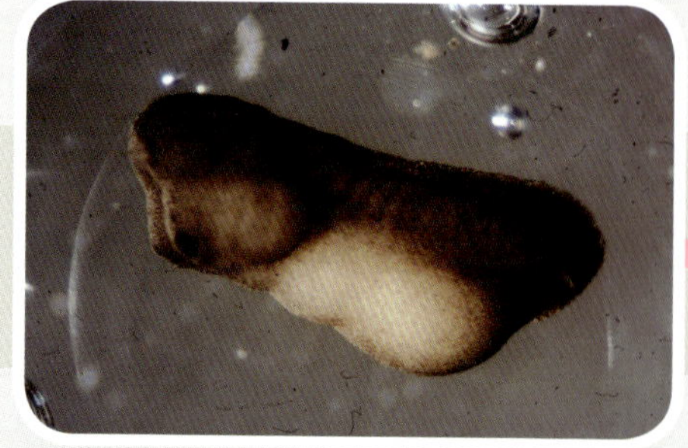

▲ 올챙이 모양으로 발생한 알(28시간 경과)

새끼 맹꽁이

▲ 꼬리가 더 짧아지고 폐 호흡으로 육상 생활을 시작하는 새끼 맹꽁이(30일 경과)

▲ 새끼 맹꽁이의 몸길이는 1.5cm 내외로 작다.(7월)

▲ 맹꽁이 올챙이(15일 경과)

▲ 물속에서 물 밖으로 나오는 행동이 잦아진다.(28일 경과)

▲ 올챙이 꼬리가 짧아지며 탈바꿈이 시작된다.(25일 경과)

▲ 앞다리가 나온다.(21일 경과)

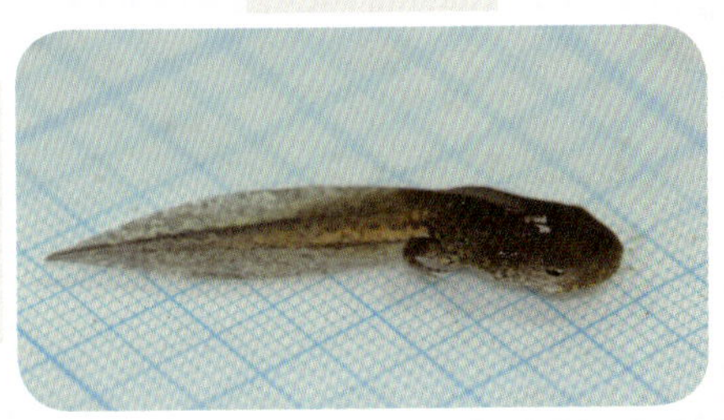

▲ 뒷다리가 나온다.(18일 경과)

Q 맹꽁이는 어떻게 짝짓기와 산란을 할까

맹꽁이는 암컷을 차지하기 위해 수컷들 간에 치열한 경쟁은 하지 않으며, 강력한 울음소리로 짝이 맺어진다. 짝짓기 동안에는 수컷의 배에서 점액질이 분비되어 암컷의 몸에 잘 붙게 하는데, 포접한 수컷은 암컷의 산란을 돕기 위해 암컷의 배를 감싸고 몸을 밀착시킨다. 또 암컷이 산란한 알이 수면으로 퍼지기 전에 수컷은 알에 정자를 효과적으로 뿌리기 위하여 머리를 물속에 수직으로 깊이 넣었다 들었다 하는 기술적인 행동을 한다. 수컷은 머리가 물속으로 들어갈 때 앞다리로 암컷의 배를 압박하여 산란하도록 돕고, 이때 암컷과 수컷의 총배설강에서 난자와 정자가 나오는데, 머리를 들면서 난자와 정자가 가까이 밀착되어 수정률을 높게 하는 것으로 보인다.

수컷과 짝짓기 한 암컷은 3~5회 정도 반복적으로 산란을 한다. 자연 상태에서는 하루 동안 산란한 알의 수가 500~2,000여 개 정도이나, 실험실에서 사육된 개체의 알의 수는 5,000여 개 정도이다. 자연 상태에서는 장마철에 주기적으로 나누어 산란하여 생존율을 높이는 지혜를 보이고 있다.

» 맹꽁이의 산란 과정

1차 산란

▲ 암수가 짝을 지어 암컷이 처음 산란하고, 수컷은 정자를 뿌려 수정이 이루어지도록 한다.

2차 산란

▲ 암컷은 머리를 수직으로 낮추어 산란하고, 뒷다리를 펼쳐 알을 보호하며 수정을 돕는다. 1차 산란 때보다 알이 많다.

▲ 수컷은 머리를 들어 신변 안전을 살피고, 암컷의 난자와 수컷의 정자가 밀착되도록 한다.

3차 산란

▲ 2차 산란 때보다 알이 많다.

▲ 수컷은 머리를 들어 신변 안전을 살피고, 수정을 돕는다.

4차 산란

▲ 3차 산란 때보다 알이 많다.

Q 맹꽁이는 언제, 어디에 산란할까

맹꽁이는 일반적으로 3월 중에 겨울잠에서 깨어나 잠시 출현했다가 다시 겨울잠을 자는 것으로 알려져 있으며, 주로 장마철인 6~8월 빗물이 많이 고여 있을 때 산란한다. 비가 많이 내리고 수온이 비교적 높을 때 수컷 집단의 울음소리가 요란하게 들리며, 이때 짝짓기와 산란이 빠른 시간에 이루어진다.

산란 장소는 수로, 도랑, 논, 연못, 웅덩이 등의 고인 물이 있는 곳이며, 때로는 냄새나는 오염된 정화 배수지에서도 산란한다. 이러한 장소는 몸을 숨기기 쉽고, 먹이가 되는 장구벌레, 모기 등이 풍부하여 살기에 유리하기 때문이다. 산란은 장마철에 3~5회 나누어 하며, 부화된 올챙이들은 크기가 다양하다. 어미는 장마철이라는 것과 산란에 필요한 적정 온도를 본능적으로 감지하여 산란 여부를 판단한다.

◀ 수온이 비교적 높은 장마철 올챙이 먹잇감이 풍부한 안전한 곳에 산란한다.

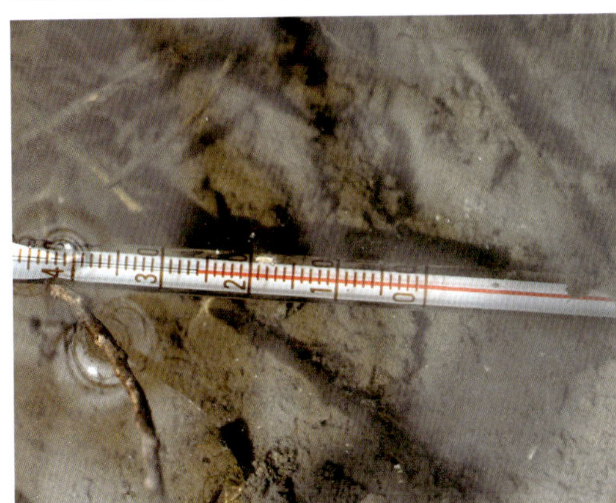

▲ 맹꽁이가 산란한 곳의 수온은 26℃이다.(대부도, 6월 말)

▲ 웅덩이의 수초에 붙어 있는 맹꽁이 알

Q 맹꽁이는 왜 알의 발생과 탈바꿈이 빨리 이루어질까

맹꽁이의 산란은 보통 6~8월에 이루어진다. 따라서 추워지기 전에 알이 부화하여 환경에 적응할 수 있는 새끼 맹꽁이로 자라야 하는데, 그 기간이 너무 짧다. 이런 이유로 맹꽁이 알의 발생은 매우 빨리 진행되는 것으로 추측된다.

맹꽁이는 암수가 짝짓기 하여 산란, 수정 후 발생과 탈바꿈 과정을 거쳐 새끼 맹꽁이로 되는 데 30일 정도 걸린다. 일반 양서류에 비하면 발생 속도가 매우 빠른 편이다. 옴개구리, 황소개구리 등의 올챙이가 탈바꿈하지 않고 올챙이 상태로 겨울을 나는 경우와 비교하면 더욱 그렇다. 맹꽁이는 그만큼 효소 활성화가 높고 세포 분열 속도가 빠르며, 정확한 발생 진행 프로그램이 작동하는 것으로 보인다.

▲ 짝짓기(경기도 파주, 2017. 7. 2.)

▲ 산란(7. 2.)

맹꽁이 한살이 진행 속도

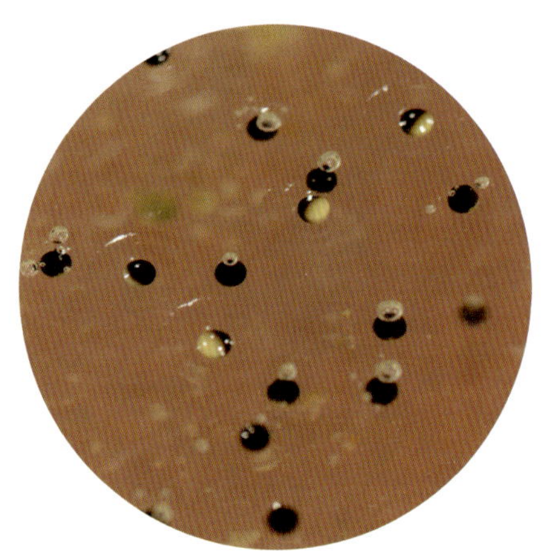
▲ 확대한 알(검은 부분이 동물극, 흰 부분이 식물극)

2일 후

▲ 신경배(7. 4.)

3일 후

▲ 갓 부화한 맹꽁이 올챙이(7. 5.)

4일 후

▲ 어린 맹꽁이 올챙이(7. 6.)

8일 후

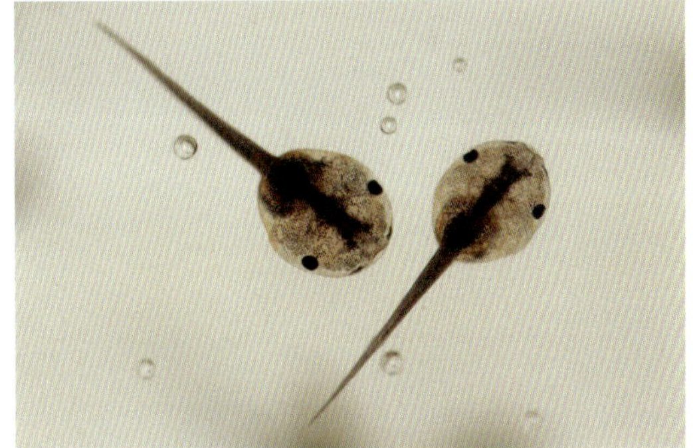

▲ 좀 더 자란 어린 맹꽁이 올챙이(7. 10.)

9일 후

▲ 피부가 암갈색으로 변하는 중인 맹꽁이 올챙이(7. 11.)

11일 후

▲ 피부가 암갈색으로 변한 맹꽁이 올챙이(7. 13.)

13일 후

▲ 뒷다리가 나온 맹꽁이 올챙이(7. 15.)

24일 후

▲ 꼬리가 짧아진 새끼 맹꽁이(7. 26.)

Q 맹꽁이의 암수는 어떻게 구별할까

평소에 맹꽁이 암수를 구별하기는 매우 어렵다. 다만, 번식기 때에는 울음주머니로 암수 구별을 할 수 있는데, 수컷은 울음주머니가 있어서 목 부위의 피부가 검게 늘어져 있다. 또 개구리류와 달리 앞발가락에 성징인 생식혹이 발달하지 않으나 암컷보다 힘이 세다. 암컷은 울음주머니가 없으며 목 부위가 희고, 수컷보다 힘이 약하지만 몸집은 약간 더 크다.

◀ 등 부위는 암수가 크게 다르지 않다.(왼쪽: 암컷, 오른쪽: 수컷)

암컷

▲ 목에 울음주머니가 없고 황금색 무늬가 있다.

▲ 배 부위가 희다.

수컷

▲ 목에 울음주머니가 있다.

▲ 목 부위가 검다.

Q 맹꽁이는 정말 "맹꽁, 맹꽁" 하고 울까

맹꽁이 수컷은 목 아랫부분의 울음주머니를 크게 부풀려 소리를 낸다. 울음주머니의 크기와 몸통의 부피는 서로 반비례 관계로, 몸통의 가슴안에 있는 공기가 울음주머니로 이동하여 울음주머니가 커지면 몸통은 작아지고, 반대로 공기가 울음주머니에서 몸통으로 이동하면 울음주머니는 작아지고 몸통은 크게 부푼다. 울음주머니가 커질 때 강력한 근육의 힘에 의하여 울음소리가 나는데, "맹꽁" 소리의 크기는 70데시벨(dB) 정도이며, 수컷이 집단으로 모여 울어대면 밤잠을 이룰 수 없을 정도의 큰 소음이 된다. 맹꽁이 울음소리를 들으면 한 마리가 "맹－꽁－, 맹－꽁－" 하면서 우는 것 같다. 그러나 실제로는 한 마리가 한 음절로 소리를 낼 뿐이다. 수컷 한 마리가 "맹－ 맹－" 하고 울면 다른 수컷은 이에 질세라 더욱 크게 "꽁－ 꽁－" 하고 울어댄다. 여러 마리가 서로 암컷을 차지하기 위해 크게 울어대면 "맹－꽁－, 맹－꽁－" 하고 합창을 하는 것같이 들린다.

울지 않을 때

▲ 울음주머니는 작아지고, 이 주머니의 공기는 몸통 속으로 들어가 가슴안이 넓어진다.

울 때

▲ 울음주머니가 풍선처럼 커지고 가슴안은 좁아진다. 이때 몸통과 울음주머니 주변에 파문이 일어난다.

울음소리를 내는 과정

▲ 울음주머니가 팽창하기 시작할 때(가슴안이 넓다.)

▲ 울음주머니가 최대로 팽창할 때("맹－" 소리가 난다. 가슴안이 좁다.)

▲ 울음주머니가 수축할 때(가슴안이 넓다.)

Q 맹꽁이는 땅과 물에서 몸통 모양이 어떻게 바뀔까

맹꽁이가 땅에 있을 때에는 몸통이 통통한 모습이다. 건드렸을 때에는 통통하고 팽팽한 몸통으로 변한다. 그러나 물 위에 떠서 울거나 이동할 때에는 몸통에 공기를 많이 흡입하고 다리를 사방으로 벌려 몸을 가볍고 납작하게 해서 부력을 높인다.

땅에서의 모습

▲ 땅에 있을 때의 몸통 모양

▲ 땅에 있는 맹꽁이를 건드렸을 때의 몸통 모양

물에서의 모습

▲ 물 위에 떠서 헤엄칠 때의 몸통 모양

▲ 물 위에 떠서 울 때의 몸통 모양

Q 행동이 느린 맹꽁이의 생존 전략은 무엇일까

맹꽁이의 생존 전략은 자연환경을 최대한 활용하는 것이다. 맹꽁이는 물속으로 은밀하게 헤엄쳐 이동하거나 풀 아래에 숨기, 물속에 가라앉아 몸을 숨기기 등의 행동으로 천적의 눈에 띄지 않도록 한다. 그리고 낮에는 물가 풀숲이나 진흙 속에 숨어 있다가 밤이 되면 나와서 활동한다. 또 맹꽁이는 피부에서 독성이 있는 흰 액을 분비하여 자신을 보호한다.

물속으로 숨기

▲ 인기척이 나면 물속으로 숨는다.

▲ 물속에서 은밀하게 헤엄쳐 이동한다.

독의 분비

▲ 피부에서 분비되는 액을 손으로 만지면 손바닥이 아릴 정도로 독성이 있다.

진흙을 파고 숨기

▲ 뒷다리를 이용하여 진흙을 헤집고 들어가 재빨리 숨는다.

밤에 활동하기

▲ 낮에는 물가 풀숲이나 진흙 속에 숨어 있다.

▲ 밤에만 활동하며, 활동 범위도 좁아 산란기 외에는 발견하기가 쉽지 않다.

Q 맹꽁이는 왜 멸종 위기종으로 지정되었을까

맹꽁이는 주로 습지에서 사는 양서류이다. 옛날에는 농촌의 두엄이 쌓인 저지대나 동네 앞 미나리꽝에서 장마철이 되면 "맹꽁 맹꽁…" 하고 우는 소리를 자주 들을 수 있었다. 그러나 맹꽁이는 행동반경이 작고 좁은 지역에 밀집해 살아가기 때문에 도로를 내거나 공장, 주택 단지 건설 등의 대규모 건설 사업이 있게 되면 습지가 줄어들어 큰 피해를 입게 된다. 또 농사를 지으면서 농약을 뿌리면 토양과 수질이 오염되어 맹꽁이에게 치명적일 수 있다. 이와 같은 습지 감소에 수질·토양 오염으로 인하여 최근에는 농촌에서도 맹꽁이 울음소리를 쉽게 들을 수 없게 되었다. 이에 따라 환경부에서는 맹꽁이를 멸종위기야생생물 Ⅱ급으로 지정하여 맹꽁이가 살아갈 수 있는 환경 보존에 노력하고 있다.

▲ 맹꽁이의 서식지인 습지를 보존해야 한다.

◀ 자연 보호 운동의 일환으로 우리나라 양서류 최초로 우표에 등장한 맹꽁이(1979년)

▲ 맹꽁이를 기념한 조형물(경기도 군포 초막골 생태공원)

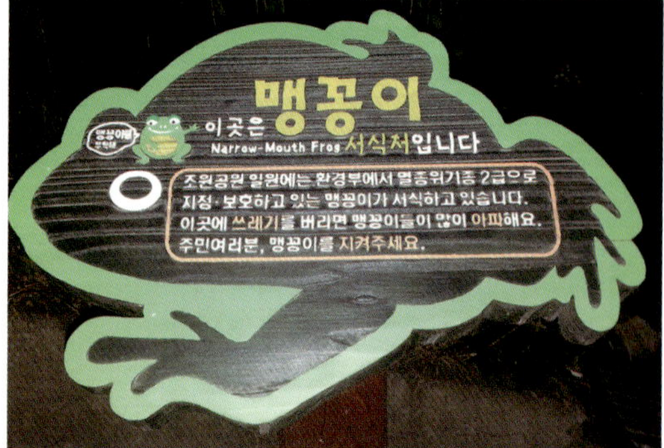

▲ 맹꽁이의 서식지를 보호하기 위해 설치된 안내판(경기도 수원)

한국산개구리

개구리과

- 학명 *Rana coreana*
- 영명 Korean brown frog

별명 붉은개구리, 좀개구리, 애기개구리(북한), 식용개구리
크기 몸길이 3.5~5cm, 앞다리 길이 1.7~2.5cm, 뒷다리 길이 5.6~7.4cm.
분포 제주도를 제외한 전역

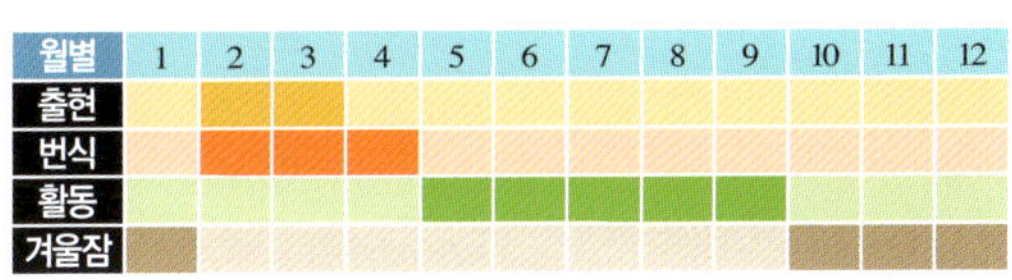

월별	1	2	3	4	5	6	7	8	9	10	11	12
출현												
번식												
활동												
겨울잠												

형태 산개구리류 중 가장 작으며, 몸 색깔은 누런색, 황갈색, 적갈색이다. 주둥이에서 눈 밑을 지나 목덜미까지 마치 새의 주둥이처럼 흰색 줄무늬가 있고, 진한 암갈색의 넓은 무늬가 있다. 등의 중앙에는 두 줄의 가는 융기선이 있고 검은색 잔 점이 두 줄로 나 있다. 앞다리 길이는 뒷다리 길이의 1/3 정도로 짧다. 뒷다리에 검은색 가는 무늬가 있는데, 넓적다리에는 7~8줄, 정강이에는 6~8줄이 있다.

습성 농지 주변 습지, 물이 고인 논, 계곡 주변의 웅덩이에 산다. 2월 말 겨울잠에서 깨어 바로 번식하는데, 암컷은 배가 붉은색으로 변하고 수컷은 앞발가락에 둥근 생식혹이 생긴다. 산란 후 어미는 날씨가 춥고 먹이가 없어 휴면 상태에 들어간다. 날씨가 따뜻해지면 북방산개구리나 계곡산개구리와 달리 산지로 이동하지 않고 번식지 주변에서 활동한다. 10월에 물속 바위나 돌 밑 또는 농경지 물속 바닥을 파고 들어가 겨울잠을 잔다. 거미, 곤충, 지렁이 등을 먹는다.

산란 2~4월에 주로 논에 산란한다. 한 개의 알 덩이는 지름 5~6cm이고, 한 개의 알 덩이에 300~500여 개의 알이 들어 있다.

유생 등은 회갈색, 황갈색을 띠고 작은 검은색 반점이 꼬리로 갈수록 짙고 선명해진다. 몸길이는 최대 3cm 정도이고 개구리가 되기까지 50~60일이 걸린다.

▲ 한국산개구리

[포획금지야생동물, 먹는자처벌대상야생동물]

한국산개구리 생김새

몸 색깔

▲ 봄철 번식기에는 등의 피부가 비교적 매끄럽고 앞다리가 가늘다. 몸 색깔은 황적색이다.(암컷)

▲ 몸 색깔은 암갈색이고 앞다리가 굵다.(수컷)

등

▲ 등 쪽에 두 줄의 가는 융기선이 있으며, 뒷다리에 불규칙한 검은색 무늬가 있다.

배

▲ 배는 수컷이 흰색, 암컷이 붉은색을 띤다.

머리

▲ 옆모습
눈 뒤에 작은 고막이 있고, 입 주변에 길게 흰색 띠가 있다.

▲ 앞모습
눈은 넓게 볼 수 있는 구조이다.

뒷다리

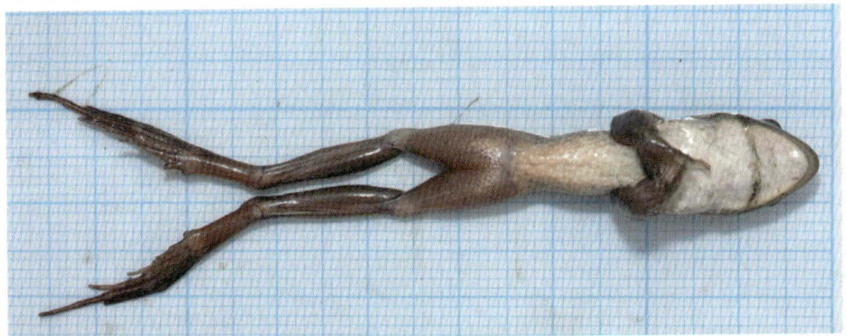

▲ 수컷의 경우 뒷다리와 몸통 비율이 1.68 : 1로 뒷다리 길이가 길다.

앞발

▲ 번식기에는 수컷의 앞발가락에 생식혹이 생긴다.(위: 수컷, 아래: 암컷)

뒷발

▲ 뒷발가락에 물갈퀴가 미약하게 발달되어 있다.(왼쪽: 암컷, 오른쪽: 수컷)

▲ 산란 직전의 암컷은 수컷보다 앞다리가 가늘며, 배가 불룩하다.

한국산개구리 한살이

한국산개구리

▲ 한국산개구리 성체

짝짓기

▲ 암컷과 수컷이 짝짓기를 한다.

산란

▲ 짝짓기 한 채 산란하고 있다.

알

▲ 알 덩이를 모눈종이 위에 한 층으로 펼쳤을 때 지름은 8~9cm이다.

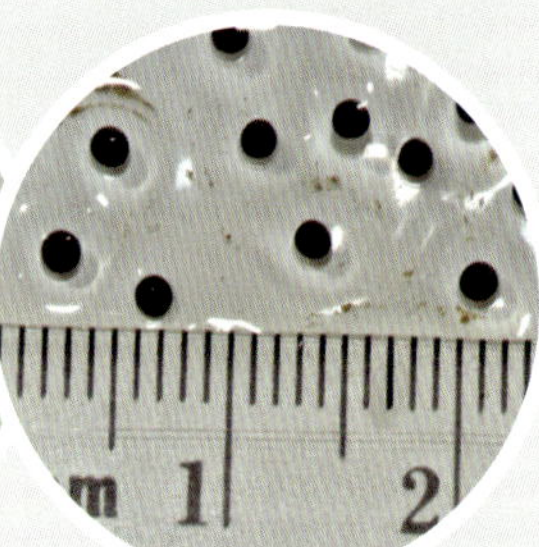

▲ 알의 크기는 1.5mm 내외이다.

알의 발생

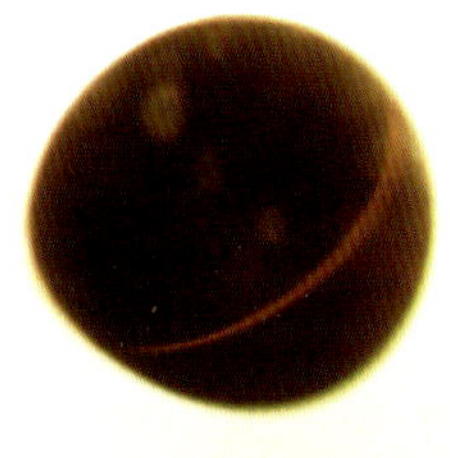

▲ 알이 2개의 세포로 분열된다.

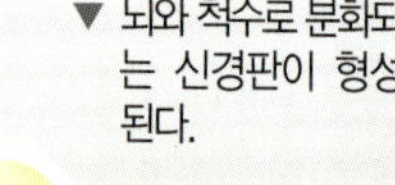

▼ 뇌와 척수로 분화되는 신경판이 형성된다.

▲ 신경판을 따라 몸이 형성된다.

▼ 머리와 꼬리가 형성된다.

▲ 알을 싸고 있는 투명한 한천질이 분해되어 올챙이가 빠져나온다.

새끼 한국산개구리

▲ 탈바꿈한 새끼 한국산개구리는 몸길이가 1cm 정도이다.(6월)

▲ 물 위로 오르고 있는 새끼 한국산개구리들

올챙이

▲ 갓 부화한 한국산개구리 올챙이

▲ 꼬리가 짧아지면서 땅 위로 기어오르는 행동을 반복한다.

▲ 앞다리가 나온 한국산개구리 올챙이
본격적으로 폐 호흡을 시작한다.

▲ 뒷다리가 나온 한국산개구리 올챙이(5월 초)
왼쪽 몸통 중앙부에 분수공이 있다.

▲ 좀 더 자란 한국산개구리 올챙이(5월)

Q 한국산개구리는 어떻게 짝짓기와 산란을 할까

번식기가 되면 수컷은 앞발가락에 생식혹이 생기고, 울음주머니가 없어 후두 기관을 이용해 "크크크크", "크크크크" 하고 낮고 작게 드럼 치는 소리를 연속적으로 낸다. 수컷의 울음소리에 유혹된 암컷이 다가오면 수컷은 암컷 등 위에 올라타 암컷의 겨드랑이 안쪽을 앞다리로 꼭 껴안는다. 이러한 포접은 생식혹 때문에 풀어지지 않는다. 암컷은 수컷의 생식혹과 뒷다리 자극으로 산란을 한다. 암컷의 산란 후 수컷은 바로 정자를 뿌려 수정이 이루어지도록 한다. 산란이 끝나고 암컷의 가슴을 살펴보면 수컷의 생식혹으로 인한 상처가 깊게 생긴 것이 보인다.

짝짓기

▲ 짝짓기 하기 위해 암컷에 접근하는 수컷

▲ 수컷은 생식혹을 이용하여 암컷 가슴을 꼭 껴안으므로 강한 짝짓기가 이루어진다.

▲ 짝짓기를 하기 위해 암컷의 가슴을 뒤에서 꽉 껴안은 수컷

산란

▲ 이미 다른 개체가 산란한 알 덩이 가까이에 짝짓기 한 채 산란하고 있다.

▶ 갑작스런 추위로 산란을 못하고 죽기도 한다.

산란 후

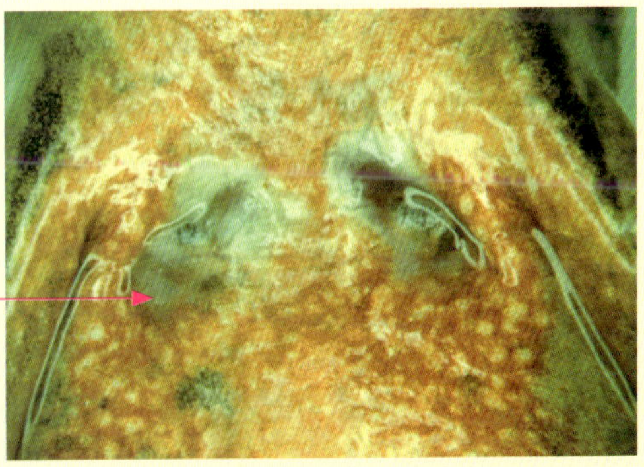

▲ 수컷의 생식혹으로 인해 생긴 상처 자국

◀ 산란 후 배가 홀쭉해진 암컷, 가슴에 상처가 보인다.

Q 한국산개구리의 암수는 어떻게 구별할까

한국산개구리는 다른 양서류와 마찬가지로 번식기 때 암수 차이가 뚜렷하게 나타나고, 평소에는 구별이 어렵다. 번식기가 되면 암컷의 배는 뚜렷하게 붉은색으로 변하고 등도 전체적으로 붉은색을 띠나 수컷은 그렇지 않다. 또한 암컷은 알을 만드는 난소를 가지고 있다. 이에 비해 수컷은 번식기가 되면 앞발가락에 둥글고 불룩한 육질의 생식혹이 생기고 앞다리가 암컷에 비하여 굵다. 수컷은 암컷을 유혹하거나 영역을 표시할 때 울음소리를 내며, 수컷에게는 정자를 만드는 정소가 있다. 짝짓기 한 암수의 크기를 비교해 보면 암컷(몸길이 4.5~5cm)이 수컷(3.5cm 내외)에 비해 크다.

	암컷	수컷
목	▲ 붉은색을 띤다.	▲ 흰색을 띤다.
앞발가락	▲ 앞발가락에 생식혹이 생기지 않는다.	▲ 앞발가락에 생식혹이 생긴다.
배·앞다리	▲ 배와 다리에 붉은 반점이 나타나며 앞다리는 가늘다.	▲ 배는 흰색이며, 앞다리는 굵다.

Q 한국산개구리는 차가운 물속에서 어떻게 견딜까

2월경, 차가운 물속 바닥에서 한국산개구리 암컷과 수컷이 짝짓기 한 채 겨울잠을 자고 있는 경우가 있다. 물속에 있는 개구리를 만져 보면 피부와 근육이 딱딱한데, 이는 체내의 에너지 발산을 줄이고자 호흡과 심장 박동을 최대한 줄이고 근육을 수축했기 때문이다. 사람이 건드리면 약간 꿈틀거릴 뿐 더 이상 반응이 없다. 이와 같은 적응 현상으로 한국산개구리는 차가운 물속에서 지낼 수 있으며, 체내 포도당은 세포가 어는 것을 방지한다.

▲ 알은 주위 물이 얼어도 한천질 속에 있어 얼지 않으며, 주변에 발생하는 기포는 알이 가스 교환을 하고 있음을 나타낸다.

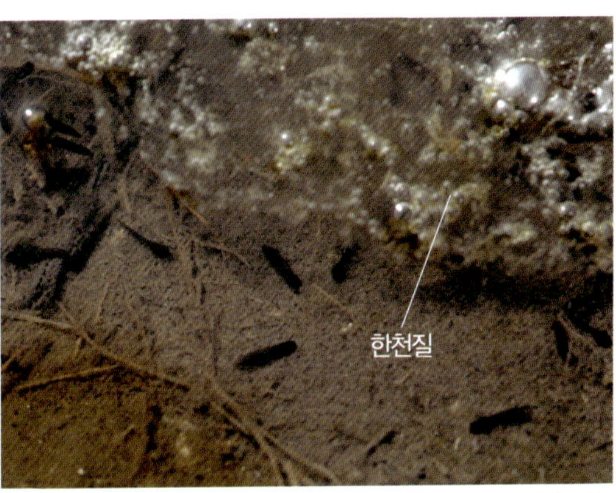

▲ 어린 올챙이들은 갑작스런 추위가 오면, 보온 덮개 역할을 하는 한천질 속으로 들어간다.

▲ 체내 에너지 발산을 최대한 줄여 추운 겨울에도 물에서 지낼 수 있다.(짝짓기 한 채 겨울잠을 자는 암수)

▲ 올챙이에서 개구리로 탈바꿈하는 시기가 추위에 가장 취약한 시기여서 얼어 죽기도 한다.

Q 아무르산개구리에서 한국산개구리로 왜 이름이 바뀌었을까

몇 해 전까지만 해도 한국산개구리는 '아무르산개구리'라고 했다. 그러나 아무르산개구리의 분포 지역이 북한 위쪽으로 알려졌고, 아무르산개구리는 붉은색을 띠지 않는 데 비해, 우리나라 종은 번식기가 되면 암컷의 배가 붉은색을 띠는 특징이 조사되어 2006년부터 불려졌던 우리나라의 아무르산개구리(*Rana amurensis*)는 학명 변경과 더불어 한국산개구리(*Rana coreana*)로 바꿔 불리게 되었다. 최근에 한국산개구리는 한국과 더불어 중국의 산둥반도에도 살고 있는 것으로 알려졌다.

▲ 한국산개구리

▲ 아무르산개구리

Q 올챙이 꼬리는 왜 점점 짧아질까

올챙이 시기에는 천적으로부터 자기 몸을 피하고 먹이를 얻기 위하여 물속을 헤엄치며 다녀야 한다. 그러기 위해서는 꼬리가 필요하다. 꼬리는 올챙이가 물에서 돌아다니는 데 꼭 필요한 기관이다. 그러나 개구리가 풍부한 먹이를 취할 수 있는 육상에서는 꼬리가 있는 것이 살아가는 데 오히려 불리하다. 이에 따라 올챙이 단계에서 앞뒤 다리가 나오고 튼튼해지면서 꼬리가 점점 짧아진다.

그러면 꼬리는 몸 안으로 들어가는 것일까? 개구리를 해부해서 꼬리가 들어갔는지 살펴보면 들어간 꼬리의 흔적을 찾을 수가 없다. 꼬리는 몸 안으로 들어가는 것이 아니고 조금씩 없어져 짧아지는 것이다. 꼬리를 구성하는 세포 내에는 가수 분해 효소(Lysosome)가 함유되어 있어서 이 효소가 자체적으로 꼬리 세포를 분해함으로써 꼬리가 짧아진다.

올챙이 꼬리가 없어지는 과정

▲ 가수 분해 효소가 꼬리 세포를 분해하여 꼬리가 짧아지기 시작한다.

▲ 꼬리가 좀 더 짧아진다.

▲ 꼬리가 없어진 새끼 개구리

Q 한국산개구리는 천적으로부터 어떻게 자신을 보호할까

한국산개구리도 다른 양서류처럼 천적으로부터 자신을 보호하기 위하여 여러 가지 전략을 쓴다. 한국산개구리는 번식 시기부터 겨울잠에 들어가기 전까지 산, 계곡으로 이동하지 않고, 논 주변 습지나 논바닥의 퇴비, 볏짚 잔유물, 낙엽 등을 이용하여 숨어 살거나 보호색을 띠어 자기 몸을 보호하며 살아간다. 또 천적인 새 종류가 자주 나타나는 지역이나 사람이 붐비는 곳에서는 낮보다는 밤에 먹이 활동을 한다.

보호색 띠기

▲ 주위 색깔과 비슷하게 피부색을 변화시킨다.

▲ 물의 흙 색깔과 같은 보호색을 띤다.

밤에 활동하기

▲ 천적이 자주 나타나는 지역에서는 밤에 활동한다. 밤에 한국산개구리의 피부색은 검게 변한다.

숨기

▲ 물웅덩이에서 머리만 내놓고 있다.

▲ 낙엽 속에 숨는다.

▲ 암컷이 낳은 알 덩이 속에 숨은 한국산개구리(수컷)

북방산개구리

개구리과

- 학명 *Rana uenoi, Rana dybowskii*
- 영명 Uenoi's brown frog

별명 산개구리, 식용개구리, 뽕악이, 기름개구리
크기 암컷: 몸길이 5.4~8.0cm, 앞다리 길이 3~4cm, 뒷다리 길이 11~14cm, 수컷: 몸길이 4.3~6.0cm
분포 우리나라 전역, 러시아, 일본(쓰시마섬)

형태 산개구리류 중 몸집이 가장 크다. 주둥이는 뾰족하고 등 양쪽에 가는 융기선이 두 줄 있다. 눈 뒤에서부터 목덜미까지 흑갈색 줄무늬가 있고 눈 뒤에 고막이 뚜렷하게 보이며 뒷다리에 검은색 줄무늬가 있다. 수컷은 배가 흰색을 띠고, 턱 아래의 양쪽에 울음주머니가 있으며 번식기가 되면 앞발가락에 생식혹이 생긴다. 암컷은 턱 아래와 배가 노란색 또는 황적색, 붉은색을 띠며 수컷보다 몸집이 더 크다.

습성 산간 지대, 들, 계곡 주변에 산다. 10월부터 물 흐름이 느리고 수심이 깊은 하천의 바위, 돌에서 겨울잠을 자거나 하천 또는 계곡 주변의 낙엽 밑, 땅속, 돌 밑을 파고 들어가 겨울잠을 자기도 한다. 딱정벌레, 노린재, 지렁이, 나비와 나방의 애벌레 등을 잡아먹는다.

산란 물이 고여 있는 야산 아래의 웅덩이, 논, 농수로, 기타 습지에 산란한다. 알 덩이 지름은 15~16cm 정도이며 한 마리의 암컷이 낳은 알 덩이에는 1,000~1,800개의 알이 들어 있고 알은 세 겹의 한천질로 싸여 있다. 산란 후 물을 흡수하면 알 덩이가 수면 위로 떠오른다.

유생 몸통은 둥글다. 배는 어두운 갈색이며 반투명해서 내장이 보인다. 산란 후 3~4주 이내에 부화한다.

▲ 북방산개구리

[포획금지야생동물, 먹는자처벌대상야생동물]

북방산개구리 생김새

몸 색깔

▲ 뒷다리에 검은색 줄무늬가 뚜렷하다.(암컷)

▲ 뒷다리와 물갈퀴가 발달되어 있다.(수컷)

등

▲ 등 양쪽에 가는 융기선이 두 줄 있다.

배

▲ 배는 흰색 또는 노란색을 띤다.

머리

▲ 머리에는 뾰족한 융기선이 V형으로 눈, 콧구멍 위를 지난다.

주둥이

▲ 주둥이는 뾰족하다.

눈

▲ 양쪽 눈이 위로 튀어나와 시야가 넓다.

▲ 동공은 위쪽에 치우쳐 있으며 홍채로 덮여 있고 아래에 투명한 순막이 있다.

콧구멍과 고막

◀ 콧구멍이 위로 살짝 열려 있고, 고막은 눈 뒤에 뚜렷하게 있다.

뒷다리

▲ 성체 수컷의 다리와 몸통 길이 비율은 1.93 : 1이다.

▲ 성체 암컷의 다리와 몸통 길이 비율은 1.89 : 1이다.

앞발

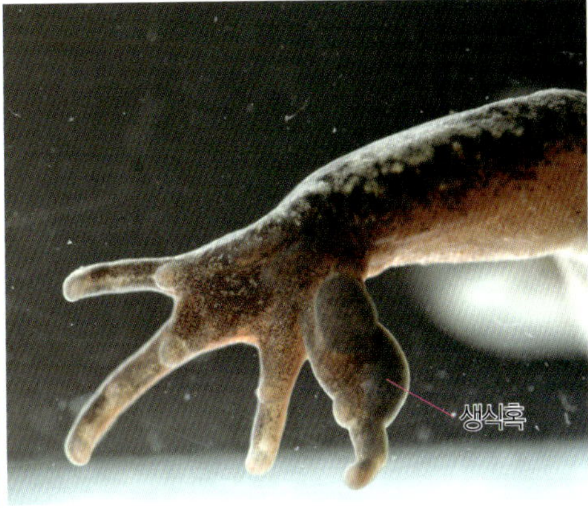

▲ 번식기에 앞발 첫째 발가락에 둥글고 불룩한 생식혹이 생긴다.(수컷)

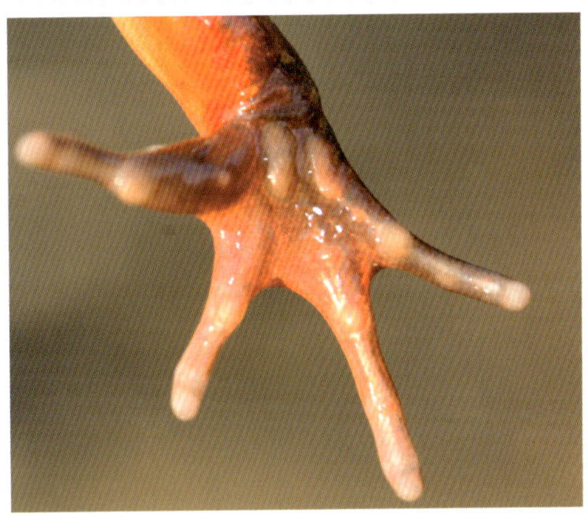

▲ 번식기에도 생식혹이 없다.(암컷)

뒷발

▲ 뒷발가락 사이에 물갈퀴가 발달되어 있다.(수컷)

▲ 물갈퀴가 발달되어 있다.(암컷)

▲ 뒷발의 물갈퀴를 이용하여 헤엄치고 있는 북방산개구리(수컷)

북방산개구리 한살이

짝짓기

▲ 암컷과 수컷이 짝짓기를 한다.(2013. 3. 1.)

산란

▲ 집단으로 산란한다.(3. 5.)

알

▼ 알은 한천질에 싸여 있으며 알 덩이를 한 층으로 펼칠 때 지름이 17~21 cm이다.

▼ 알의 지름은 1.8~2.0 mm 이다.

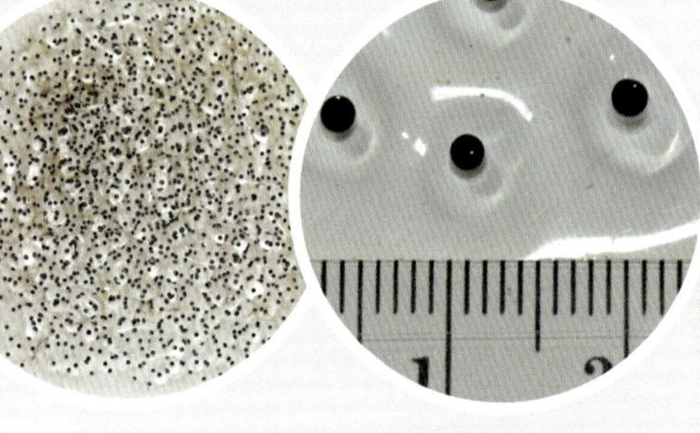

알의 발생

▲ 알이 발생을 시작하여 부화한다.(3. 30.)

올챙이

▼ 지푸라기를 먹는 북방산개구리 올챙이(2013. 5. 1.)

▼ 어린 북방산개구리 올챙이 무리

▲ 어린 북방산개구리 올챙이(4. 7.)

북방산개구리

▲ 북방산개구리 성체

새끼 북방산개구리

▲ 꼬리가 없어진 새끼 북방산개구리(7. 10.)

▲ 꼬리가 짧아지기 시작한 북방산개구리 올챙이(6. 29.)

▲ 뒷다리가 나오기 시작한 북방산개구리 올챙이
꼬리지느러미에 검은 색소가 있다.(6. 5.)

▲ 앞다리, 뒷다리가 나온 북방산개구리 올챙이(6. 20.)

Q 북방산개구리는 주로 어디에 산란할까

북방산개구리는 주로 산기슭 웅덩이, 수로, 논, 습지 등에 산란한다. 또한 산의 중턱이나 정상에서도 물이 고여 있는 곳에는 산란을 하며, 물 흐름이 느리거나 물이 고여 있는 하천에 산란하는 경우도 있다. 한국산개구리와 산란 시기 및 산란 지역이 유사하여 두 종류를 함께 관찰할 수도 있다.

북방산개구리 산란지

▲ 경작하지 않은 논(경기도 파주)

▲ 산기슭 웅덩이(수원)

▲ 산 중턱 물이 고여 있는 곳. 추위로 알이 얼었다.(경기도 의왕)

▲ 산기슭 수로(경기도 의왕)

Q 북방산개구리의 암수는 어떻게 구별할까

북방산개구리는 번식기에 암컷과 수컷이 뚜렷하게 구별된다. 암컷이 수컷에 비하여 훨씬 더 커서 짝짓기 할 때 어미가 어린 새끼를 업고 있는 것처럼 보인다. 수컷은 양쪽 턱 아래에 울음주머니가 있어 울음소리를 내며, 번식기에 앞발 첫째 발가락에 생식혹이 생긴다. 암컷은 울음주머니와 생식혹이 없다. 또한 번식기 때에는 암컷의 턱 밑에서 배까지 노란색 또는 황적색, 붉은색을 띠는 데 비해 수컷은 흰색 바탕에 검은 반점이 나타난다.

▲ 짝짓기 하는 암수. 암컷(아래쪽)이 수컷(위쪽)에 비하여 훨씬 크다.(암컷 5.4~8.2cm, 수컷 4.3~6.0cm)

▲ 암컷(왼쪽)과 수컷(오른쪽)

암컷

수컷

Q 북방산개구리 이름은 어떻게 생겨났을까

▲ 추운 북쪽 지역 산지에 주로 사는 북방산개구리(수컷)

주로 산에서 살고, 추운 북쪽 지역에서 사는 개구리라고 해서 '북방산개구리'라는 이름이 생겼다. 기존의 북방산개구리는 학명을 '*Rana dybowskii*'로 표기하였으나 2014년 일본의 양서류 학자 마쓰이(Matsui) 박사가 일본 쓰시마섬과 남한에 서식하는 종을 '산개구리(*Rana uenoi*)'로 분류하였다. 그러나 지금까지 '북방산개구리'라는 명칭을 익숙하게 써 왔던 터라 국명은 그대로 두고 학명만 '*Rana uenoi*'로 변경해야 한다는 것이 학자들의 중론이다. 보통 산개구리는 한국산개구리, 계곡산개구리, 북방산개구리를 일컫는다.

Q 북방산개구리는 어떻게 울까

2~4월경 번식기가 되면 북방산개구리 수컷은 물에서 무리를 이루어 열심히 울어댄다. 암컷을 유혹하기 위해서이다. 북방산개구리는 수면에 네 다리를 수평으로 편 상태에서 우는데, 눈 뒤에 있는 울음주머니가 마치 고무풍선처럼 부풀었다 줄어들었다 하면서 울음소리를 낸다. 이와 같이 개구리의 울음소리는 발성 기관인 후막에서 만들어져 울음주머니에서 증폭된다. 북방산개구리의 울음소리는 멀리서 들으면 새소리같이 들리며, 가까이에서 들으면 "호르르- 호르르르-" 하는 맑은 고음의 소리이다. 북방산개구리는 수평 자세에서 암컷을 유인할 때, 자기 영역을 침범당했을 때, 다른 수컷에게 짝짓기를 당했을 때 우는데, 상황마다 울음소리가 각각 다르다.

▲ 수면에 네 다리를 수평으로 편 상태에서 운다. 울기 직전이어서 물의 파동이 없다.

▲ 울 때는 물의 파동이 생긴다.

Q 북방산개구리는 왜 무리 지어 산란할까

북방산개구리 올챙이는 수백 또는 수천 마리가 떼를 지어 생활한다. 물고기와 새, 원숭이가 무리를 이루어 생활하는 것처럼, 올챙이도 떼를 지어 다니면 먹이를 찾고 천적을 발견하는 데 유리하다. 또 떼를 이루어 꼬리를 흔들어 대며 움직이면 적의 공격에 혼란을 줄 수 있다. 따라서 물이 고여 있는 장소에 여러 마리의 암수 개구리가 모여들어 집단으로 산란하는 것은 부화한 올챙이가 유리한 환경에 살아가도록 하기 위한 것이다.

▲ 집단으로 산란하기 위해 성체들은 번식기 때 무리를 이룬다.

▲ 부화한 올챙이가 무리 지어 살 수 있도록 집단으로 산란된 알 덩이

▲ 올챙이들은 먹이를 찾고 천적에 대처하는 데 유리하도록 무리 지어 생활한다.

Q 북방산개구리를 만지면 어떤 반응을 보일까

도망가려고 하는 북방산개구리를 잡으면 괴성과 같은 울음소리를 내면서 몸을 크게 부풀린다. 북방산개구리가 위기에 처했을 때 적을 위협하여 빠져나가려는 행동이 아닐까 추측된다. 또한 북방산개구리의 울음주머니는 진화적으로 발달이 덜된 것으로 보인다. 참개구리 등의 수컷은 울음소리를 낸 후 울음주머니가 고막 뒤에 늘어져 있지만, 북방산개구리는 울음소리를 낸 후에도 특별히 울음주머니를 찾을 수 없는 점이 그 증거이다.

몸을 만졌을 때의 반응

▲ 괴성을 지르며 몸을 크게 부풀린다.

발달이 미약한 울음주머니

▲ 울음소리를 낸 후에도 늘어진 울음주머니를 찾을 수 없다.

Q 북방산개구리는 두꺼비의 독에 어떻게 무사할 수 있을까

두꺼비와 북방산개구리의 주 산란 시기는 2월 말에서 3월 초로 거의 같은 시기에 이루어진다. 두꺼비는 덩치도 크고 강한 독을 분비하므로 두꺼비의 산란을 방해할 만한 개구리는 없다. 몸집이 가장 큰 황소개구리도 두꺼비의 독 분비로 죽는 경우가 일어날 정도로 두꺼비의 독은 강력하다. 따라서 북방산개구리는 두꺼비의 산란 장소를 피하여 다른 곳에 산란하려고 하지만, 부득이 같은 장소에 산란되었다 하더라도 북방산개구리나 올챙이는 죽지 않는다. 두꺼비 독액이 물에 희석되고 오랜 적응 생활을 통하여 두꺼비 독에 대한 다소의 면역과 해독 능력을 가지고 있는 것으로 보인다.

▲ 독을 가진 두꺼비의 긴 알주머니에 감긴 북방산개구리

▲ 북방산개구리는 두꺼비 독에 대한 면역과 해독 능력이 있어 죽지 않는다.

Q 북방산개구리 올챙이는 무엇을 먹을까

북방산개구리 올챙이를 비롯한 대부분의 올챙이들은 잡식성이다. 알에서 막 부화한 올챙이는 알 시기에 자신을 둘러싸고 있었던 한천질을 먹는다. 이후 조금 더 자라면 해캄과 같은 녹조류를 먹으며, 녹조류가 없으면 지난 해에 물에 떨어진 낙엽이나 풀잎, 지푸라기를 먹으며 자란다. 그 후에는 고마리 같은 식물의 어린 싹이나 죽은 지렁이 등을 먹는다.

어린 올챙이의 먹이

▲ 올챙이 무리가 해캄과 같은 녹조류를 먹고 있다.

▲ 지푸라기를 갉아 먹고 있다.

▲ 풀잎의 잎새를 먹어치워 잎맥만 남았다.

▲ 나뭇잎을 먹고 있다.

성장한 올챙이의 먹이

▲ 지렁이를 갉아 먹고 있다.

▲ 고마리의 어린잎을 먹고 있다.

Q 올챙이에서 북방산개구리로 탈바꿈할 때 어떤 변화가 일어날까

개구리의 알은 배(胚)가 형성되면서 신경이 생기고 이어 심장과 아가미가 나타나 올챙이가 된다. 올챙이는 점차 자라 이빨이 발달하여 먹이를 섭취하며, 뒷다리도 나와 크게 자라면서 발가락이 나타난다. 올챙이는 아가미로 호흡하고 꼬리지느러미가 있어 물속 생활을 쉽게 할 수 있다. 올챙이는 뒷다리는 몸 밖으로 나와서 자라고 앞다리는 몸 안에서 자란 다음에 나오는데, 이때 몸통이 길쭉해지고 몸의 크기가 작아져 체형이 바뀌게 된다. 또 눈의 위치가 등 위에서 앞쪽 또는 옆쪽으로 재배치되며, 개구리 특유의 눈 모양이 나타난다. 콧구멍이 뚜렷해지고, 점차 분수공이 없어진다. 올챙이에서 개구리 특유의 모습이 나타나는 것은 앞다리가 나온 이후부터이다. 그 후 꼬리가 짧아져 올챙이에서 개구리 모습으로 탈바꿈하게 된다. 이때 호흡 방법도 아가미 호흡에서 폐 호흡으로 바뀐다.

북방산개구리의 탈바꿈 과정

❶ 부화 후의 어린 올챙이

❷ 뒷다리가 나온 올챙이

❸ 뒷다리가 자란 올챙이
몸길이가 가장 긴 시기이다.(몸통 길이 1.2cm, 꼬리 길이 2.8cm)

❹ 앞다리가 나온 올챙이
앞다리, 뒷다리에 무늬가 뚜렷하고 몸통이 개구리 모양을 띤다. 폐 호흡을 본격적으로 한다.

❺ 새끼 개구리
꼬리가 짧아져 개구리 모양으로 탈바꿈하고 있다. 폐 호흡을 하기 때문에 물 밖으로 나온다.

❻ 꼬리가 없어진 새끼 개구리

탈바꿈 과정 중의 체형 비교

▲ 뒷다리만 있을 때의 올챙이(오른쪽)가 앞뒤 다리 모두 있을 때(왼쪽)보다 체형이 크고 몸통이 타원형이다.

▲ 뒷다리가 나온 올챙이의 크기

Q 북방산개구리는 물속 생활 때와 숲속 생활 때의 모습이 어떻게 다를까

북방산개구리는 번식기에는 주로 물속에서 생활하기 때문에 피부가 매끄럽고 전체적으로 무늬가 뚜렷하게 나타나지 않으며, 암컷은 산란 후 홀쭉한 모습이 된다. 반면 번식기를 지나 산지의 숲속에 올라가 활동할 때에는 피부가 거칠고 무늬의 윤곽이 뚜렷하며, 먹이 활동을 왕성하게 하여 몸이 통통해진다.

물속 생활 때의 모습

▲ 피부가 매끄럽고 무늬가 뚜렷하지 않다.

▲ 산란 후 몸이 홀쭉해진다.(산란 전 모습)

숲속 생활 때의 모습

▲ 피부가 거칠고 무늬의 윤곽이 뚜렷하다.

▲ 먹이 활동을 왕성히 하여 몸이 통통해진다.

▲ 숲속의 낙엽색과 같은 보호색을 띤다.(쇠살모사에게 잡힌 북방산개구리)

Q 북방산개구리 암컷은 왜 혼자 산란 장소에 있을까

개구리의 수정은 암수가 짝지은 상태에서 암컷이 산란하면 수컷이 그 위에 정자를 뿌려 이루어진다. 그런데 간혹 암컷 혼자 산란하는 모습이 눈에 띄기도 한다. 암컷의 산란과 동시에 수컷이 정자를 뿌린 상황에서 인기척이 나니까 수정이 끝난 수컷은 위험을 감지하고 도망가 버린 경우이다. 그런가 하면 산란을 마친 암컷이 지쳐서 혼자 산란 장소에 머물러 있는 경우도 있다.

▲ 수컷과 짝짓기 한 채 암컷이 산란하고 있다.

▲ 산란을 마친 암컷이 지쳐서 떠나지 못하고 혼자 남아 있다.

항아리곰팡이병

항아리곰팡이는 개구리나 도롱뇽 등 양서류에서만 전염되는 병으로, 이 곰팡이 이름인 '키트리드(*Chytridi*)'는 라틴어로 '항아리'라는 의미이다. 양서류의 피부에 침입한 후 자라나는 유주자낭의 모양이 항아리처럼 생겼다고 하여 이 곰팡이를 '항아리곰팡이'라고 부른다. 항아리곰팡이는 오스트레일리아에서 처음 발견된 이래 전 세계에서 200종이 넘는 양서류를 멸종시켰는데, 항아리곰팡이를 접해 본 적이 없는 아메리카 대륙과 오스트레일리아에서 유독 피해가 컸다. 특히 파나마에서는 희귀종인 황금개구리를 10년 만에 멸종시켜 버렸다. 급기야 2008년 5월 세계동물보건기구(OIE)는 항아리곰팡이병을 회원국들이 의무적으로 신고해야 할 심각한 질병으로 지정했다.

항아리곰팡이는 양서류 피부에 서식하며 케라틴을 먹는데, 케라틴은 양서류 피부의 가장 바깥쪽에 있으며 피부 안쪽 세포들을 보호하는 조직이다. 피부 호흡을 하는 양서류가 케라틴을 잃으면 질식해 죽는다. 항아리곰팡이는 물속에서 숙주 없이 3주 정도 생존할 수 있어 개체 간의 접촉 없이도 감염될 수 있으므로 전염 속도 또한 빠르다. 20여 년 동안 200종이 넘는 양서류가 항아리곰팡이로 인해 멸종한 이유가 여기에 있다.

그러나 다행스럽게도 2010년 12월 양서류 개체가 회복되고 있다는 기사가 공식 발표되었다. 피해가 가장 심했던 오스트레일리아, 아메리카 대륙에서 이 곰팡이로 인해 멸종 위기에 몰렸던 종들이 항아리곰팡이에 강한 저항력을 보이기 시작했다는 것이다. 특히 오스트레일리아의 초록눈청개구리는 피부의 항균 단백질이 많아지면서 개체 수가 항아리곰팡이 유행 이전 수준으로 증가했다고 한다. 양서류의 짧은 세대 간격 덕분에 20년이라는 단기간에 저항성을 갖춘 개체가 충분히 늘어날 수 있었던 것이다.

항아리곰팡이병이 전 세계 양서류에 치명적이며, 감염 지역 내 40% 개체를 죽음에 이르게 하는데도 오히려 한국 개구리들에게는 항아리곰팡이가 치명적이지 않다는 사실이 밝혀졌다. 국내 항아리곰팡이의 여러 계통을 분리 배양한 결과 개구리를 감염시키는 해외의 항아리곰팡이 계통들보다 국내 계통들이 유전적으로 더욱 다양함을 확인했다. 이를 통해 해외로 많이 수출되었던 우리나라 무당개구리가 최초로 병원성을 가진 후 변형되어 전 세계로 퍼져 나간 것으로 보고 있으며, 한국의 개구리들은 오랜 시간을 항아리곰팡이에 노출되면서 면역력이 생겼다는 분석이다.

▲ 항아리곰팡이의 주사 전자 현미경 사진

[사진 | 위키미디어 코먼스]

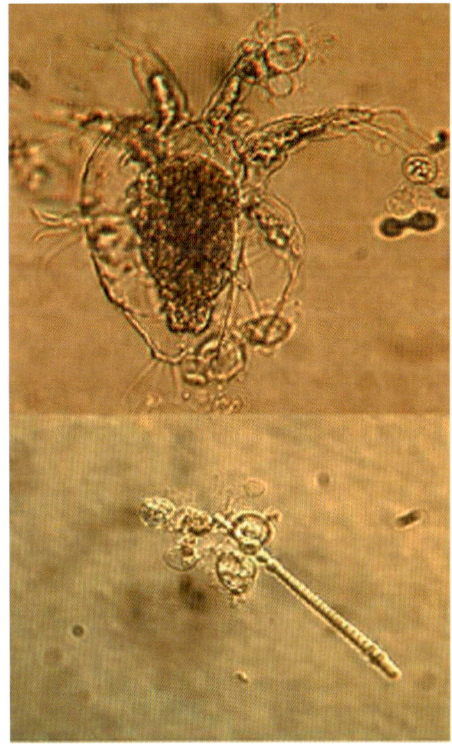

◀ 항아리곰팡이의 현미경 사진(위: 홀씨주머니, 아래: 운동성 홀씨)

[사진 | 미국질병예방센터(CDC)]

계곡산개구리

개구리과

- 학명 *Rana huanrenensis*
- 영명 Korean stream brown frog, Huanen brown frog

크기 몸길이 4.5~6cm, 앞다리 길이 3~3.5cm, 뒷다리 길이 7~10cm

분포 우리나라 제주도를 제외한 전역, 중국

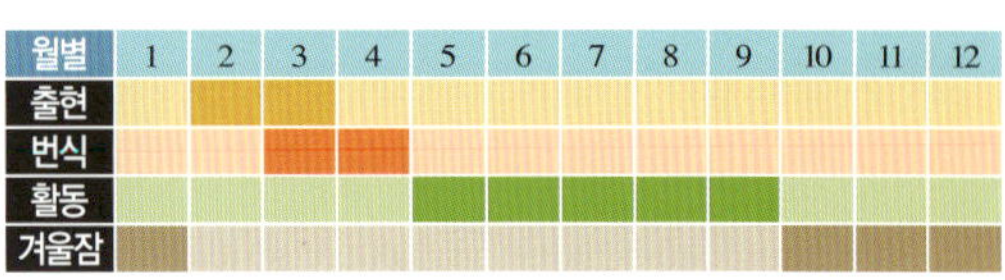

형태 북방산개구리와 형태가 비슷하며, 크기는 한국산개구리와 북방산개구리의 중간이다. 몸 색깔은 변이가 심하여 황갈색, 황록색 또는 적갈색에 작은 검은색 점이 온몸에 흩어져 있다. 암갈색 줄무늬가 주둥이부터 눈, 목덜미까지 있는 개체도 있고, 눈 뒤에서부터 있는 것도 있다. 다리에 검은색 무늬가 있다. 수컷은 울음주머니가 발달되어 있지 않다.

습성 가파른 야산의 계곡이나 그 주변의 낙엽, 돌무덤 등에서 산다. 2월에 겨울잠에서 깨어나 4월까지 계곡의 하천에 산란하고 5~6월에 다시 야산으로 돌아가 활동한다. 10월이 되면 다시 계곡으로 내려와 물 흐름이 느리고 수심이 깊은 하천의 돌과 바위 밑에서 겨울잠을 잔다. 파리, 벌, 나비, 날도래, 지렁이를 먹는다.

산란 3월 수심이 낮은 계곡의 돌이나 바위에 무더기로 산란한다. 암컷 한 마리가 300~800개의 알을 낳으며, 알은 세 겹의 한천질로 싸여 있다. 1개의 알 덩이 지름은 8~12cm이다.

유생 등은 북방산개구리 올챙이에 비해 색깔이 어둡고 검은색 잔 점은 꼬리로 갈수록 뚜렷하다. 배는 검은색으로 반투명해 내장이 보인다.

▲ 계곡산개구리

[포획금지야생동물, 먹는자처벌대상야생동물]

계곡산개구리 생김새

다양한 몸 색깔

▲ 황갈색 또는 갈색에 작은 검은색 잔 점이 온몸에 흩어져 있으나 다리에는 검은색 줄무늬가 뚜렷하지 않다.(경기도 안양 개체)

▲ 검은색 잔 점이 흩어져 있다.(경기도 수암천 개체)

▲ 몸 색깔이 누런색에 가깝다.(강원도 장평 개체, 5월)

▲ 적갈색을 띠고 다리에 검은색 줄무늬가 뚜렷하다.(강원도 장평 개체, 4월)

등

▲ 등의 좌우에 융기선이 있다. 번식기 이후의 암컷(왼쪽)과 수컷(오른쪽)

배

▲ 배는 회색이며, 배 아래쪽으로 붉은빛이 도는 연한 노란색을 띤다.(수컷)

▲ 배는 회백색이며, 배 아래쪽으로 노란색을 띤다.(암컷)

머리

▲ 주둥이는 뭉툭하다.

▲ 고막은 희미하고, 홍채는 금색이며, 콧구멍이 뚜렷하다.

앞뒤 다리

▲ 발가락 아랫면에는 돌기가 나 있고, 발가락 사이에 물갈퀴가 잘 발달되어 있다.(수컷)

뒷다리 길이

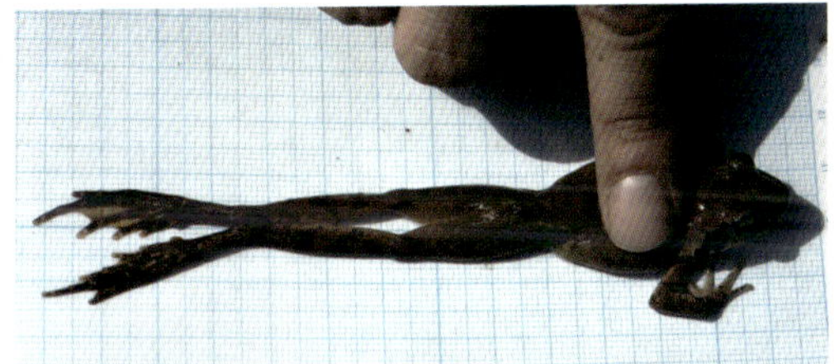

▲ 암컷 계곡산개구리 부위별 측정 결과 뒷다리와 몸통 길이 비율은 1.98 : 1이다

▲ 수컷 계곡산개구리 부위별 측정 결과 뒷다리와 몸통 길이 비율은 1.72 : 1이다

짝짓기 모습

◀ 수컷이 암컷의 겨드랑이를 껴안고 짝짓기 한 모습

계곡산개구리 한살이

짝짓기

▲ 물 흐름이 느리고 수심이 낮은 하천의 물에서 암컷과 수컷이 짝짓기를 한다.(3월)

계곡산개구리

▲ 계곡산개구리 성체(수컷, 7월)

산란

알

▲ 성체의 짝짓기와 산란된 알(3월)

▲ 물에 가라앉은 낙엽에 붙어 있는 알(3월)

▲ 한천질 속에 들어 있는 알의 지름은 2.3~ 2.7mm로 크다.

알의 발생

▼ 4세포기의 배(3월)

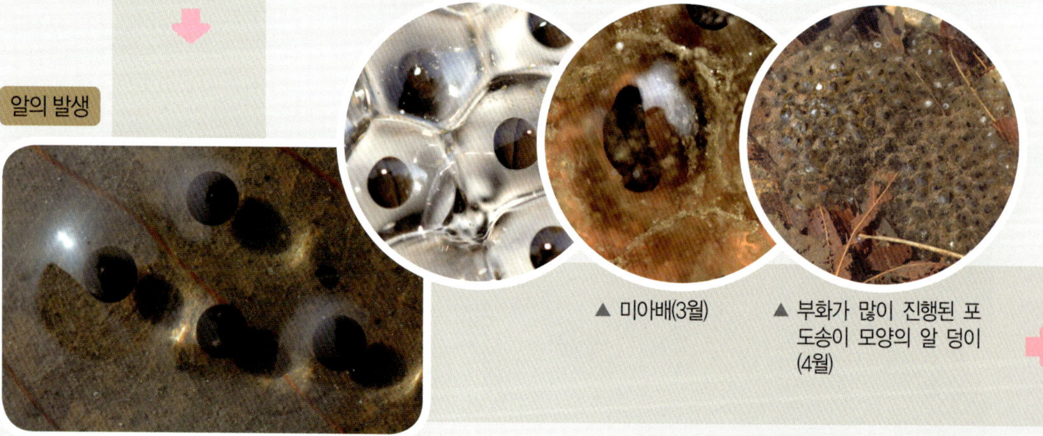

▲ 수정란(3월)

▲ 미아배(3월)

▲ 부화가 많이 진행된 포도송이 모양의 알 덩이(4월)

▲ 꼬리가 짧아지고 개구리 모습을 갖춰 가는 계곡산개구리 올챙이(6월 말)

▲ 앞다리가 나온 계곡산개구리 올챙이(6월 중순)

새끼 계곡산개구리

▲ 꼬리가 거의 없어진 새끼 계곡산개구리(6월 말)

▲ 뒷다리가 나온 계곡산개구리 올챙이(6월 초)

▲ 뒷다리가 나오기 직전의 계곡산개구리 올챙이(5월 말)

올챙이

▲ 알에서 부화한 어린 계곡산개구리 올챙이(4월)

▲ 물풀 뿌리를 뜯어 먹는 계곡산개구리 올챙이(5월 말)

Q 계곡산개구리의 암수는 어떻게 구별할까

계곡산개구리는 번식기에 암컷은 몸 색깔이 황적색이고 수컷은 흑갈색을 띠나 주변 환경에 따라 그렇지 않은 경우도 있다. 앞다리는 암컷이 가는 데 비해 수컷은 굵다. 또한 앞발가락에 수컷은 육질의 둥근 생식혹이 나타나나 암컷은 없다.

▲ 번식기 때 앞발가락에 생식혹이 생기지 않는다.

▲ 번식기 때 앞발가락에 생식혹이 생긴다.

▲ 몸길이가 수컷보다 다소 길고 앞다리가 가늘다.

▲ 몸길이가 암컷보다 짧고 앞다리가 굵다.

▲ 번식기 때의 암컷의 피부색

▲ 번식기 때의 수컷의 피부색

◀ 암컷(아래)이 수컷(위)보다 크고, 짝짓기 상태일 때 암컷은 황적색, 수컷은 흑갈색을 띤다.

Q 계곡산개구리는 어떻게 헤엄을 잘 칠 수 있을까

계곡산개구리의 뒷다리는 몸통보다 길고 근육이 잘 발달되어 있어 뒷다리를 오므렸다 펴면 물을 헤치고 힘차게 앞으로 나아갈 수 있다. 또 뒷다리의 발가락 사이에는 물갈퀴가 있어 배의 노와 같이 물을 젓는 데 유용하다.

▲ 계곡산개구리는 뒷다리가 길고 근육이 발달되어 있어 물에서 힘차게 앞으로 나아갈 수 있다.

▲ 계곡산개구리 뒷다리

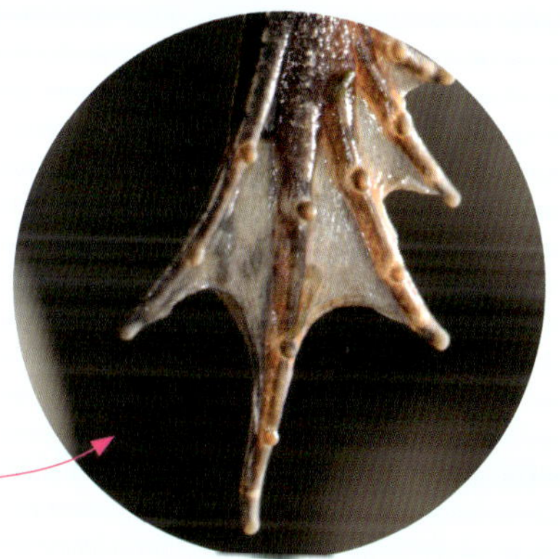

▲ 뒷다리 발가락 사이에는 물갈퀴가 있어 배의 노와 같은 역할을 하며, 발바닥의 돌기는 미끄럼을 방지한다.

▲ 물에서 점프하여 달아날 때의 뒷다리 모습

Q 계곡산개구리 이름은 어떻게 생겨났을까

계곡산개구리는 주로 계곡에 살고 계곡의 흐르는 물에 알을 산란한다. 그 때문에 '계곡산개구리'라는 이름이 생겨났다. 계곡산개구리는 예전에 북방산개구리와 같은 종으로 취급되어 왔으나 형태, 생태, 유전자 등을 분석한 결과 북방산개구리와 다른 종임이 확인되어 미기록종으로 분리하여 보고되었던 종이다.

계곡산개구리 산란지

▲ 계곡의 흐르는 물에 집단 산란하는 계곡산개구리(안양천)

▲ 깨끗한 물이 흐르는 계곡의 바위나 돌에 붙여 무더기로 산란된 알 덩이(강원도 흥정계곡)

계곡산개구리 서식지

▲ 계곡의 찬 물속에서 겨울잠을 자는 계곡산개구리(안양천)

▲ 계곡의 흐르는 물에서 사는 계곡산개구리 올챙이(충남 논산)

미기록종과 신종

종(種)은 유전되는 형태, 생리적 성질이 특이하여 다른 종류와 구별되는 생물을 말하며, 생물학적으로 다른 종과는 서로 교배하여 자손을 낳을 수 없는 생식적으로 격리되어 있는 생물 집단을 말한다.

미기록종(種)은 이미 학술적으로 보고되고 명명되었으나 특정 지역에서 처음 관찰되는 종을 말한다. 문헌상에 존재했던 종을 그동안 찾아내지 못하다가 새롭게 발견하여 학계에 보고할 때나, 다른 종과 같은 종으로 묶여서 사용되다가 새롭게 다른 종으로 분리할 경우 미기록종으로 보고된다.

신종은 학계에 처음으로 보고하는 종으로, 반드시 학명이 출판물에 유효하게 발표되어야 합법적으로 인정받고 선취권을 갖는다. 학명은 라틴어로 생물의 속명과 종명을 조합해서 한 종을 나타내는 이명법을 사용한다.

계곡산개구리의 학명을 예로 들어 설명하면 다음과 같다.

Rana huanrensis Fei, Ye, and Huang, 1990

- **속명:** 산개구리
- **종명:** 중국 지역 이름을 라틴어로 표기
- 세 사람의 명명자 이름
- 신종으로 처음 보고한 연도

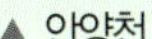
▲ 안양천

▲ 경기도 천마산

Q 계곡산개구리 올챙이는 어떻게 생겼을까

계곡산개구리 올챙이는 눈은 등 쪽 가까이 있고 위에서 보면 양 볼이 불룩하여 체형이 가오리 모양이다. 배 쪽에서 보면 나이테같이 생긴 창자가 투명하게 보인다.

▲ 눈은 등 쪽 가까이 있고 체형이 가오리 모양이다.(4월)

▲ 입은 아래쪽에 있으며, 창자는 나이테처럼 둥글게 말려 있고 투명하다.(4월)

▲ 위에서 보면 양 볼이 불룩하다.(6월)

▲ 입을 둥글게 벌린 모습(6월)

▲ 꼬리지느러미에 얼룩무늬가 없으며, 발가락이 잘 보인다.(6월)

▲ 왼쪽 옆구리에 분수공이 있다.(6월)

Q 계곡산개구리는 산지 생활 때 어떤 변화를 보일까

계곡산개구리가 물에서 긴 겨울을 보내고 겨울잠에서 깨어나 번식기로 접어들었을 때에는 여전히 물이 차기 때문에 행동이 둔하고 피부가 매끄러우며 무늬가 뚜렷하지 않다. 그러나 번식기가 지나고 산지로 이동하여 먹이 활동이 활발해지면 행동이 민첩해지고 몸의 무늬가 뚜렷해지며 피부가 다소 거칠어진다.

▲ 번식기에 물가에서 생활하는 개체. 피부가 매끄럽다.

▲ 번식기 이후 산지에서 생활하는 개체. 피부가 거칠다.

Q 계곡산개구리는 천적으로부터 어떻게 자신을 보호할까

계곡산개구리는 번식기에는 계곡에 살기 때문에 천적이 나타나면 물속 돌 틈으로 재빨리 숨는다. 또, 다른 양서류처럼 몸 색깔을 주변 색깔과 유사하게 하여 보호색을 띤다. 더욱이 뒷다리가 길고 근육이 발달하여 점프를 잘하기 때문에 위험하면 순식간에 멀리 도망갈 수가 있다.

보호색 띠기

▲ 보호색을 띠고 죽은 체한다.

▲ 주변의 흙 색깔과 비슷하게 피부색을 변화시킨다.

숨기

▲ 돌 틈에 숨는다.

▲ 낙엽 밑에 숨는다.

개구리 사체에서 볼 수 있는 곰팡이

개구리의 사체가 물속에 오랫동안 방치되어 있으면 곰팡이가 생긴다. 이 곰팡이는 가느다란 실 모양의 균사로 되어 있는데, 이것은 칸막이(격막)가 없는 조균이라고 하는 물곰팡이다.

▼ 계곡산개구리 사체에 생긴 곰팡이

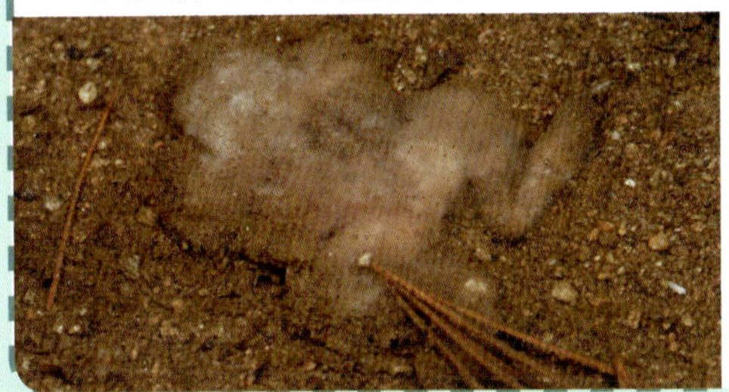

▼ 참개구리 사체에 생긴 곰팡이

참개구리

개구리과

- 학명 *Pelophylax nigromaculatus*
  Rana nigromaculata
- 영명 Black-spotted pond frog, Dark-spotted pond frog, Common pond frog

별명 논개구리, 떡개구리

크기 몸길이 6~9cm, 앞다리 길이 4.5cm, 뒷다리 길이 13cm(몸길이 9cm의 경우)

분포 우리나라 섬 지방을 포함한 전역, 동북아시아

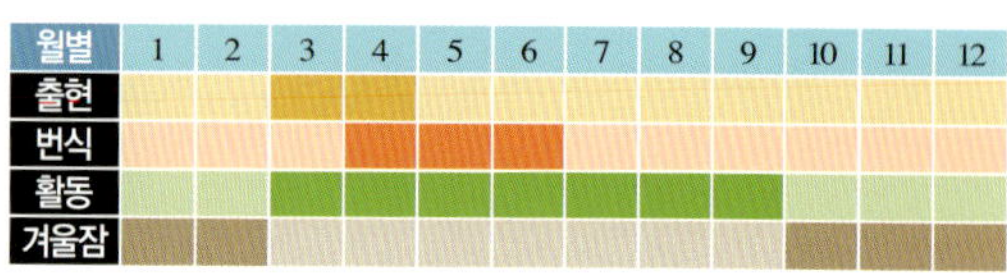

월별	1	2	3	4	5	6	7	8	9	10	11	12
출현												
번식												
활동												
겨울잠												

형태 몸 전체 색깔이 다양하고 등과 앞뒤다리에는 검은색 얼룩무늬가 흩어져 있다. 등에 두 줄의 긴 융기선이 있고 그 사이 중앙에 주둥이부터 총배설강까지 한 줄의 줄무늬가 있다. 배는 흰색이며 수컷은 턱 아래 좌우에 한 쌍의 울음주머니가 있다. 머리는 둥글고 뾰족하며 고막은 뚜렷하다. 뒷다리에는 굵은 줄무늬가 있으며, 근육이 잘 발달되어 있고 발가락 사이에 물갈퀴가 발달되어 있다.

습성 논이나 밭, 웅덩이, 하천, 습지 주변에 살며, 번식지 및 서식지에서 멀지 않은 논두렁, 밭두렁 등 양지바른 땅속에서 겨울잠을 잔다. 예전에는 우리나라에서 가장 흔한 대표적인 개구리였으나 현재 개체 수가 많이 줄어들었다. 지렁이, 거미, 곤충 등을 잡아먹는다.

산란 번식기에 겨울잠에서 깨어난 수컷은 먼저 산란장으로 모여들어 경쟁적으로 "꾸르르르륵, 꾸르륵" 하는 구애 울음소리를 연속적으로 낸다. 이 소리에 자극을 받은 암컷이 도착하여 짝짓기를 하고 산란한다. 1개의 알 덩이에는 3,000~5,000개 정도의 알이 들어 있으며, 알의 지름은 1.6~1.8mm이다.

유생 등은 비교적 어두운 색을 띠고, 배는 흰색 또는 황백색을 띠며 불투명하다.

▲ 참개구리(수컷)

참개구리 생김새

몸 색깔

▲ 몸 색깔이 다양한 참개구리 성체(왼쪽: 녹색을 띤 개체, 오른쪽: 갈색을 띤 개체)

등

▲ 등에는 두 줄의 융기선이 있고 그 가운데에 주둥이부터 총배설강까지 줄무늬가 있다.

배

▲ 배 부위의 색깔은 흰색이다.

머리

▲ 주둥이는 뾰족하며, 눈이 튀어나오고 고막과 콧구멍이 뚜렷하다.

앞뒤 발

▲ 번식기 수컷은 앞발가락에 회색빛의 굵은 생식혹이 발달하며, 뒷발 발가락 사이에 물갈퀴가 잘 발달되어 있다.

참개구리 한살이

짝짓기

▲ 암컷과 수컷이 짝짓기를 한다.

참개구리

▲ 참개구리 성체

산란

▲ 산란한 참개구리 알 덩이(5월 초)

알

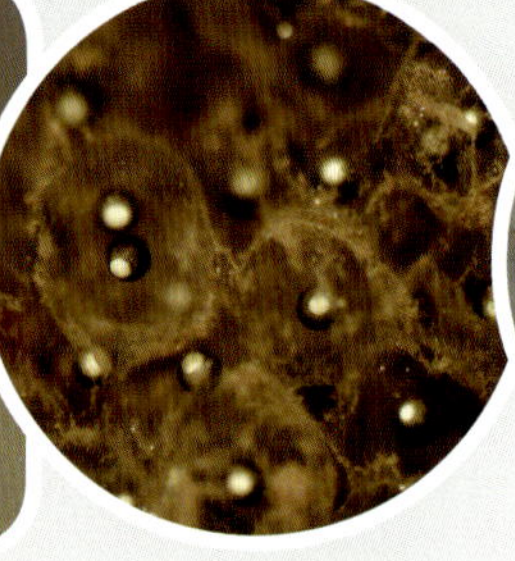

▲ 산란 직후의 알(5월 초)
노란 난황은 알이 발생할
때 양분으로 사용된다.

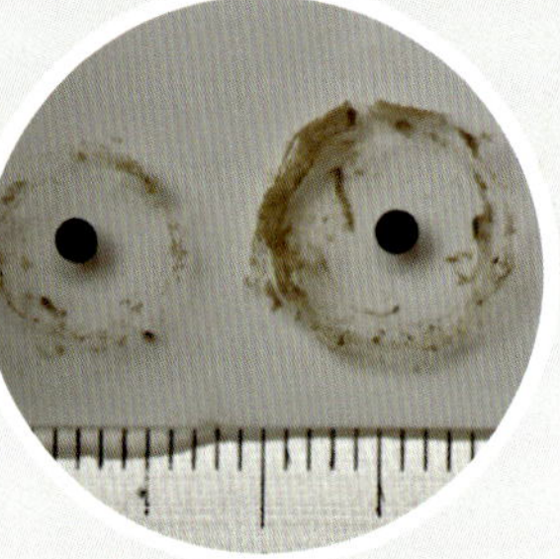

▲ 한천질에 싸여 있는 알의
지름은 1.8mm 내외이다.

알의 발생

▲ 발생을 시작한 알(5. 12.)

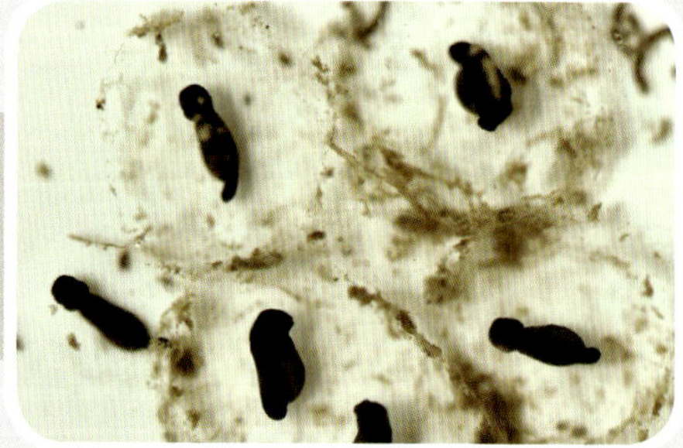

▲ 부화 직전의 참개구리 올챙이(발생 후 7~10일 부화)

▲ 꼬리가 짧아지고 있는 참개구리 올챙이(8월 중순)

새끼 참개구리

▲ 꼬리가 없어진 새끼 참개구리(8월 중순)

▲ 정면에서 보면 복어 모양이다.(6. 23.)

올챙이

▲ 알에서 갓 깨어난 참개구리 올챙이

▲ 앞다리가 나온 참개구리 올챙이(8월 중순)
환경과 호르몬에 따라 발생 속도가 각각 다르다.

▲ 뒷다리가 나온 참개구리 올챙이(8월 초)

▲ 뒷다리가 나오기 전 참개구리 올챙이(7월)
꼬리지느러미는 넓고, 눈 부위에 붉은 색소가 있다.

▲ 좀 더 자란 참개구리 올챙이(6월 초)

Q 참개구리 이름은 어떻게 생겨났을까

참개구리는 우리나라에서 가장 흔한 개구리 종으로 우리나라 전역의 농경지에서 흔하게 볼 수 있다. 번식기에는 논과 얕은 습지 등에서 볼 수 있고, 그 밖의 시기에는 논둑, 밭, 습지 주변에서 볼 수 있다. 옛날 농경 사회에서 가장 흔하게 볼 수 있었던 종이므로 '진짜 개구리'라는 뜻으로 '참개구리'라는 이름이 생기게 되었다.

▲ 우리나라 농경지에서 흔하게 볼 수 있는 참개구리(왼쪽: 습지로 오는 곤충을 잡아먹기 위해 기다리고 있는 모습, 오른쪽: 머리만 내민 채 논물 속에 숨어 있는 모습)

Q 참개구리는 어디에 알을 낳을까

참개구리가 알을 낳는 장소는 수온이 낮지 않고 수심이 깊지 않은 논이나 웅덩이 등이다. 참개구리의 알은 알 껍질이 단단하지 않고 투명한 젤리 모양의 물질에 싸여 있다. 또한 발생 중에 배를 보호하는 막(양막)도 없기 때문에 발생을 위해서도 물이 있어야 한다. 따라서 봄에 어미 참개구리는 가물어도 물이 마르지 않을 곳을 찾아 알을 낳는다. 만일 새끼 참개구리로 성장하기 전에 물이 마르면 부화한 올챙이는 아가미 호흡을 할 수 없어 죽기 때문이다.

▲ 알이 새끼 참개구리가 될 때까지 물이 마르지 않을 곳을 찾아 산란한다.

▲ 알 발생에 필요한 충분한 산소와 온도 조건을 갖춘 물이 얕게 고인 논에 산란한다.

Q 참개구리는 어떻게 물속에서 빠르게 헤엄칠 수 있을까

참개구리는 머리 앞부분이 뾰족하여 헤엄칠 때 물의 저항을 적게 받으며, 몸이 납작하여 부력이 크기 때문에 물에 잘 뜰 수 있다. 또한 뒷다리가 길고 근육이 발달하였을 뿐만 아니라 발가락 사이에 물갈퀴가 잘 발달해 있기 때문에 배의 노를 저을 때처럼 물을 힘차게 차고 나가 헤엄을 잘 칠 수 있다.

뾰족한 머리

▲ 머리 앞부분이 뾰족하여 물의 저항을 적게 받는다.

납작한 몸

▲ 몸이 납작하여 부력이 크기 때문에 물에 잘 뜬다.

긴 뒷다리

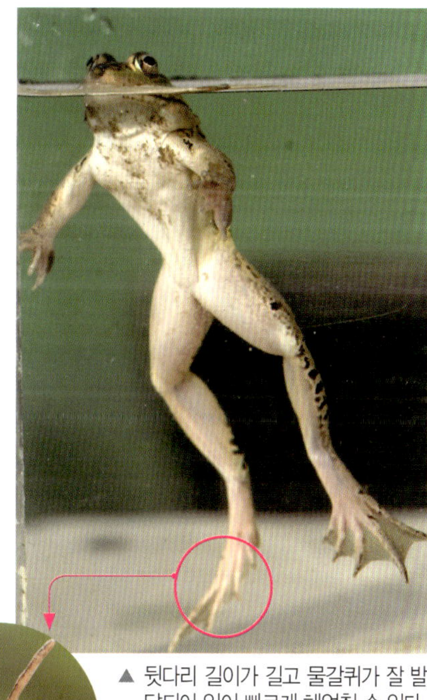

▲ 뒷다리 길이가 길고 물갈퀴가 잘 발달되어 있어 빠르게 헤엄칠 수 있다.

◀ 참개구리 물갈퀴
물갈퀴에 모세혈관이 수없이 얽혀 있고 그 혈관에 혈액이 흐르고 있다.

Q 참개구리는 어떻게 점프할까

참개구리는 뒷다리가 길고 근육이 발달하여 제자리에서 점프하면 보통 70cm 높이까지 뛸 수 있다. 따라서 대낮에 사람이 손으로 참개구리를 잡는 것은 거의 불가능하다.

참개구리의 점프 방법

❶ 몸을 움츠리고 점프를 준비한다.

❷ 앞다리를 뒤쪽 몸에 붙이고 뒷다리를 뻗치기 시작한다.

❸ 뒷다리로 차고 나간다. 이때 몸을 45° 각도로 숙여 가장 멀리 나가게 한다.

❹ 앞다리, 뒷다리 모두 일직선상으로 뒤로 뻗치고 난다.

❺ 착지 지점에 이르면 앞다리를 아래로 내린다.

❻ 앞뒤 다리를 오므리고 낮은 자세로 안전하게 착지한다.

개구리의 오줌

논둑에서 개구리를 관찰하다 보면, 숨어 있던 개구리가 갑자기 오줌을 찍 싸면서 무논으로 도망가는 바람에 깜짝 놀랐던 경험이 있을 것이다. 개구리는 천적을 만나면 오줌을 싸며 도망갈 때가 많은데, 이것은 천적이 오줌 때문에 놀라 시선이 흐트러지는 사이에 몸을 피하기 위한 전략이다. 개구리는 평소에 오줌을 자주 싸지 않고 방광에 저장해 놓았다가 위급할 때 사용한다.

예전에 농촌에서는 개구리 오줌이 눈에 들어가면 눈이 멀 수도 있으니 조심하라는 이야기가 전해내려 왔다. 과연 사실일까? 개구리 먹이의 주성분인 단백질은 C, H, O, N으로 구성되어 있는데, 소화 작용으로 에너지(ATP)가 생성되고 부산물로 이산화탄소(CO_2)와 물(H_2O), 암모니아(NH_3)가 생성된다. 개구리는 물을 많이 흡수하기 때문에 유독성인 암모니아는 대부분 물에 녹고 무독성인 요소가 오줌 성분이 된다. 따라서 개구리 오줌이 눈에 들어가면 눈이 멀 수도 있다는 이야기는 자녀들의 안전을 걱정하여 늘 조심하라는 부모들의 당부가 아닐까 생각된다.

Q 참개구리는 어떻게 먹이를 잡아먹을까

참개구리 혀는 길고 두 갈래로 살짝 갈라져 있다. 긴 혀는 입안의 앞쪽에서 안으로 접혀 있기 때문에 먹이를 향해 재빠르게 내밀 수 있다. 그리고 혀끝은 입안의 침에 의해 끈적끈적하다. 참개구리는 한낮에 주로 풀숲에 숨어 있다가 이른 아침 또는 저녁 무렵, 특히 비가 내린 직후에 풀숲에서 나와 먹이 활동을 한다.

참개구리는 움직이는 먹이를 보면 접근해서 응시하다가 잽싸게 혀를 내밀어 먹이를 감싸서 먹는다. 혀를 내밀어 먹이를 낚아채는 데 0.2초가 채 걸리지 않는다. 죽은 먹이는 먹지 않으며, 먹잇감이 아니더라도 움직이면 일단 낚아채서 입안에 넣는다. 만일 입안에 들어간 먹이가 먹을 수 없는 것이거나 독성이 있는 것이면 두 눈을 껌뻑이며 앞발로 끄집어내어 즉시 뱉는다. 움직이는 것만을 먹는 것은 아마도 상하지 않은 먹이를 먹겠다는 생존 전략일 것이다.

참개구리의 먹이 잡는 방법

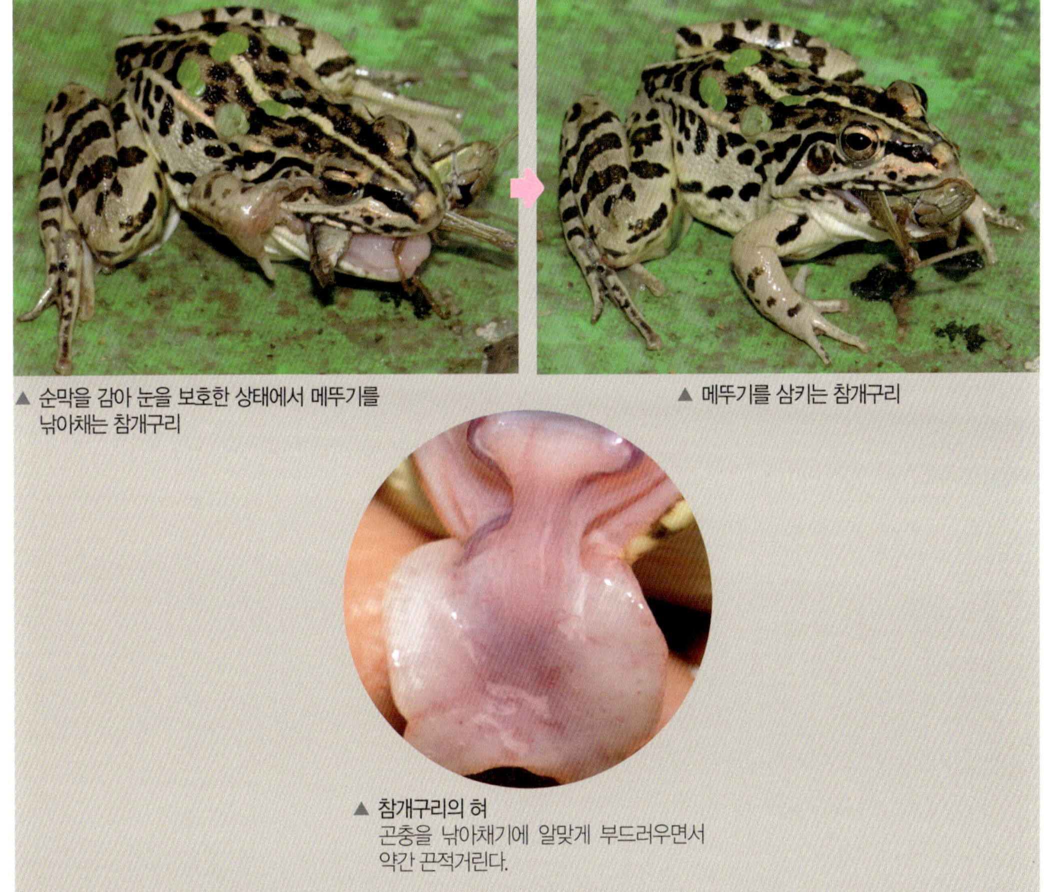

▲ 순막을 감아 눈을 보호한 상태에서 메뚜기를 낚아채는 참개구리

▲ 메뚜기를 삼키는 참개구리

▲ 참개구리의 혀
곤충을 낚아채기에 알맞게 부드러우면서 약간 끈적거린다.

Q 참개구리는 천적으로부터 어떻게 자신을 보호할까

논둑길을 걸을 때면, 참개구리가 논바닥으로 뛰어들어 흙탕물을 일으키며 몸을 숨기는 행동을 쉽게 볼 수 있다. 참개구리는 천적을 만나거나 사람이 접근하면 재빨리 인근 연못이나 웅덩이 물속으로 뛰어들어 흙탕물을 일으키며 깊숙이 잠수하여 몸을 숨긴다. 연못이나 물가가 아닌 경우에는 빠른 속도로 멀리뛰기 하듯이 뛰어 근처의 풀숲으로 몸을 숨긴다. 성체의 경우 멀리뛰기의 거리는 약 2~3m 정도이다. 또한 참개구리는 피부에 색소포를 가지고 있어서 주변 환경에 따라 보호색을 띠기 때문에 연못이나 늪지대에서 움직이지 않으면 눈에 띄지 않는다.

참개구리 몸 보호하기

보호색 띠기

▲ 물풀의 색깔과 비슷한 색깔로 보호색을 띤 모습

▲ 밤에 논물과 비슷한 색깔로 보호색을 띤 모습

숨기

▲ 개구리밥 속에 숨은 모습

▲ 순채 잎 사이에 몸을 숨기고 머리만 내민 모습

밤에 활동하기

◀ 낮에는 논둑을 헤집고 들어가 숨어 있다가 밤에 나와 활동하여 천적의 공격을 피하는 참개구리

Q 참개구리는 어떤 방법으로 짝짓기를 할까

겨울잠에서 깨어난 참개구리는 물이 얕게 고여 있는 근처의 산란장으로 모여든다. 참개구리 수컷은 양쪽 턱 밑의 좌우 울음주머니에 공기를 넣어 부풀려 "꾸루룩 꾸루룩" 하는 구애 울음소리를 내면서 산란장 안을 이리저리 헤엄쳐 다니며 암컷을 유인하여 짝짓기를 한다. 암컷과 수컷이 짝짓기를 한 상태에서 수컷의 자극으로 암컷이 산란을 하면 수컷은 바로 정자를 뿌려 수정시킨다. 알은 한천질에 싸여 있고 수많은 알이 모여 있는 알 덩이를 이룬다.

암컷 유인하기

▶ 밤에 수컷이 울음주머니를 부풀리며 소리를 내어 암컷을 유인한다.

울음주머니 부풀리기

▲ 공기를 흡입하여 배가 불룩한 수컷 참개구리(울기 전)

▲ 울음주머니와 등 쪽 주위에 물결 피장이 생긴다.

▲ 울음주머니가 양쪽으로 부풀고 배가 홀쭉하다.

짝짓기

▲ 참개구리의 짝짓기는 반응에 민감하여 보통 짧은 시간에 이루어진다.(위: 수컷, 아래: 암컷)

Q 참개구리의 암수는 어떻게 구별할까

참개구리 수컷은 암컷과 달리 아래턱 양쪽에 울음주머니가 있으며, 번식기에 수컷 앞발가락에는 회색을 띤 생식혹이 생긴다. 이와 같은 참개구리의 암수 차이는 번식기에 분명하게 드러나 구별하기가 쉬우나 그 이후에는 좀처럼 구별하기가 어렵다.

▲ 울음주머니가 없다.

▲ 아래턱 양쪽에 검고 주름진 한 쌍의 울음주머니가 있다.

앞발가락

생식혹

▲ 번식기 앞발가락에 생식혹이 생기지 않는다.

▲ 번식기 앞발가락에 생식혹이 생긴다.

Q 참개구리의 천적에는 어떤 종류가 있을까

참개구리는 무당개구리나 두꺼비처럼 피부에서 독을 분비하지 않는다. 이런 이유 때문에 많은 천적들이 참개구리를 잡아먹는다. 또 참개구리 알과 올챙이는 소금쟁이, 게아재비, 장구애비, 물장군 등의 물속 천적에게 쉽게 잡아먹힌다. 성체 참개구리는 뱀, 너구리, 족제비 등의 육상의 천적은 물론 백로, 왜가리, 해오라기 등의 황새류, 그리고 붉은배새매, 조롱이, 새매 등의 먹이가 되어 생태적으로 먹이 피라미드를 유지하는 데 매우 중요한 동물군이다.

▲ 소금쟁이에 먹히는 참개구리 알

▲ 유혈목이에 잡아먹히는 참개구리

개구리를 사육하며 쉽게 관찰하는 방법

모 식물원 곤충 사육장에 화단을 조성하여 높이 30cm 정도의 투명 반구형 '클로쉐(Cloche)'를 설치하였다. 그리고 그 장치 아래에 유인 먹이를 놓자 냄새를 맡고 날아왔던 곤충들이 안쪽 반구에 부딪쳐 떨어지곤 하였다. 이때 참개구리와 두꺼비가 곤충을 먹기 위해 기다리고 있었는데, 서로 경쟁을 피하여 각기 다른 클로쉐 밑에서 꼼짝하지 않고 있었고, 사람이 가까이 가도 도망갈 줄 몰랐다. 이렇게 장치를 해 놓으면 가까이에서 쉽게 개구리, 두꺼비를 관찰할 수 있다.

▼ 투명 벨 모양의 클로쉐 밑에 떨어지는 곤충을 기다리고 있는 참개구리(9월)

▼ 떨어지는 곤충을 먹기 위해 기다리는 두꺼비(9월)

Q 참개구리는 자신이 산란할 민물을 어떻게 알고 찾아갈까

자신이 태어난 곳으로 돌아와 산란하고 서식지로 돌아가는 두꺼비나 무당개구리처럼 참개구리도 자신이 산란하고 살아가기 위한 장소(민물)를 신기하게 잘 찾아간다. 자신이 산란하고 살아갈 민물이 있는 장소를 어떻게 찾아갈 수 있는지에 대해서는 다양한 학설이 있는데, 그중 자기장에 의해서 찾아간다고 하는 학설(천체의 위치)과 번식 장소의 냄새, 습도, 지형 등을 인식하여 찾아간다고 하는 학설이 지지를 받고 있다. 그러나 어느 학설이 정확한지는 아직 알 수가 없다.

참개구리의 민물 탐지 능력을 알아보기 위해 참개구리를 채집하여 바닷가로 옮겨 방사하고 이동 방향을 관찰해 보면, 바닷가에 방사된 참개구리는 항상 바닷물을 피해 반대쪽으로 도망간다. 이전에 바닷물에 대한 경험이 전혀 없는 참개구리라 하더라도 결코 바닷물 쪽으로 이동하지 않는다. 참개구리가 이러한 행동을 보이는 데는 신체적·생리적 구조가 바닷물에서 살 수 없는 특성을 갖고 있으므로 선천적으로 바닷물을 회피하는 행동이 DNA에 내재되어 유전되어 왔다고 할 수 있다.

참개구리의 민물 탐지 능력 실험

▲ 바닷가에서 참개구리를 방사하고 있다.

▲ 참개구리는 바다 반대쪽인 소나무 숲으로 도망친다.

▶ 발달된 눈과 코로 번식 장소의 냄새, 지형 등을 인식하여 찾아간다는 설도 있다.

▼ 자신이 살아갈 민물을 잘 찾아가는 참개구리들

Q 참개구리의 평형 감각을 담당하는 기관은 어디일까

다른 고등 동물처럼 개구리도 평형 감각이 있을까? 경사가 심한 곳에서 위쪽을 향하여 앉아 있을 때, 아래쪽을 향하여 앉아 있을 때, 수평으로 앉아 있을 때 어떤 행동을 취할까? 이를 알아보기 위하여 다음과 같은 실험을 해 보았다.

첫째, 개구리를 널빤지에 올려놓고 위쪽으로, 수평으로, 아래쪽으로 경사를 변화시키자 개구리는 경사가 바뀔 때마다 다음과 같이 반응하였다.

▲ 수평 상태에서 앉아 있을 때의 자세

▲ 위쪽으로 경사가 심한 곳에 앉아 있을 때는 앞다리를 낮추고 머리를 숙인다.

▲ 아래쪽으로 경사가 심한 곳에 앉아 있을 때는 앞다리를 세우고 머리를 든다.

둘째, 개구리의 고막 안쪽에는 속귀(내이)가 있다. 개구리의 고막과 등 쪽의 정중선 사이를 바늘로 찔러서 속귀를 파괴한 다음, 앞에서와 같은 실험을 해 보았다. 그 결과, 속귀가 파괴된 개구리는 제대로 반응하지 못하였다. 이 실험으로 속귀가 평형 감각을 맡아 보는 기관임을 알 수 있다.

셋째, 개구리를 수조에 넣고 회전 운동을 시켜 보았다. 그러자 개구리는 머리를 회전 방향으로 돌리는 자세를 취하였고, 속귀가 파괴된 개구리는 아무 반응을 나타내지 않았다. 이 실험으로 속귀가 회전 감각을 맡아 보는 기관임을 알 수 있다.

금개구리

개구리과

- 학명 *Pelophylax chosenicus, Rana chosenica*
- 영명 Seoul frog, Korean golden frog
  Gold-spotted pond frog, Pond frog

별명 금줄개구리
크기 몸길이 3~6.5cm, 앞다리 길이 3cm, 뒷다리 길이 5.5cm
(몸길이 4.2cm의 경우)
분포 제주도를 제외한 한반도 전역(주로 서남부)

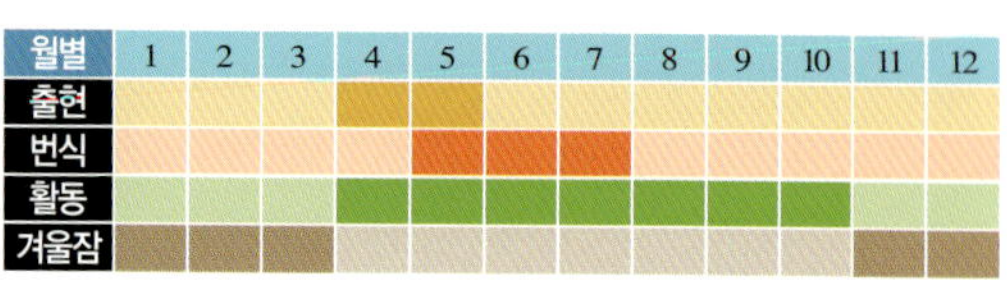

월별	1	2	3	4	5	6	7	8	9	10	11	12
출현												
번식												
활동												
겨울잠												

형태 참개구리와 모습이 매우 비슷하나 등이 밝은 녹색이고, 등 중앙에 줄이 없으며 등에 돌기가 없거나 점 모양의 돌기가 조금 있다. 등 양쪽에 2개의 굵고 뚜렷한 금색 줄이 솟아 있으며, 개체에 따라 금색 줄의 굵기가 조금씩 다르다. 배는 노란색을 띤다. 가을에 몸 색깔이 갈색으로 변하며, 이듬해 봄에 기온이 상승하면 몸 색깔은 다시 녹색으로 변한다.

습성 낮은 지대의 평야나 수로, 농경지에 산다. 낮은 지대 논밭 주변의 물웅덩이나 습지에서만 알을 낳는다. 생태는 참개구리의 경우와 거의 유사하지만, 번식 시기, 구애 음성(쪽–쪽–, 꾸우우욱, 쪽, 꾸우욱–) 그리고 물에서 거의 떠나지 않는 습성을 가진 점이 다르다. 금개구리가 살고 있는 지역에는 참개구리도 함께 살고 있어 두 종은 생태적으로 서로 경쟁 관계에 있다고 볼 수 있다. 한편 두 종류의 서식지가 겹치다 보니 잡종이 생기는 경우도 있다.

산란 5월 중순~7월 초순에 논의 수로나 웅덩이, 저수지의 수초 위에 20~50개로 된 알 덩이를 여러 차례에 걸쳐 이동하며 낳는다.

유생 몸 전체가 노란색 또는 금색 바탕을 이루고 등은 녹색, 암녹색, 암갈색이며 검은색 또는 금색의 작은 점이 흩어져 있다.

▲ 금개구리

[한국고유종, 멸종위기야생생물 Ⅱ급]

금개구리 생김새

몸 색깔

▲ 몸 전체가 금빛을 띠고 등에 점 모양의 돌기가 있다.

등

▲ 등은 녹색을 띠고 양쪽으로 금색 융기선이 있다.

배

▲ 참개구리와 달리 배 부위가 노란색을 띤다.

머리

▲ 고막과 울음주머니가 뚜렷하다.(수컷)

눈

▲ 밤의 눈 모양
동공이 커지고 홍채가 작아진다.

▲ 낮의 눈 모양
홍채가 커지고 동공이 작아진다.

금개구리 한살이

짝짓기

▲ 암컷과 수컷이 짝짓기를 한다.(5. 23.)

금개구리

▲ 금개구리 성체

산란

알

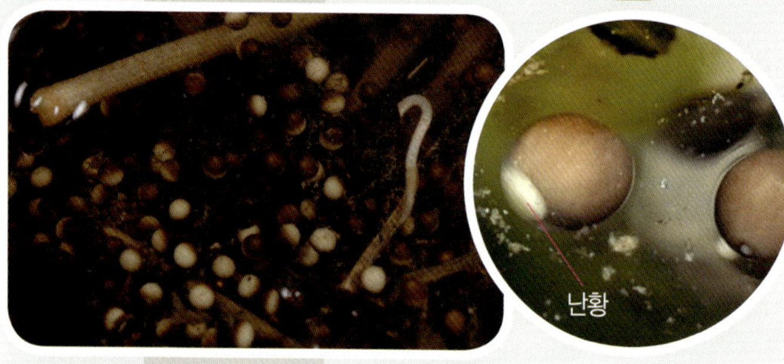

▲ 산란한 알 덩이(5. 29.)
흰색 부위가 식물극, 갈색 부위가 동물극이다.

◀ 흰 부분은 난황으로 알이 발생할 때에 필요한 양분을 공급해 준다.

알의 발생

▲ 알 덩이에서 빠져나오기 직전의 미아배

올챙이

▲ 알에서 갓 부화한 금개구리 올챙이(6월 초순)

▲ 꼬리가 짧아진 금개구리 올챙이(8. 14.)

▲ 긴 꼬리를 가진 금개구리 올챙이(8. 12.)

▲ 꼬리가 짧아지고 개구리 생김새가 나타나는 금개구리 올챙이

▲ 앞다리가 나오기 직전의 금개구리 올챙이

새끼 금개구리

▲ 꼬리가 짧아진 새끼 금개구리

▲ 뒷다리가 나온 금개구리 올챙이(7. 27.)
배가 불룩하고 꼬리지느러미와 뒷다리를 이용해 이동한다.

▲ 좀 더 자란 금개구리 올챙이(6. 9.)

▲ 뒷다리가 나오기 시작한 금개구리 올챙이(7. 12.)

Q 금개구리 이름은 어떻게 생겨났을까

금개구리는 등 부위의 바탕색이 금색이며, 눈 바로 아래에서 총배설강(항문)까지 두 줄의 금색 융기선이 있다. 뿐만 아니라 배 부위는 전체가 노란색으로 금빛이다. 이러한 연유로 '금개구리'라고 불리게 되었다.

▲ 등 부위의 양쪽 융기선이 금색을 띠고 있다.

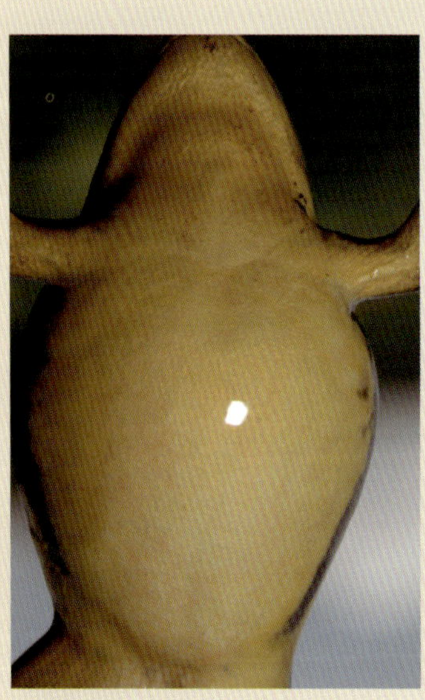

▲ 배 부위도 노랗다.(암컷)

▲ 배뿐만 아니라 앞뒤 다리도 노란색이다.

Q 금개구리는 어떤 보호색을 띨까

금개구리는 천적으로부터 자신을 보호하기 위하여 주변 색깔과 비슷하게 녹색과 갈색 등으로 보호색을 띠어 눈에 띄지 않도록 한다.

▲ 주변의 녹색과 비슷하게 보호색을 띤 모습(9월)

▲ 주변의 갈색과 비슷하게 보호색을 띤 모습(5월)

▲ 밝은 주변에 맞추어 보호색을 띤 모습(8월)

▲ 연잎의 녹색과 비슷하게 보호색을 띤 모습(8월 말)

▲ 자라풀, 개구리밥의 색깔과 비슷하게 보호색을 띤 모습(5월)

▲ 마름 위에서 녹색의 보호색을 띤 모습(8월 말)

Q 금개구리와 참개구리는 어떻게 구별할 수 있을까

금개구리와 참개구리는 사는 곳이 같고 크기와 모양이 비슷하여 보호색을 띠면 구별하기가 쉽지 않다. 또한 금개구리와 참개구리 사이에서 잡종도 생긴다고 알려져 있는데, 이 3종을 구별하는 방법을 알아보자.

금개구리는 등 양쪽에 금색 융기선이 있으며, 점 모양의 돌기가 있거나 없다. 또한 대부분의 금개구리는 배 부분이 노랗고, 등은 여름에는 연한 녹색, 가을에서 이듬해 봄까지는 진한 녹색을 띤다. 한편 참개구리는 배 전체가 흰색이고, 등 부위는 녹색 또는 갈색에 주둥이부터 총배설강에 이르기까지 중앙에 긴 무늬 선이 있으며 등에 길쭉길쭉한 돌기들이 나 있다.

» 금개구리와 참개구리의 형태 비교

▲ 등 양쪽에 금색 융기선이 뚜렷하며 점 같은 돌기가 있거나 없다.

▲ 등에 두 줄의 융기선이 있고 그 가운데에 줄무늬가 있다. 길쭉길쭉한 돌기들이 돋아나 있다.

▲ 노란색을 띤다.

▲ 흰색을 띤다.

금개구리와 참개구리의 올챙이 형태를 비교해 보면, 금개구리 올챙이와 참개구리 올챙이는 몸 색깔이 다르며, 금개구리는 꼬리지느러미에 금색 줄이 있는 반면 참개구리는 줄이 없다.

금개구리 올챙이

▲ 몸 색깔이 금색이며, 꼬리지느러미에 금색 줄이 있다.

참개구리 올챙이

▲ 몸 색깔이 흑갈색이며, 꼬리지느러미에 금색 줄이 없다.

Q 금개구리와 참개구리 잡종은 어떤 특징이 있을까

잡종은 다른 종 사이에 짝짓기 하여 태어난 자손을 말한다. 참개구리와 금개구리, 계곡산개구리와 북방산개구리, 청개구리와 수원청개구리 사이의 잡종이 알려져 있으며, 잡종 또한 번식을 하는 경우도 많이 알려져 있다. 외국에는 13대까지 세대를 관찰하여 통계를 낸 결과, 세대가 내려갈수록 번식률이 떨어진다는 내용의 논문도 있다.

금개구리는 참개구리와 형태 및 서식 환경이 비슷하여 참개구리의 아종(亞種)으로 분류되었으나 등 면 융기선의 뚜렷한 차이로 Shannon(1956)에 의해 별종으로 기재되었다. 그 후 두 종은 형태, 유전자, 구애 음성 및 번식 시기 등에 뚜렷한 차이를 보여 새로운 종으로 재확인되었다.

대부분의 금개구리 서식지에서 참개구리가 관찰되며, 두 종간의 잡종 개체도 많이 관찰된다. 참개구리의 산란 시기는 금개구리보다 한두 달 빠르게 시작되나 금개구리와 중복되는 경우도 있다. 금개구리와 참개구리의 종간 잡종은 몸 색깔이 금빛을 띤 녹색에 등 부위의 양쪽 굵은 융기선과 배 부위의 노란색은 금개구리를 닮았고 등 부위의 가운데 선은 참개구리를 닮았다. 그러나 양쪽 융기선이 없는 종류도 있다.

▲ 금개구리와 참개구리의 잡종
참개구리를 닮은 등의 길쭉길쭉한 돌기와 금개구리를 닮은 양쪽의 굵은 융기선을 지녔다.

» 금개구리와 참개구리 잡종의 특징

금개구리	잡종	참개구리
등 양쪽에 굵은 융기선이 있다.	융기선이 있으나 굵지 않다. 등 가운데에 선이 흐릿하게 있다.	등 가운데에 뚜렷한 선이 있다.
노란색	노란색	흰색

Q 금개구리는 어떻게 헤엄을 잘 칠 수 있을까

금개구리는 몸이 평평하여 물에 잘 뜰 수 있고, 또 뒷다리의 발가락 사이에 물갈퀴가 발달되어 있어 헤엄을 잘 칠 수 있다.

▲ 몸을 평평하게 펴고 앞다리를 아래로, 뒷다리를 뒤로 뻗어 균형을 잡고 물에 잘 뜰 수 있다.

▲ 참개구리보다는 못하지만 뒷다리의 근육이 발달되어 있다.

▲ 뒷다리의 발가락 사이에 물갈퀴가 발달되어 있어 물을 뒤로 밀어낼 수 있다.

▲ 헤엄치는 모습

금개구리 올챙이

◀ 올챙이는 꼬리가 길게 수직으로 늘어져 있어 물에서 나아갈 때 방향을 잘 잡을 수 있다.

Q 금개구리는 왜 멸종 위기종으로 지정되었을까

예전에는 금개구리의 서식지가 서울, 인천, 경기, 충남, 전라도, 부산 등 남한에 넓게 분포되었으나 최근 조사에 의하면, 부산에서는 서식이 확인되지 않고 있다. 그 이유는 금개구리는 농지 등 주로 낮은 지대의 습지에서 사는 특성이 있는데, 각종 개발과 수질 오염으로 인한 서식지 파괴의 영향을 직접적으로 받기 때문이다.

즉, 금개구리의 서식지인 논이나 저습 지대는 주택이나 공장 단지 또는 도로 등으로 개발되고 있고, 농약 등에 의한 수질 오염, 농기계를 이용한 농법, 모내기 이전까지 논을 바짝 말렸다가 모내기 직전 농약을 살포하고 모내기를 하는 농사 방식에 의해 개체 수가 크게 감소하고 있다. 이러한 현상은 참개구리, 청개구리 등 논에 의존하여 살아가는 종들도 마찬가지이다. 그리고 금개구리는 논둑의 진흙에서 겨울잠을 자는데, 논둑의 변화 또한 큰 영향을 주고 있다.

금개구리 서식지

▲ 금개구리 서식지인 낮은 지대의 습지

▲ 습지에는 먹이가 되는 수서 곤충이 많고, 몸을 숨길 수 있는 수생 식물도 많아 서식지로 적합하다.

금개구리가 백로, 황소개구리의 먹이가 되는 것도 감소의 원인이 된다. 더욱이 금개구리는 참개구리에 비하여 점프력이 약하고 사냥 실력도 떨어질 뿐만 아니라, 이동성이 매우 낮아 서식 환경이 나빠지면 적응력이 떨어져 살아남기가 어렵다. 이에 따라 금개구리의 개체 수가 급격하게 줄어들고 있으므로 환경부에서는 멸종 위기종으로 지정하여 보호하게 되었고 복원 연구도 진행하고 있다. 정부는 특정 야생 동식물 보호의 일환으로 1995년에 금개구리 우표를 발행하여 금개구리 보존에 대한 홍보 노력을 기울이기도 하였다.

금개구리 개체 수의 감소 원인

▲ 금개구리는 서식지를 잘 옮기지 않는 특성이 있어 서식지가 오염되면 살기가 힘들다.

▲ 물속 환경에 적응된 금개구리도 직각 콘크리트 벽 수로에서는 살아남기가 어렵다.

▲ 가까이 가도 피하지 않아 천적에게 잘 잡아먹힌다.(수련 잎에 앉아 있는 금개구리)

▲ 금개구리는 백로, 황소개구리 등의 먹이가 된다.

금개구리 보존에 대한 홍보

▲ 야생 동식물 보호의 일환으로 특별 발행된 금개구리 우표

옴개구리

개구리과

- 학명 *Glandirana rugosa*, *Rana rugosa*
- 영명 Rough-skinned frog, Wrinkled frog, Imienpo station frog

별명 주름돌기개구리
크기 몸길이 암컷: 4.5~6cm, 수컷: 3~4.7cm, 앞다리 길이 3~4cm, 뒷다리 길이 8~10cm(몸길이 5.3cm의 경우)
분포 우리나라 제주도를 제외한 전역. 일본, 중국, 러시아

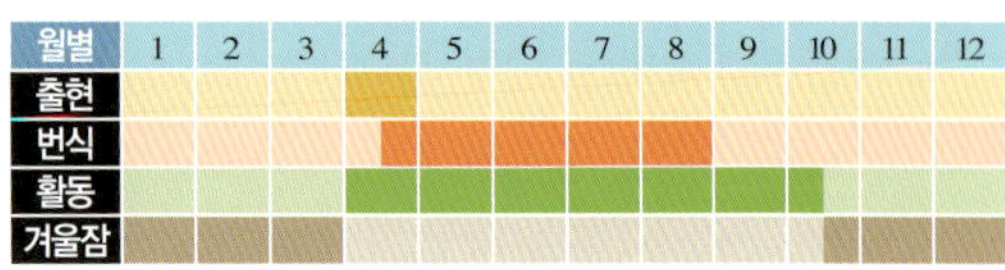

월별	1	2	3	4	5	6	7	8	9	10	11	12
출현												
번식												
활동												
겨울잠												

형태 등은 진한 갈색 또는 회색을 띠고, 배를 제외한 몸 전체에 돌기가 있다. 등의 돌기는 길쭉하고 몸통 옆면의 돌기는 좁쌀과 모양이 비슷하다. 배의 위쪽은 흰색 또는 회백색을 띠고 아래쪽은 노란색을 띠며 다리 안쪽 면은 진한 노란색을 띤다. 목덜미에서 배, 다리까지 검은 반점이 나 있다. 수컷은 울음주머니가 없어 후두기관으로 작은 울음소리를 낸다. 손으로 만지면 피부와 돌기에서 점액질을 분비하는데, 자극적인 냄새가 나며 독성이 있다. 옴개구리는 새끼 두꺼비와 생김새가 비슷하나 귀밑샘이 없고 뒷다리가 긴 것이 차이가 난다.

습성 주로 평지나 얕은 산지, 하천, 저수지 등의 물가에 살고, 산개구리와 같이 물속에서 겨울잠을 잔다. 수질 오염에 내성이 강하여 산간 계곡의 맑은 물에서부터 낚시터, 저수지, 3~4급수의 하천까지 서식한다. 곤충, 곤충의 애벌레, 지렁이, 거미 등을 잡아먹는다.

산란 웅덩이나 농수로, 하천의 가장자리에 산란한다. 주로 수생 식물의 잎이나 줄기 등에 수십 개의 알 덩이 모양으로 서너 차례에 걸쳐 낳아 붙이며, 암컷의 연령에 따라 800~1,300여 개의 알을 낳는다.

유생 등은 황갈색으로 작은 검은색 반점이 흩어져 있고, 배는 누런색 또는 황백색으로 불투명하다.

▲ 옴개구리(수컷)

옴개구리 생김새

몸 색깔

▲ 몸은 진한 갈색을 띠고 검은 반점이 있다.

몸 크기

▲ 암컷(오른쪽)이 수컷(왼쪽)보다 훨씬 크다.(짝짓기 한 암수)

머리

▲ 콧구멍, 눈, 고막이 뚜렷하다.

피부

▲ 피부에 돌기가 있고, 이 돌기에서 독성 물질이 나온다.

등

▲ 등에 길쭉한 돌기가 있고, 몸통 옆면에는 좁쌀 같은 돌기가 있다.(수컷)

배

▲ 배는 매끈한 편이나 검은색 반점이 흩어져 있다.(번식기 암컷)

옴개구리 한살이

짝짓기

▲ 암컷과 수컷이 짝짓기를 한다.(5월)

옴개구리

▲ 옴개구리 성체(9월)

산란

▲ 물풀의 잎줄기에 붙여 산란하며, 30~60개의 알을 여러 곳에 분산하여 산란하는 특성이 있다.(5월)

알

▲ 산란 직후 옴개구리 알의 크기는 지름 1.8mm 정도이다.

알의 발생

▲ 올챙이 모양으로 발생하고 있다.

올챙이

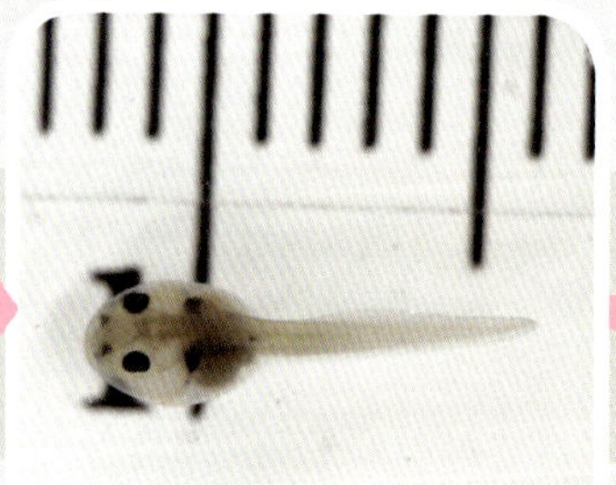

▲ 부화한 지 1개월 된 옴개구리 올챙이
몸길이 9mm 안팎으로, 배가 투명하여 눈금자가 보일 정도이다.(7월)

▲ 좀 더 자란 옴개구리 올챙이
몸 색깔이 초기에는 옅고 투명하다가 좀 더 자람에 따라 흑갈색으로 변한다.

▲ 꼬리가 짧아진 옴개구리 올챙이(9월)

▲ 꼬리가 거의 없어진 새끼 옴개구리. 몸통이 길쭉한 삼각형이다.

▲ 성체를 닮아 가는 새끼 옴개구리

▲ 성숙한 옴개구리 올챙이
몸 전체에 흑갈색 얼룩무늬가 있고 눈 주위와 꼬리 사이에 노란 띠가 있다.(8월)

▲ 앞뒤 다리를 갖춘 옴개구리 올챙이
네 다리와 꼬리를 이용하여 물속을 활발하게 헤엄치고 있다.

▲ 앞다리가 빠져 나온 옴개구리 올챙이
앞다리는 안쪽에서 만들어져 갑자기 밖으로 빠져나온다.

▲ 앞다리가 나오기 직전의 옴개구리 올챙이
뒷다리가 매우 길고 몸통이 둥근 상태로 앞다리가 나오기 직전의 모습이다.

▲ 뒷다리가 나온 옴개구리 올챙이
꼬리에 멜라닌 색소가 흩어져 있다.

Q 늦게 부화한 옴개구리 올챙이는 추운 겨울을 어떻게 보낼까

옴개구리는 산란 기간이 4~8월로 비교적 길다. 따라서 산란이 늦게 이루어지면 부화한 올챙이는 그 상태로 해를 넘겨 그 이듬해에 새끼 개구리로 탈바꿈한다. 겨울철에 겨울잠을 자고 있는 올챙이에서 뒷다리는 있으나 앞다리는 없는 것이 관찰되곤 한다. 실제로 체험했던 내용을 간략하게 정리해 보면 다음과 같다.

2014년 5월 11일 경기도 화성시 기천저수지 낚시터에서 옴개구리 2쌍을 채집하여 사육하던 중, 한 쌍은 학교 옥상의 수조에서 산란하였고, 나머지 한 쌍은 산란하지 못하여 학교 연못에 넣었다. 그런데 7월 어느 날 연못 수초에서 올챙이로 부화한 것을 관찰하였다(2014. 7. 2.). 이 개체들 중 일부를 아파트 베란다에 있는 수조에서 사육하였는데, 그해에 탈바꿈하지 못하고 올챙이 상태로 겨울을 난 뒤 다음 해에 새끼 개구리로 탈바꿈하는 것을 관찰하였다.

▲ 어미 옴개구리와 산란한 수많은 알들

▲ 늦게 산란된 알은 올챙이 상태에서 겨울잠을 자고 다음 해에 새끼 개구리로 탈바꿈하기도 한다.

Q 옴개구리 앞다리는 왜 몸 안에서 자랄까

개구리의 탈바꿈 과정은 물속 생활에서 육상 생활로의 변화에 적응하기 위해 몸이 변화하는 과정이다. 육상 생활을 잘하기 위해서는 앞뒤 네 다리가 있어야 유리하다. 그런데 옴개구리뿐만 아니라 모든 개구리의 뒷다리는 몸 밖에서 자라는 것을 볼 수 있는데, 앞다리는 보이지 않다가 어느 순간에 갑자기 보인다. 개구리는 몸통과 뒷다리가 충분히 자란 후에 앞다리가 나와 육지 생활에 대비한다. 만일 뒷다리와 몸통이 미숙할 때 앞다리가 나온다면 앞다리는 물속 생활에 방해가 될 것이다. 따라서 앞다리는 몸 안에서 만들어져 육상 생활로 전환하기 직전에 몸 밖으로 빠져 나온다.

앞다리가 빠져나오는 과정

▲ 뒷다리가 다 자랐는데도 앞다리는 아직 나오지 않았다.

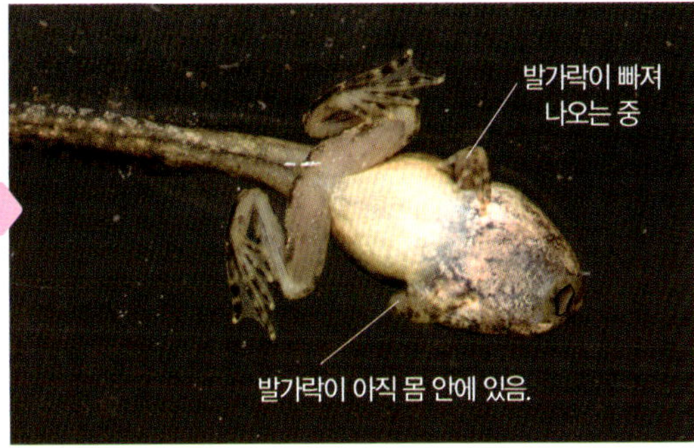

▲ 오른쪽 앞다리가 빠져나오는 모습. 왼쪽 앞발가락은 아직 몸 안에 있다.

▲ 앞다리는 몸 안쪽에서 자란 후 하루 만에 빠져나온다.

▲ 앞다리가 나온 올챙이. 앞다리가 몸 안에서 자라 밖으로 빠져나온 것으로 추정되는 구멍이 보인다.

탈바꿈 과정 중의 옴개구리

Q 막 탈바꿈한 새끼 옴개구리가 물에 빠져 죽는 이유는 무엇일까

올챙이에서 개구리로 막 탈바꿈한 새끼 옴개구리가 물에 빠져 죽은 것을 간혹 볼 수 있다. 옴개구리는 항상 물과 접해 사는 종류이므로 물에 빠져 죽는 것은 이해가 되지 않는다. 그러나 막 탈바꿈을 마친 새끼 옴개구리는 네 다리가 아직 잘 발달하지 못하여 장애물이 있으면 물 밖으로 나오기가 어렵다. 새끼 옴개구리는 올챙이 때의 아가미 호흡에서 폐 호흡으로 바뀌었기 때문에 물 밖으로 나오지 못할 경우 호흡 곤란으로 물에 빠져 죽을 수 있다.

▲ 올챙이 때는 물에서 생활하며 아가미 호흡을 한다.

▲ 탈바꿈을 하여 폐 호흡으로 바뀐 새끼 옴개구리가 물 밖으로 나오지 못하면 물속에서 호흡 곤란으로 죽을 수 있다.

Q 옴개구리는 어떤 환경에서 어떻게 살까

옴개구리는 계곡과 물웅덩이, 저수지 주변의 바위와 낙엽, 물 등을 잘 활용하여 천적을 피할 뿐만 아니라 체온 유지와 먹이 활동, 수분 조절을 하며, 5~8월에 웅덩이나 농수로, 하천 주변에 산란한다. 10월이면 계곡과 하천의 물 흐름이 느리고 깊은 물속의 돌, 바위 아래에서 겨울잠을 자며, 육상에서 활동하는 거미류, 날도래, 파리, 벌, 귀뚜라미와 같은 곤충류를 주로 잡아먹고 산다.

체온 유지

▲ 옴개구리는 기온이 낮으면 여러 마리가 모여 몸을 보온한다.

▲ 온도가 올라가면 몸의 일부를 물속에 담가 열을 식힌다.

겨울잠

▲ 돌 틈에서 겨울잠을 자는 옴개구리. 순막(눈꺼풀)이 아래에서 위로 올라가 있다.

사는 곳

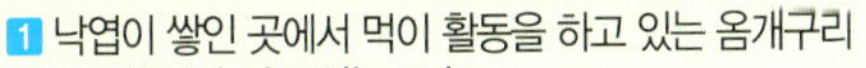
1 낙엽이 쌓인 곳에서 먹이 활동을 하고 있는 옴개구리
2 바위틈에서 쉬고 있는 모습
3 연못의 물풀 사이에서 체온 조절을 하며 쉬는 모습

Q 옴개구리의 독성은 얼마나 강할까

과거에는 개구리가 보신과 정력에 좋다는 근거 없는 소문으로 개구리를 먹고 사망하거나 중독을 일으키는 사건이 농촌에서 간혹 일어나곤 했다. 그중 옴개구리에 관한 다음 사례를 살펴보면 독성이 어느 정도인지 짐작할 수 있다.

1997년 5월에 경기도 남양주시에 살고 있는 최○○씨(당시 52세)가 한 개울가에서 옴개구리 9마리를 기름에 튀겨 먹은 후 고칼륨혈증에 의한 심장부정맥으로 사망한 사건이 일어났다. 최 씨는 옴개구리를 튀겨 먹고 심한 복통과 구토, 설사 그리고 몸에 마비가 왔으며, 얼굴과 배가 붓고 피부가 검게 변했다고 한다. 바로 병원을 찾았으나 고칼륨 증상과 함께 심장 박동이 급격히 느려지면서 하루를 못 넘기고 사망했다고 한다.

최 씨가 개구리를 먹고 사망한 것은 옴개구리 피부의 작은 돌기에 있는 독샘에서 분비되는 치명적인 독성 물질인 'DLC: 디지털리스' 때문이라고 한다. 이 물질이 체내에 들어가면 심장 박동에 이상을 일으키고 인체 전해 물질인 칼륨 농도를 떨어뜨리면서 심장과 간에 치명적인 손상을 일으켜 사망에 이르게 할 수 있다고 한다. 〈출처: 경향신문(1997. 5. 20.)〉

이와 같이 옴개구리의 독성은 치명적이므로 절대 먹어서는 안 된다. 이 밖에도 독성이 있는 개구리로는 두꺼비, 물두꺼비, 무당개구리가 있다.

옴개구리의 독

▲ 옴개구리를 맨손으로 만지면 아린 느낌을 받는다.

▲ 옴개구리의 피부 돌기 부분을 만지면 두드러기가 생기는 증세를 일으킬 수 있다.

Q 옴개구리는 천적으로부터 어떻게 자신을 보호할까

옴개구리는 주로 물에서 생활한다. 다른 개구리처럼 보호색을 띠거나 점프를 하고, 돌 틈이나 낙엽 등에 잘 숨으며 한번 잠수하면 오랫동안 나오지 않는다. 또 물속에서 헤엄을 잘 칠 수 있도록 뒷다리에는 물갈퀴가 발달되어 있다. 그리고 피부 돌기에는 독샘이 있어 자신을 방어할 수 있다.

보호색 띠기

▲ 짝짓기 한 암수의 몸 색깔은 물과 거의 비슷한 색깔로 변화하여 천적으로부터 보호받는다.

▲ 올챙이 시기에도 물 속의 돌과 비슷한 색깔을 띠어 천적의 눈을 피한다.

헤엄쳐 도망치기

▲ 옴개구리는 땅과 물속에서 천적으로부터 빨리 도망치기 위하여 뒷다리에 근육과 물갈퀴가 발달되어 있다.

▲ 옴개구리를 비롯한 양서류는 물안경에 해당하는 얇고 투명한 순막(눈꺼풀)으로 덮여 있어 눈을 보호하고 앞을 잘 볼 수 있다.

숨기

◀ 돌 틈이나 낙엽 등에 숨어 천적을 피한다.(낙엽 밑에 숨은 옴개구리)

Q 옴개구리의 암수는 어떻게 구별할까

옴개구리는 암컷이 수컷보다 몸집이 더 크다. 수컷은 앞발가락에 뚜렷한 암회색 생식혹이 있고, 목 안쪽에 울음주머니가 있다. 옴개구리 수컷은 낮에는 풀잎 뒤에서 우는 일이 많고, 밤에는 물가에 나와서 운다. 옴개구리는 다른 개구리와 달리 우는 소리가 다양해서 "꼬옥-꼬옥-꼭", "꾸우우욱, 꾸욱꾸욱" 또는 "으르르르, 으르르르"와 같은 소리를 내며 연속적으로 운다.

▲ 암컷이 수컷보다 크다.(짝짓기 하는 암수)

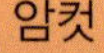

	암컷	수컷
앞발가락	 ▲ 발가락에 생식혹이 없고 가늘다.	 ▲ 번식기 앞발가락에 굵은 생식혹이 생긴다.
배와 다리	 ▲ 목 아래에 노란색과 흰색 반점이 있고, 배 아래쪽과 다리에는 노란색 바탕에 얼룩 반점이 있다. 산란 후 배가 홀쭉하고, 앞다리와 뒷다리 사이의 간격이 길다.	 ▲ 목 아래가 어두운 회색이며, 배와 다리 쪽에는 노란색 바탕에 큰 얼룩 반점이 깔려 있다. 배가 불룩하고 앞다리와 뒷다리 사이의 간격이 짧다.

▲ 울음주머니가 있다.

황소개구리

개구리과

- 학명 *Lithobates catesbeianus*, *Rana catesbeiana*
- 영명 American bull frog, Bull frog

별명 식용개구리, 소개구리(북한), 왕개구리(북한)
크기 몸길이 11~18cm, 앞다리 길이 8~9cm, 뒷다리 길이 20~25cm
분포 우리나라 강화도, 제주도 등의 섬 지방을 포함한 전역. 미국, 멕시코, 일본, 타이, 프랑스 등

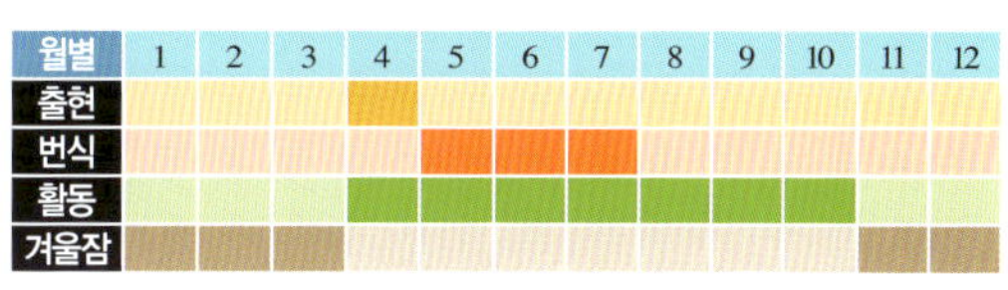

월별	1	2	3	4	5	6	7	8	9	10	11	12
출현												
번식												
활동												
겨울잠												

형태 몸이 매우 크고 앞다리에 비하여 뒷다리가 매우 길며, 뒷발에 물갈퀴가 잘 발달되어 있다. 몸 색깔은 환경에 따라 변이가 심하다. 등은 녹색, 암녹색, 암갈색, 황갈색이고 암갈색 반점이 흩어져 얼룩무늬를 띤다. 배는 흰색, 황백색 바탕에 검은색 무늬가 흩어져 있다. 고막은 뚜렷하고 수컷이 암컷보다 크다.

습성 저수지, 늪 또는 하천 중·하류 지역의 수초가 무성한 물가에서 산다. 다른 개구리보다 성장 속도가 빨라 알에서 새끼 개구리가 될 때까지 105일 정도 걸리며, 늦게 산란된 알은 1년 정도 걸린다. 수온이 10℃ 이하로 내려가면 땅속이나 저수지 바닥의 돌 밑에서 겨울잠을 잔다. 물고기, 다른 종류의 개구리, 곤충 등 다양한 먹이를 먹으며 작은 뱀도 잡아먹을 만큼 식욕이 왕성하다.

산란 5~7월 수온이 23℃에 가까울 때 새벽에 산란하며, 알의 수는 6,000~40,000개로 다른 종에 비하여 상당히 많다.

유생 몸집이 매우 크다. 등은 황갈색, 암갈색이고 배는 누런색이다. 5월에서 6월 초에 부화한 올챙이는 9~10월경에 개구리로 탈바꿈하지만, 늦게 부화한 올챙이는 겨울을 올챙이 상태로 물속에서 지내고 다음 해 봄에서 초여름에 개구리로 탈바꿈한다. 수초, 올챙이, 알 등을 먹으며 1년 이상을 올챙이로 산다.

▲ 황소개구리

[생태계교란야생생물]

황소개구리 생김새

피부

▲ 배 면을 제외한 전체에 작고 둥근 돌기가 불규칙하게 나 있다.

등

▲ 등은 녹색 바탕에 큰 황갈색 반점이 있다.

배

▲ 배는 흰색 또는 황백색을 띤다.

눈

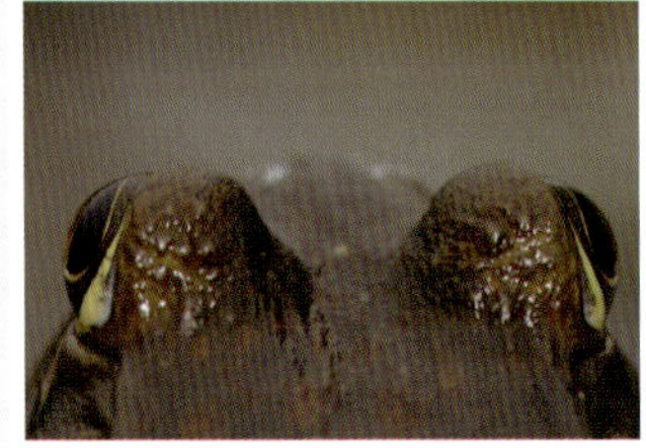

▲ 눈이 튀어나왔다.

▲ 순막이 눈을 덮어 물안경처럼 보호한다.

▲ 동공은 검고 홍채는 황금색을 띤다.

고막

▲ 수컷은 고막이 눈보다 1.5~2배 더 크다.

▲ 암컷은 고막이 눈보다 약간 크다.

앞뒤 다리

▲ 앞발가락에 굵은 생식혹이 발달된 수컷

▲ 뒷다리의 물갈퀴(수컷)

▲ 앞다리에 비해 뒷다리가 매우 길다.(암컷)

▲ 앞뒤 다리와 물갈퀴(암컷). 다리는 노란색 바탕에 줄무늬가 있다.

황소개구리 한살이

짝짓기

▲ 수컷이 암컷에게 접근하고 있다.(5~6월)

▲ 수컷이 울음주머니로 구애 울음소리를 내고 있다.

산란

▲ 수초에 넓게 펼쳐 최대 4만 개 정도의 알을 낳는다.(5~6월)

알

▲ 황소개구리 알

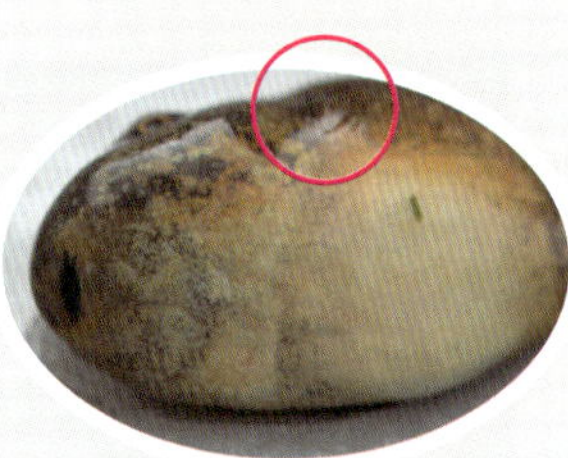

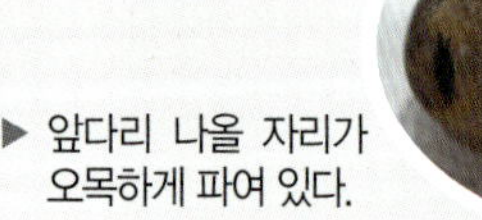

▶ 앞다리 나올 자리가 오목하게 파여 있다.

올챙이

▲ 몸길이가 8cm 정도나 되는 황소개구리 올챙이(3월)

▲ 뒷다리가 몸 안에 있는 황소개구리 올챙이(6. 20.)

▲ 꼬리가 없어진 새끼 황소개구리

▲ 꼬리가 거의 없어진 새끼 황소개구리

황소개구리

▲ 황소개구리 성체

▲ 꼬리가 짧아진 새끼 황소개구리

새끼 황소개구리

▲ 꼬리가 자란 새끼 황소개구리

▲ 뒷다리가 나오기 시작한 황소개구리 올챙이

▲ 몸 안에서 앞다리가 자라고 있는 황소개구리 올챙이

▲ 앞다리가 나온 황소개구리 올챙이

Q 황소개구리 이름은 어떻게 생겨났을까

겨울잠에서 깨어난 황소개구리는 근처의 산란장으로 모여든다. 수컷의 울음주머니는 인두에 있으나, 입안에서 소리를 내므로 황소 울음소리처럼 들린다. 번식기에 수컷은 목 밑의 노란 큰 울음주머니와 몸통을 부풀려 황소 울음과 같은 소리를 내면서 암컷 주위를 맴돈다.

이와 같이 수컷은 "에음–, 에음–, 에음–" 하고 마치 소의 울음소리와 같이 매우 크고 일정한 간격을 두고 지속적으로 운다고 해서 영명으로 'American bull frog'라고 한다. 즉, 'bullfrog'의 'bull(황소)'에서 황소개구리 이름이 유래했다.

▲ 암컷을 향해 황소 울음소리를 내며 다가가는 황소개구리 수컷

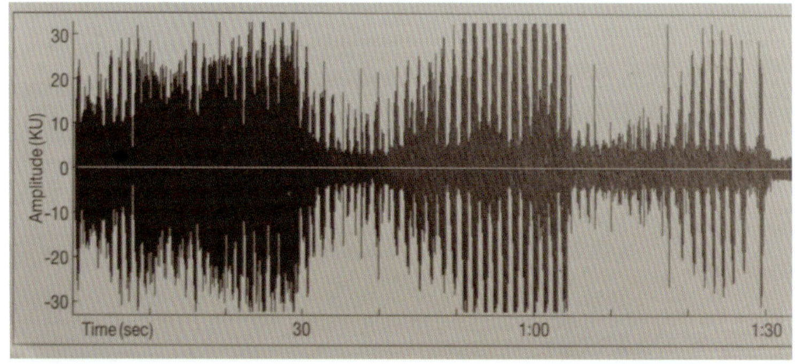

▲ 황소개구리 울음소리의 90초간 진폭 변화를 나타낸 음향 그래프 〈출처: 한국의 개구리 소리〉

Q 황소개구리가 어떻게 우리나라에서 살게 되었을까

황소개구리는 남아메리카는 물론 북아메리카 전역에 분포하고 있다. 우리나라는 1971년 식량이 부족했던 시절에 국민들의 단백질 공급을 위해 일본에서 황소개구리를 들여왔다. 우리나라에 들어온 이후 황소개구리는 급속도로 퍼져 저수지 및 웅덩이에 널리 분포하게 되었다.

▲ 황소개구리가 서식하는 저수지(경기도 평택)

▲ 저수지에 살고 있는 황소개구리

▲ 밤에 수초 사이에 숨어 있는 황소개구리

Q 황소개구리는 우리나라 토종 개구리보다 얼마나 클까

황소개구리와 토종 개구리의 몸길이와 몸무게를 비교해 보면, 황소개구리의 몸길이는 옴개구리, 참개구리, 북방산개구리보다 약 3~5배 정도 길고 몸무게는 약 10~40배 정도 더 무겁다.

▼ 황소개구리와 토종 개구리의 크기 비교

종류	몸길이(cm)	몸무게(g)	
		생식 가능	평균
황소개구리(*Lithobates catesbeianus*)	12~20	100 이상	280
참개구리(*Pelophylax nigromaculatus*)	6~9	20 이상	28.2
북방산개구리(*Rana dybowskii*)	4~7	10.3 이상	15.6

〈출처: 김헌규(1972). 이대 논총.〉

▲ 황소개구리 몸무게는 참개구리 몸무게의 10배나 된다.

▲ 황소개구리 올챙이가 참개구리 올챙이보다 훨씬 크다.

Q 황소개구리의 암수는 어떻게 구별할까

황소개구리 암수는 번식기에 뚜렷이 구별되는데, 수컷은 암컷과 달리 발가락에 생식혹이 생기며, 암컷에 비해 수컷의 고막 크기가 훨씬 크다.

▲ 진한 노란색 바탕에 검은 반점이 있다.

▲ 흰색 바탕에 검은 망상 무늬가 있다.

▲ 앞발가락 부위가 노랗고 생식혹이 발달하여 두껍다.

▲ 앞발가락 부위가 노랗고 가늘다.

▲ 눈과 비교했을 때 고막이 훨씬 크다.

▲ 눈과 비교했을 때 고막이 약간 크다.

Q 황소개구리의 먹성이 생태계에 어떤 영향을 미칠까

황소개구리는 몸길이 11~18cm, 뒷다리 길이 20~25cm, 몸무게 400~550g에 달하는 대형종으로 머리 부분이 넓고 편평하며 입이 매우 크다. 혀는 다른 개구리와 마찬가지로 길고 두 갈래로 살짝 갈라져 있다. 긴 혀는 입안으로 접혀 있기 때문에 먹이를 향해 재빠르게 내밀 수 있다. 그리고 혀끝은 침에 의해 끈적끈적하다.

황소개구리는 주로 수초가 많은 큰 저수지나 웅덩이에 숨어 있다가 다가오는 먹잇감을 잡는다. 황소개구리가 먹이에 접근해서 응시하다가 긴 혀를 내밀어 먹이를 낚아채는 데 단 0.2~0.3초밖에 걸리지 않는다. 살아 움직이는 곤충과 물고기, 개구리(소형)와 올챙이, 조개류 등을 잡아먹는데, 죽은 개체를 먹지 않는 것은 상한 먹이를 먹지 않기 위한 것이다. 올챙이 때에는 해캄과 같은 녹조류나 수초의 어린 싹, 낙엽, 지푸라기 등을 먹는다. 황소개구리는 곤충은 물론 토종 물고기와 개구리, 심지어 작은 뱀이나 포유류, 조류 등을 마구 잡아먹어 한때 큰 사회적인 문제가 되기도 하였다.

황소개구리의 먹이 종류

①, ③ 개구리 올챙이, ② 민물새우, ④ 다슬기, ⑤ 물잠자리 애벌레

▲ 그물에 잡힌 황소개구리 올챙이들
저수지와 인접한 웅덩이의 개체를 그물로 잡아 조사한 결과, 물고기는 전혀 없고 황소개구리 올챙이만 가득했다.(왼쪽: 큰 개체는 지난 해 부화한 올챙이, 작은 개체는 올해 부화한 올챙이. 오른쪽: 개구리로 탈바꿈하는 과정 중의 올챙이들)

Q 황소개구리가 정말 뱀을 잡아먹을 수 있을까

황소개구리는 미각이나 후각이 둔한 편이다. 따라서 시각을 이용하여 눈앞에 움직이는 물체가 보이면 덥석 물어 삼킨다. 입안의 앞쪽에 붙어 있는 혀를 내밀었다가 교묘하게 뒤집어 입안으로 끌어넣는다. 한편 물속에서 먹이를 잡을 때는 앞다리를 사용한다.

몸집이 큰 황소개구리는 움직이는 것에 대한 탐식성 때문에 어린 뱀을 충분히 잡아먹을 수 있다. 그러나 큰 뱀은 오히려 황소개구리 성체를 포식할 수 있다. 이것은 왕잠자리 애벌레가 개구리 올챙이를 잡아먹지만, 올챙이가 탈바꿈하여 개구리로 성장한 이후에는 반대로 물가로 날아온 왕잠자리를 낚아채는 것과 같은 현상이다. 이와 같이 자연계에서는 항상 힘의 논리로 먹이 사슬이 이루어지고 있다.

▲ 숨어서 먹이를 기다리는 황소개구리
황소개구리는 움직이는 물체를 무조건 입속에 넣는 특성이 있다.

틈새 정보

황소개구리의 '위' 내용물 조사 연구 결과

- 황소개구리 76마리의 먹이 생물의 총 개체 수는 547개체로 확인되었다. 성체 한 마리가 가장 많이 섭식한 먹이 생물의 개체 수는 최고 60개체였다.
- 곤충의 유충과 성충이 320개체로 58.5%, 복족류가 69개체로 12.6%, 어류는 56개체로 10.2% 순으로 많이 포식하였다.
- 황소개구리 성체가 포획한 양서류 중에는 황소개구리 올챙이와 몸집이 작은 황소개구리 성체도 많이 있어서 주위에서 움직이는 것은 무엇이든 먹는다는 것을 알 수 있었다.
- 양서류의 천적으로 알려져 있는 뱀도 1개체 섭취하였다.

위 내용을 분석해 보면 외래종인 황소개구리는 탐식성이 강하며, 생태계의 먹이 사슬 상위 수준인 파충류를 섭취할 수 있는 것으로 보아, 충분히 기존의 생태계를 교란시킬 수 있을 것으로 판단된다. 〈출처: 제42회 전국과학전람회 입상 논문(정회함, 박용오)〉

Q 민첩한 황소개구리를 어떻게 잡을 수 있을까

황소개구리는 민첩하고 점프를 잘하기 때문에 잡기가 어렵다. 그렇다면 황소개구리를 잡으려면 어떻게 하면 될까? 다음과 같은 몇 가지 방법이 있다.

① 통발형 그물을 물속 수초 사이나 수초 밖에 설치하는 방법
② 낚시를 이용하는 방법
③ 덫을 설치하여 잡는 방법
④ 스티로폼에 여러 개의 낚싯바늘을 매달아 잡는 방법
⑤ 오지창을 이용하는 방법

이 중 편리한 방법을 선택할 수 있으나, 황소개구리의 비교적 시각이 발달하고 소리에 민감하며, 움직이는 것은 무조건 먹이로 인식하는 습성과 따뜻한 햇볕을 받기 위해 땅 위로 올라와 생활하는 습성 등을 잘 활용할 필요가 있다. 또한 낮에 물이 맑을 때보다는 물이 흐릴 때 더 잡기가 쉽고, 밤에도 달이 밝게 비칠 때보다는 달빛이 없거나 약할 때 더 많이 잡을 수 있다. 따라서 해질 무렵에 그물을 설치하고 아침에 그물을 회수하면 더 많이 포획할 수 있다. 황소개구리는 해질 무렵부터 밤 1시까지 가장 활발하게 활동하며, 새벽에 이르면 이동성이 급격하게 줄어들고 낮에 활동이 감소하므로 밤에 포획하는 것이 효과적이다.

▲ 통발형 그물
물고기가 일단 들어가면 빠져나가지 못하는 특성을 이용하여 황소개구리를 포획할 수 있다.

황소개구리를 잡은 장면 ▶

Q 황소개구리는 천적으로부터 어떻게 자신을 보호할까

황소개구리는 천적을 만나거나 사람이 접근하면 재빨리 인근 연못이나 웅덩이 등 물속으로 뛰어들어 흙탕물을 일으키며 깊숙이 잠수하여 몸을 감춘다. 또 연못이나 물가가 아닌 경우에는 멀리뛰기 선수처럼 빠른 속도로 뜀박질을 하여 도망간다. 황소개구리 뒷다리는 길고 튼튼하여 도약력이 뛰어나며 한 번에 5m 이상의 거리를 뛰는 것도 있다. 또한 몸 색깔은 환경에 따라 색을 변화시킬 수 있지만 일반적으로 수컷은 검은빛을 띤 녹색 또는 희미하게 검은빛을 띤 갈색 무늬가 많으며, 암컷은 갈색 바탕에 검은빛을 띤 갈색 무늬가 있어서 보호색을 띤다.

▲ 물속 바닥 색깔과 비슷한 보호색을 띤 새끼 황소개구리들

▲ 수초 사이에 숨은 황소개구리

Q 황소개구리를 어떻게 활용할 수 있을까

황소개구리는 식용과 약용으로 쓸 수 있으며, 껍질을 이용할 수 있다. 황소개구리의 다리 살은 닭고기보다 지방 함량이 적고 단백질이 차지하는 비율이 높으며, 칼슘과 비타민 B_2가 더 많이 함유되어 있다. 우리나라에서는 식용으로 이용되는 동남아시아보다 식품 선호도가 높지 않은 편이지만 튀김 요리로 사용되고 있다. 황소개구리의 맛은 담백하고, 한의학적으로 볼 때 찬 성질의 식품이어서 발열, 빈혈, 복부 팽창 등을 다스리는 데 쓸 수 있다. 또한 황소개구리의 몸의 무늬가 특이해서 껍질을 이용하여 가방, 지갑, 액세서리 등의 가죽 제품을 제작한 경우도 있다.

▲ 식용으로 판매되는 황소개구리(싱가포르)

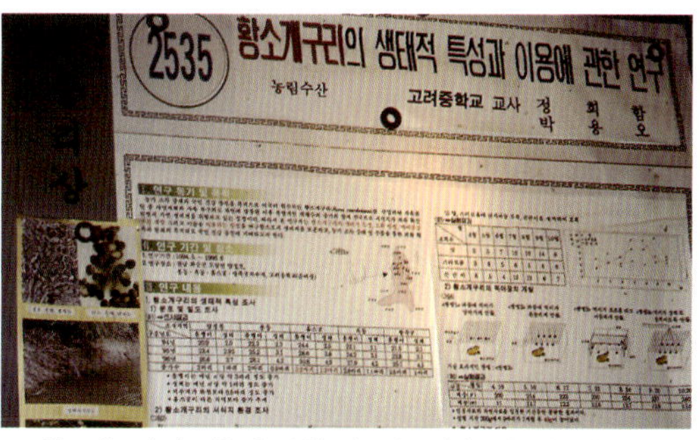

▲ 황소개구리의 이용에 관한 연구 논문(제42회 전국과학전람회 국무총리상 수상)

Q 왜 황소개구리의 개체 수가 줄어들고 있을까

황소개구리는 토종 개구리와 토종 어류는 물론, 작은 체형의 파충류, 조류, 포유류 등도 포식하는 '생태계의 무법자'로 알려져 있다. 도입 초기에는 천적이 거의 없어 개체가 급격히 증가하였으나, 최근에는 황소개구리에 다양한 천적이 생겨 황소개구리 개체 수가 어느 정도 자연 조절되고 있는 것으로 확인된다.

또 번식기에 황소개구리를 두꺼비 암컷으로 오인한 수컷 두꺼비의 잘못된 짝짓기로 인해 독이 황소개구리에 작용하여 죽기도 하고, 황소개구리 올챙이가 겨울을 나는 중에 집단 폐사하기도 한다. 최근에는 황소개구리가 요리나 실험 재료 등으로 쓰이는가 하면 생태계 교란종으로 지정되어 올챙이와 성체를 제거하는 인위적 퇴치 활동이 활발히 일어나고 있으며, 너구리, 수달, 족제비, 뱀, 왜가리, 백로 등의 천적으로 인해 개체 수가 감소하는 추세에 있다. 최근에는 개체 수가 많아진 외래종 배스가 황소개구리 올챙이를 많이 잡아먹는 것으로 알려져 황소개구리의 수를 줄이는 데 큰 몫을 하고 있다.

황소개구리 개체 수의 감소 요인

▲ 겨울을 나는 중에 집단 폐사하기도 한다.

▲ 인위적으로 설치한 물고기를 잡는 통발 속에 갇혀 죽는다.

▲ 천적(배스)에게 잡아먹힌다.

▼ 황소개구리의 감소 요인이 되는 천적

구분	포유류	어류	조류	파충류	기타(곤충)
천적의 종명	너구리, 족제비	파랑볼우럭, 메기, 가물치, 배스	쇠백로, 중대백로, 검은댕기해오라기, 논병아리, 왜가리, 호반새, 청호반새, 해오라기	누룩뱀, 무자치, 유혈목이, 붉은귀 거북	된장잠자리 유충, 실잠자리 유충, 밀잠자리 유충, 소금쟁이
종수	2종	4종	8종	4종	4종

〈출처: 환경부 자연녹지과(2005)〉

부록

양서류의 진화

양서류는 3억 7천만 년 전 고생대 데본기에 어류(물고기)의 한 종류로부터 진화했다고 한다. 데본기의 기후는 온화했으나 가뭄과 홍수가 번갈아 오고, 가뭄기에는 습지의 물이 말라 어류가 살아가기 어려워서 공기 중의 산소를 이용할 수 있는 어류만이 살아남을 수 있었다. 따라서 폐(허파)로 호흡하는 종류가 번성하였다.

또 물이 마른 곳에서 아직 물이 남아 있는 곳으로 이동해야 살아남을 수 있었고, 먹이를 찾아 식물의 뿌리 사이를 이리저리 헤집고 다녀야 하므로 지느러미가 다리 역할을 할 수 있는 어류가 생존에 유리했을 것이다. 그리하여 뼈로 지지되는 근육질의 가슴과 배지느러미를 가진 육기어류(총기어류)가 나타났으며, 육기어류는 물 위에서 공기 호흡을 할 수 있었고, 튼튼한 잎 모양의 지느러미로 얕은 물가를 기어 다닐 수 있었다. 현존하는 육기어류로는 실러캔스와 폐어가 있지만 데본기에는 다양한 종류가 함께 살았다고 전해진다.

현존하는 육기어류

▲ 실러캔스(박제)

▲ 오스트레일리아에 서식하는 폐어

▲ 아프리카에 서식하는 폐어

이러한 육기어류가 지느러미로 기어 다니다가 물을 떠나 땅 위에서 살아 버틸 수 있는 4개의 다리를 가진 양서류로 진화했다고 한다. 그 후 데본기 다음 시대인 석탄기(약 3억 5500만 년 전~2억 9500만 년 전) 이후에 에리옵스(Eryops), 세이모우리아(Seymouria) 등 진정한 의미의 양서류가 출현했다. 당시 이들은 육지에서 자유롭게 이동할 수 있는 최초의 척추동물이었기 때문에, 안전한 육지에서 삶의 영역을 빠르게 넓혀 갔고 다양하게 진화할 수 있어서 큰 종류들은 몸길이가 6m까지 자라났다. 양서류의 출현이야말로 4개의 다리를 가진 육상 최초의 척추동물로서 그 의의가 크며, 파충류와 포유류가 진화할 수 있는 생물학적 바탕이 마련되었다고 할 수 있다.

최초의 양서류

▲ 세이모우리아의 골격(워싱턴 자연사박물관)

▲ 몸길이가 2m에 달했던 에리옵스의 골격(런던 자연사박물관)

▲ 에리옵스 복원도

양서류 관찰

복장 및 관찰 장비

야외에서 양서류 관찰을 할 경우 옷은 긴소매 상의와 긴 바지, 챙이 있는 모자를 갖추고 겉옷은 주머니가 많은 것이 좋다. 신발은 발이 편한 운동화 등을 신으며, 장화 등을 따로 준비한다. 관찰을 효과적으로 하고 촬영할 수 있도록 망원경, 카메라, 스마트폰 등을 준비하고, 자, 모눈종이, 관찰 수첩 등을 휴대하여 크기 등을 측정하고 기록할 수 있도록 한다. 또 현장에서 발견한 양서류를 넣어서 관찰할 수 있도록 수조 등을 준비한다.

조사 및 측정 방법

▶ 개체

- 관찰한 날짜와 기온, 습도를 관찰 수첩에 기록한다. 또 관찰 지역 환경도 간단히 기록한다.
- 자로 전체 길이(주둥이~꼬리 끝), 머리 몸통(주둥이~총배설강), 꼬리(총배설강~꼬리 끝), 몸통 너비를 mm 단위까지 측정하되, 2~3개체 정도 실시한다.
- 자로 앞다리(발바닥까지)와 뒷다리 길이(발바닥까지)를 mm 단위까지 잰다.
- 카메라나 스마트폰으로 사진 촬영을 한다.(10cm 자를 옆에 길이로 놓고 함께 촬영한다. 자가 없을 때에는 동전으로 대신한다.). 카메라로 촬영이 어려운 부위는 스케치하고, 울음소리가 들리면 스마트폰으로 녹음한다.
- 가능하면 간이 무게 측정기를 준비하여 개체의 몸무게도 측정한다.
- 뜰채로 양서류를 조심스럽게 수조에 넣어 생김새, 헤엄치기, 기타 행동을 관찰하고 자로 측정한다.

관찰 장소

▲ 학교 부설 양서류 탐구 학습장의 예

▲ 학교 연못의 예

개체 크기 측정

▲ 자를 이용한 성체와 유생의 크기 측정(한국꼬리치레도롱뇽)

▲ 모눈종이를 이용한 크기 측정(북방산개구리)

▶ 알

- 자로 알 덩이 또는 알주머니의 길이와 너비를 mm 단위까지 재고, 알 덩이에 들어 있는 알의 수를 센다.(2~3개체의 경우를 측정하고 알의 수를 센다.)
- 여러 알 덩이가 붙어 있는 상태와 낱개의 알 덩이(알)를 촬영한다.
- 매주 현장을 찾아가 알의 발생 과정과 부화 이후의 탈바꿈 과정을 관찰한다. 이때도 필요하면 측정, 사진 촬영, 기록을 실시한다.

알 덩이 크기 측정

▲ 줄자를 이용한 알 덩이 크기 측정(고리도롱뇽)

▲ 줄자를 이용한 알주머니 길이 측정(두꺼비)

알 덩이 껍질 측정

▲ 줄자를 이용한 알 덩이 껍질의 크기 측정(제주도롱뇽)

알의 수 세기

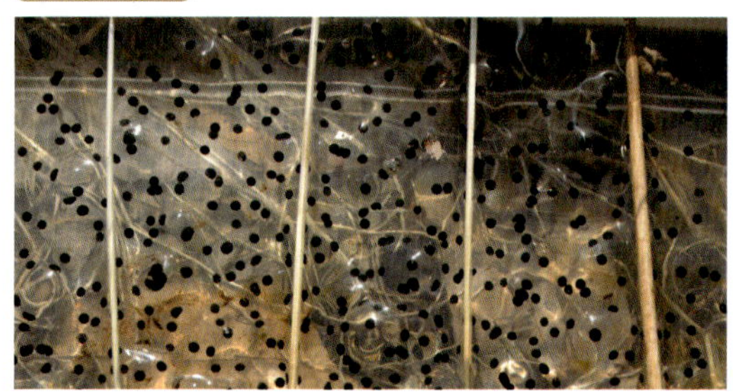

▲ 풀 줄기를 이용하여 알 덩이 칸을 나누어 센다.(북방산개구리)

▶ 관찰할 때 주의 사항

- 야외 관찰 활동 때에는 2~4명이 조를 이루어 역할 분담을 하고, 지도 교사 등과 함께 동행한다.
- 관찰 대상을 소중히 다루며, 관찰이 끝나면 그 현장에 놓아 준다.
- 한국꼬리치레도롱뇽과 이끼도롱뇽은 피부 호흡만 하므로 피부가 건조해지지 않도록 주의한다.
- 도롱뇽류 유생을 손으로 만질 때에는 차가운 물에 손을 담가 체온을 내린 다음 접촉한다.
- 독이 있는 양서류를 관찰할 때에는 고무장갑이나 비닐장갑을 끼고 만진다.
- 대부분의 양서류가 산란기에 피부에서 약한 독이 분비되므로 맨손으로 만졌을 경우 손을 씻는다.
- 포획 금지 대상 양서류는 채집하면 안 된다.

양서류 종별 관찰 활동

도롱뇽류

- 시기와 장소: 주로 번식기인 2~4월 – 바위나 큰 돌 밑, 농수로의 풀이나 낙엽 밑, 웅덩이 가장자리의 풀, 나뭇가지 아래 등. 한국꼬리치레도롱뇽과 이끼도롱뇽은 좀 더 깊은 계곡에 서식
- 내용: 개체나 알 덩이, 유생 관찰, 산란 이후에는 알의 발생 과정, 도롱뇽 유생의 탈바꿈(변태) 과정, 먹이 활동 등
- 밤에 가능한 관찰: 수컷의 구애 행동, 암컷의 산란, 수컷의 정자 뿌리기 등의 행동 및 먹이를 포식하는 장면, 활동하는 장면

무당개구리

- 시기와 장소: 번식기인 4~6월 – 산길의 물이 고여 있는 곳
  번식기 이후 – 숲 속의 하천이나 그 주변
- 내용: 짝짓기, 산란(밤에 관찰 가능), 알의 발생 과정, 올챙이의 탈바꿈 과정과 먹이 활동, 천적을 만났을 때 누워서 붉은 배를 드러내 보이는 행동 등

두꺼비

- 시기와 장소: 번식기인 2~3월 – 논, 물웅덩이, 수초가 있는 저수지 가장자리
  번식기 이후 – 산란 장소 주변의 논밭이나 산기슭, 산 중턱
- 내용: 긴 끈 모양의 알 덩이를 시작점과 끝점을 찾아 줄자를 이용하여 길이 측정, 알의 발생 과정, 부화 이후의 탈바꿈 과정, 새끼 두꺼비의 이동과 행동 등
- 유의 사항: 알을 관찰할 때 저수지와 웅덩이는 위험하므로 수심이 얕은 논에서 활동한다.

청개구리

- 시기와 장소: 번식기인 4~6월 – 논 또는 학교, 아파트 단지 내의 인공 연못
  7~9월 – 산지의 숲
- 내용: 짝짓기와 산란(밤에 관찰 가능), 울음소리, 먹이 활동, 피부의 보호색
- 유의 사항: 인기척에 울음소리가 끊기면 스마트폰으로 녹음해 간 울음소리를 틀어 주어 따라 울게 한다.

맹꽁이

- 시기와 장소: 번식기인 6~8월 – 학교나 공원의 배수로, 물이 고인 얕은 웅덩이, 습지, 미나리꽝
- 내용: 산란, 알의 발생 과정(매우 빨리 진행되므로 2일마다 관찰해야 한다.) 부화 후 올챙이의

생김새나 탈바꿈 과정, 먹이 활동 등(매주 2회 정도 관찰), 올챙이의 먹이 활동(밤에 관찰 가능)

• 유의 사항: 비가 집중적으로 내리는 장마철에는 낮에도 울음소리를 들을 수 있다. 우는 소리를 따라 살금살금 접근하면 어미 맹꽁이도 볼 수 있고 산란된 알도 볼 수 있다.

산개구리류

• 시기와 장소: 번식기인 2~4월 – 논, 도랑
번식기 이후 – 산란 장소 주변의 논밭이나 산기슭, 산 중턱

• 내용: 울음소리 · 짝짓기 · 산란(밤에 관찰 가능), 암컷과 수컷 비교, 알의 발생 과정, 부화 이후의 탈바꿈 과정, 새끼 개구리의 이동과 행동, 한국산개구리 · 북방산개구리 · 계곡산개구리의 올챙이 생김새 비교, 성체의 비교 등

참개구리, 금개구리

• 시기와 장소: 번식기인 4~6월 – 논, 연못

• 내용: 두 종의 생김새와 한살이 비교, 두 종간 잡종에 관해서도 세밀하게 관찰
번식기 밤에 손전등을 비추면 논둑에 앉아 있는 장면과 우는 장면, 짝짓기 장면 관찰 가능

• 유의 사항: 개체 수가 상당히 감소하여 쉽게 찾아보기가 어렵다. 매우 예민하게 반응하는 종이므로 거리를 두고 망원경을 이용해 관찰해야 한다.

옴개구리

• 시기와 장소: 번식기인 5~8월 – 논, 물웅덩이, 낚시터 등

• 내용: 일찍 부화한 올챙이는 그 해에 새끼 개구리로 탈바꿈하지만 늦게 부화한 올챙이는 그 이듬해에 새끼 개구리로 탈바꿈하므로 그 과정을 지속적으로 관찰

• 유의 사항: 물웅덩이의 가장자리를 뜰채로 훑어 올리면 쉽게 채집이 가능하다.

황소개구리

• 시기와 장소: 번식기인 4~7월, 번식기 이후 – 저수지나 물웅덩이, 농수로, 논

• 내용: 수컷이 울 때의 울음주머니와 짝짓기 장면(밤에 관찰 가능), 황소개구리 올챙이는 일찍 산란된 알은 그 해에 새끼 개구리로, 늦게 부화한 올챙이는 그 상태로 겨울을 넘기고 다음 해 5~6월에 새끼 개구리로 탈바꿈하므로 이를 염두에 두고 관찰

• 유의 사항: 산란 장소가 넓고 수심이 깊으므로 알을 관찰할 때에는 어른의 도움을 받는다. 올챙이는 뜰채로 채집하여 수조에 넣고 관찰한다. 황소개구리는 외래종으로 생태계 교란종이므로 올챙이나 성체를 다른 곳으로 옮기면 안 된다.

양서류 관찰 보고서(예)

날짜	2018년 3월 1일	학교명	대한초등학교	성명	홍길동
장소	수리산 계곡(수암천)	학년 반	6학년 1반		
날씨	맑음	기온	7℃	습도	
탐구 주제	양서류의 관찰(종류, 사는 곳의 환경, 생김새, 행동)				

관찰 활동

1. 관찰한 양서류와 특징: 도롱뇽(암컷) – 꼬리가 가늘고 뭉뚝하다. 총배설강이 밋밋하다.

2. 관찰 내용: 어미 도롱뇽(암컷), 알주머니(알)

▶ 어미 도롱뇽 크기

- 개체 1 전체 길이: 12cm, 머리 몸통 길이: 7.5~8cm, 꼬리 길이: 4.5~5cm, 앞다리 길이: 2cm 뒷다리 길이: 2.2cm(앞다리보다 뒷다리가 굵다.), 몸무게: 10g(산란 전)
- 개체 2 전체 길이: 11.3cm, 머리 몸통 길이: 5.8cm, 꼬리 길이: 5.5cm, 앞다리 길이: 1.5cm 뒷다리 길이: 1.8cm(앞다리보다 뒷다리가 굵다.), 몸무게: 8g(산란 전)

▶ 알주머니 크기

- 알주머니 1 한쪽 길이 11cm, 알의 수 22개, 다른 쪽 길이 10cm, 알의 수 15개
- 알주머니 2 한쪽 길이 8cm, 알의 수 28개, 다른 쪽 길이 7cm, 알의 수 27개
- 알주머니 3 한쪽 길이 18cm, 알의 수 35개, 다른 쪽 길이 17cm, 알의 수 34개

3. 서식지 환경: 도롱뇽이 사는 곳은 주변에 나무가 많이 자라고, 하천은 바위와 돌로 가득 찬 계곡이다. 수리산에서 맑은 물이 느리게 흘러내렸고, 물이 일부 고여 있었다. 바나나 모양의 알주머니를 바위에 쌍으로 붙여 낳았다.

▶ 도롱뇽의 사진

▲ 어미 도롱뇽(암컷)

▲ 도롱뇽 알주머니(알주머니 2개씩을 바위에 붙여 산란하였음.)

느낀 점

책에서만 보았던 도롱뇽을 직접 보았다. 개구리와 달리 꼬리가 있었고 앞발은 발가락 4개, 뒷발은 발가락 5개였다. 알주머니를 어떻게 쌍으로 한쪽 끝을 바위에 붙여 낳았을까 신기했다. 무엇으로 바위에 붙였을까? 앞으로 연구해 보아야겠다. 그리고 도롱뇽의 크기와 알주머니의 알의 수가 조금씩 다르다는 것을 알았다. 사람도 키가 다른 것처럼 도롱뇽도 개체마다 차이가 있었다. 다음에는 도롱뇽 수컷을 찾아 암컷과 비교해 보아야겠다.

용어 풀이

개체 변이 같은 종의 생물이 주변 환경 등에 의하여 형질에 차이가 나타나는 것을 말한다.

고유종(endemic species) 다른 지역에서는 볼 수 없고 특정 지역에만 분포하여 서식하는 생물을 말한다. 고리도롱뇽, 제주도롱뇽 등이 여기에 속한다.

관목 키가 작고 가는 줄기가 여러 개 나는 나무를 말한다. 진달래, 철쭉, 싸리나무 등이 관목에 속한다.

꼬리뼈(미골) 도롱뇽류의 총배설강에서 꼬리 끝에 위치한 척추 뼈

뇌하수체 호르몬 뇌의 중앙 아래쪽에 위치한 작은 샘에서 분비되는 호르몬으로 양서류에서는 피부 색깔 변화나 성장을 위한 탈피 작용을 촉진한다.

늑골 주름 도롱뇽류의 몸통 측면에 위치한 늑골 사이의 주름

동물극, 식물극 양서류의 수정란에서 핵과 가까이 있는 부분을 동물극이라고 하고, 그 아래 난황이 있는 쪽의 극을 식물극이라고 한다. 동물극에서 난할이 일어나 동물체가 형성되고 식물극의 난황에서는 양분을 공급한다.

디엔에이(DNA) 유전자의 본체. 모든 생물의 세포 속에 있으며, 아데닌, 구아닌, 사이토신, 티민의 4종의 염기를 지니고 있다. 이 염기의 배열 순서에 따라 유전 정보가 들어 있으므로 학자들은 이 유전자의 순서를 분석하여 종 사이의 진화적 관계를 밝히고 있다.

멜라닌 동물의 피부나 눈동자에서 볼 수 있는 검은색 내지는 갈색의 색소를 통틀어 말한다.

모니터링 활동 대상의 분포, 상태, 행동 등을 조사 및 감시하여 관리하는 일련의 활동. 금개구리, 수원청개구리 등과 같은 멸종 위기종을 모니터링하여 보호 대책을 강구한다.

무조건 반사 동물이 특정 자극에 대하여 무의식적으로 반응하는 행동. 예를 들면 뜨거운 물체에 손이 닿았을 때 움츠러드는 것, 빛에 대한 동공의 수축 등이 있다.

미아배 수정란이 발생을 진행하여 신경이 형성된 후 기관이 형성되기 바로 전 단계를 말한다. 미아배에서 각 기관으로 분화된다.

배 수정란이 난할(세포 분열)을 시작하고 난 이후의 발생기에 있는 개체를 말한다.

부포탈린 두꺼비의 피부샘(독샘)에서 분비되는 독액의 일종으로, 심장 기능을 촉진한다. 정량을 초과하면 열, 복통, 구토, 설사, 신경 마비 증상이 나타난다.

부화 동물의 알 속에서 알이 새끼(양서류의 경우 유생, 올챙이)로 자라 알 껍질(막)을 깨고 밖으로 나오는 현상

분수공 올챙이가 물속에서 호흡할 때 입으로 들어온 물이 몸 밖으로 나가는 구멍으로, 입 뒤에 있다.

빙하기 과거 지구의 기온이 오랜 기간 동안 내려가 남극과 북극, 그리고 산과 대륙이 얼음층으로 덮여 있던 시기를 말한다. 거대한 얼음층으로 인하여 동일한 생물 종이 오랫동안 떨어져 각각의 변이가 독자적으로 일어나 서로 다른 종으로 진화되기도 하였다. 과거 지구상에는 네 번의 빙하기가 있었다.

색소포 동물의 피부 깊숙한 곳에 있는, 여러 가지 색소를 함유한 세포

생식 세포 생식을 위해서 특별히 분화된 세포. 알(난자)과 정자를 말한다.

생식적 격리 유전자 교류가 일어나지 못하여 교배가 이루어지지 않는 현상을 말한다. 일반적으로 두 개체 사이에서 생식 능력이 있는 자손을 낳으면 같은 종으로 보고, 생식 능력이 없는 자손을 낳으면 생식적으로 격리된 다른 종으로 본다.

생식혹(혼인 돌기) 번식기에 수컷 앞발가락에 생기는 근육질의 돌기. 수컷은 암컷과 짝짓기 할 때 암컷의 등에서 떨어지지 않도록 생식혹을 이용하여 꼭 잡는다

생태계 교란종 외국에서 들어왔거나 유전자 변형을 통해 생산된 생물체 중에서 국내 생태계의 균형을 어지럽히거나 어지럽힐 우려가 있는 야생의 생물을 의미한다. 예를 들면, 황소개구리, 붉은귀거북, 뉴트리아 등이 있다.

서구개치(vomerine teeth) 양서류의 입천장과 서골에 걸쳐 나 있는 작은 이빨로, 입으로 잡은 먹이를 도망가지 못하게 한다.

순막 눈 위를 덮어 앞을 볼 수 있게 하는 투명 또는 반투명한 막으로 물안경에 해당한다.

아성체 유생이 성장하여 성체로 되기 직전의 개체를 말한다.

알칼로이드 질소를 함유하는 유기성 염기 물질로 모르핀, 니코틴, 카페인 등이 이에 속한다. 이 물질의 독성이 체내에 흡수되면 모세 혈관이 굳는 등 부작용이 심하다.

외래종 외국에서 들여온 종을 말하며, 우리나라의 경우 황소개구리, 배스 등이 있다.

유선형 양서류나 어류가 물속에서 나아갈 때 저항을 적게 받는 물체의 모양을 말하는 것으로, 머리가 둥글고 꼬리가 좁아지는 생김새이다.

융기선 개구리의 등 쪽에 유난히 높게 일어나 들뜬 선

자기장(magnetic field) 자석 주위에 철가루를 뿌리면 철가루가 붙고 그 끝에 또 붙어 연결되는 현상과 같이 눈에 보이지는 않지만 자석이나 전류가 흐르는 전선 주위에 생기는 힘이 작용하는 공간을 말한다.

전기영동 전기장 속에서 전하(어떤 물질이 가지고 있는 전기의 양)를 띠는 물질이 한쪽 방향으로 이동할 때, 그 속도가 물질의 크기, 성질, 전하량에 따라 다른 점을 이용하여 물질을 분리하는 방법. 단백질을 분석하거나 분리하는 데 이용한다.

전자 현미경 광원으로 빛 대신 가속화된 전자를 이용하는 현미경으로, 전자선의 파장이 가시광선의 파장보다 10만 배 더 짧기 때문에 전자 현미경의 해상력이 광학 현미경보다 10만 배 더 크다. 전자 현미경에는 투과 전자 현미경(TEM: Transmission Electron Microscope)과 주사 전자 현미경(SEM: Scanning Electrone Microscope)이 있다. 투과 전자 현미경은 생체 시료 조직 관찰에 주로 사용되고, 주사 전자 현미경은 시료를 입체적으로 관찰할 때 주로 사용된다.

전체 길이 양서류에서 전체 길이는 유미류의 경우 주둥이에서 꼬리 끝까지이고, 무미류의 경우 주둥이에서 총배설강까지이다.

전파 발신기 전파를 보내는 장치. 동물의 몸에 전파 발신기를 부착하면 전파를 받아서 동물의 위치나 생활하는 상황을 알아낼 수 있다.

조건 반사 동물이 선천적으로 지니고 있지 않으나 후천적인 학습에 의하여 획득되는 반사 현상. 예를 들면, 신 것을 봤을 때 입안에 침이 고이는 현상을 들 수 있다.

종(Species) 생물 분류의 기본 단위. 유연 관련이 있는 종을 합쳐 속(屬), 속을 합쳐 과(科), 과를 합쳐 목(目)으로 묶는다. 이러한 체계로 생물을 '종－속－과－목－강－문－계'의 7단계로 묶을 수 있다. 예 두꺼비－두꺼비속－두꺼비과－무미목－양서강－척추동물문－동물계

진피층 척추동물의 표피층 아래에 있는 층으로 멜라닌이나 기타 색소 과립을 포함하고 있다. 뇌하수체 호르몬의 조절에 의하여 이 색소들이 뭉치거나 흩어짐으로써 몸 색깔을 바꿀 수 있다.

천적 생태계의 먹이 사슬에서 잡아먹는 동물(포식자)을 잡아먹히는 동물(피식자)에 상대하여 이르는 말 예 진딧물의 천적은 무당벌레이다.

총배설강 장관(대변), 비뇨기관(소변), 생식관(알의 산란 또는 새끼 출산)을 통합한 하나의 구멍을 말한다. 양서류, 파충류, 조류가 총배설강을 가지고 있다.

치열 유생(올챙이)의 입 판을 따라서 치설이 길게 늘어서 있는 열

페로몬 같은 종의 동물끼리 서로 의사소통을 하기 위하여 몸에서 분비되는 화학적 물질을 말한다.

포접 번식기에 수컷이 암컷의 등 뒤에서 앞다리로 암컷을 꼭 껴안는 짝짓기 행동. 암컷이 낳은 알에 수컷이 즉시 정자를 뿌릴 수 있도록 하는 행위이다.

학명 국제적으로 통용되는 학술적인 생물 이름으로, 국제적인 명명 규약에 의거하여 속명과 종명을 나란히 쓰는 이명법을 사용하고, 이어서 명명자를 붙인다. 학명은 라틴어를 쓰고, 속명과 종명은 이탤릭체로 쓴다. 또한 속명은 대문자로, 종명은 소문자로 시작한다.

예 두꺼비의 학명 *Hynobius* *leechii* Boulenger
속명 종명 명명자

한천질 젤리 상태로 굳는 성질을 가진 물질로, 무색 투명하며 흐물거리는 상태이다.

후두 기관 척추동물에서 공기가 폐에 출입하는 목구멍의 통로. 기관의 처음 시작되는 부분을 말한다.

학명 찾아보기

A

Agalychnis callidryas 붉은눈나무개구리 ······ 34

B

Bombina orientalis 무당개구리 ······ 111
Bufo gargarizans 두꺼비 ······ 123
Bufo stejnegeri 물두꺼비 ······ 142

D

Desmognathus aeneus 누수도롱뇽 ······ 97
Dryophytes immaculata 민무늬청개구리 ······ 179

G

Glandirana rugosa 옴개구리 ······ 260

H

Hyla japonica 청개구리 ······ 153
Hyla suweonensis 수원청개구리 ······ 168, 179
Hynobius leechii 도롱뇽 ······ 43
Hynobius quelpaertensis 제주도롱뇽 ······ 65
Hynobius unisacculus 꼬마도롱뇽 ······ 73
Hynobius yangi 고리도롱뇽 ······ 57

K

Kaloula borealis 맹꽁이 ······ 181
Karsenia koreana 이끼도롱뇽 ······ 27, 89

L

Lithobates catesbeianus 황소개구리 ······ 271
Litoria caerulea White's Tree Frog ······ 161

O

Onychodactylus fischeri 한국꼬리치레도롱뇽 ······ 77
Onychodactylus koreanus 한국꼬리치레도롱뇽 ······ 77

P

Pelophylax chosenicus 금개구리 ······ 248
Pelophylax nigromaculatus 참개구리 ······ 234

R

Rana amurensis 아무르산개구리 ······ 204
Rana catesbeiana 황소개구리 ······ 271
Rana chosenica 금개구리 ······ 248
Rana coreana 한국산개구리 ······ 195
Rana huanrenensis 계곡산개구리 ······ 222
Rana nigromaculata 참개구리 ······ 234
Rana rugosa 옴개구리 ······ 260
Rana uenoi 북방산개구리 ······ 206

전국과학전람회 입상 목록-양서류

우리나라는 과학 기술의 진흥을 촉진하기 위하여 매년 국립중앙과학관이 주관하는 '전국과학전람회'를 개최하고 있다. 전국과학전람회 출품 부문은 물리 · 화학 · 생물 · 지구과학 · 농림수산 · 산업 및 에너지 · 환경, 그 밖에 과학기술정보통신부장관이 필요하다고 인정하는 부문 등 8개 부문으로 되어 있다. 입상 작품은 연구의 주제, 연구 절차 및 방법, 데이터 처리, 결론 및 정리 등을 한눈에 볼 수 있는 우수한 연구 내용으로서, 그중 양서류 관련 입상 목록을 소개하여 양서류 연구의 기초를 다지는 데 도움이 되고자 한다.

종명	연도	제목	지도 교사	수상자
도롱뇽	2015	같은 듯, 다른 듯 *Hynobius*속 도롱뇽의 계통 찾기	김혜정	김나영 외
	2007	도심 속 만월산 하천에는 왜 도롱뇽이 살 수 있을까?(지도 논문)	최선미	최선미
	2007	도심 속 만월산 하천에는 왜 도롱뇽이 살 수 있을까?	최선미	신동호 외
	2006	보호종인 도롱뇽(*Hynobius leechii*)의 기형 현상과 독성 물질 탐색 및 배 독성(Embryotoxicity)에 관한 연구	–	박용욱 외
	2004	경상남도 일대 농경지의 한국산 도롱뇽에 관한 초기 배의 수적 변이와 자연 발생적 이상 및 조직 병리학적, 환경 독성학적 연구	–	박용욱 외
	1991	한국산 도롱뇽의 형태적 변이에 관한 연구	–	어윤승
제주 도롱뇽	2010	제주도롱뇽(*Hynobius quelpaertensis*)의 한살이(지도 논문)	고영민	주은수 외
	2010	제주도롱뇽(*Hynobius quelpaertensis*)의 한살이	고영민	주은수 외
	2009	Skeletochronology를 이용한 제주도롱뇽의 나이 구조 분석과 번식 생태에 관한 연구	–	고상범 외
한국꼬리치레 도롱뇽	2005	한국산 꼬리치레도롱뇽(*Onychodactylus fischeri*)과 도롱뇽(*Hynobius leechii*)의 산란 및 발생 비교 연구	염노섭, 문신자	염노섭 외
	1994	한국산 꼬리치레도롱뇽의 서식지 및 한살이 탐구	염노섭	박진우 외
이끼도롱뇽	2017	이끼도롱뇽(*Karsenia koreana*)의 번식 생태와 서식지의 미세 환경 요인 연구	–	문광연
	2009	이끼도롱뇽의 생활 방식 및 특성 탐구(지도 논문)	이지영	김장근 외
	2009	이끼도롱뇽의 생활 방식 및 특성 탐구	이지영	김장근 외
무당개구리	1996	무당개구리(*Bombina orientalis*)의 소리 유형별 행동 특성과 집단 포접, 산란 행동	–	김찬곤
	1978	무당개구리의 한살이	서영춘	백원기
두꺼비	2006	두꺼비(*Bufo bufo gargarizans*)는 어떻게 산란 장소를 찾아올까?	문광연	이무형 외
	2000	우리 두꺼비에 의해서 황소개구리가 죽는 까닭에 대한 탐구	권혜경	김진희 외
	1999	두꺼비의 생활사에 대한 우리들의 탐구	임충호	김진희 외
	1992	한국 종의 당좌 위치와 두꺼비에 따른 진동 특성	–	서진규 외
청개구리	2016	닮은 듯 다른, 수원청개구리와 청개구리	김현태	박재민 외
	2013	청개구리의 움직임 특성과 발바닥 구조에 관한 탐구	임양환	이지용 외
	2002	청개구리와 참개구리의 보호색은 어떤 환경과 자극에서 잘 변할까?	양순욱	김민지 외
	1997	청개구리는 몸 색깔이 어떻게 변화되어 갈까?	최점섭	김주환

종명	연도	제목	지도 교사	수상자
청개구리	1993	기상 조건에 반응하는 청개구리의 울음소리	–	김영숙 외
	1991	청개구리 보호색에 대한 우리의 연구	강시남	현주하 외
	1985	청개구리는 환경에 어떻게 적응하며 살아갈까?	–	임옥섭
	1983	청개구리는 주위 환경에 어떻게 적응하는가?	이종호	홍성수 외
수원 청개구리	2016	닮은 듯 다른, 수원청개구리와 청개구리	김현태	박재민 외
맹꽁이	2014	도심에 맹꽁이가 살아남는 이유는?	김현태	김봉정 외
	2011	제주 지역에 서식하는 맹꽁이(*Kaloula borealis*) 나이 구조 분석	–	고상범
	2004	맹꽁이(*Kaloula borealis*)의 생태적 산란 특성과 굴 파는 행동 특성 탐구	문광연	한승우 외
	1996	몸 안에서 갑자기 튀어나오는 맹꽁이 올챙이 다리에 대한 탐구	강석봉	석지명 외
	1993	한국산 맹꽁이의 생태와 행동학적 특성에 관한 연구	–	한수열 외
	1991	맹꽁이와 개구리는 왜 여름에도 땅속에 들어갈까?	강석봉	김민규 외
	1984	맹꽁이는 어떻게 살아가나?	박지하	성낙원 외
	1979	한국 특산종 맹꽁이의 생활사 및 특성에 관한 연구	–	이상민 외
한국산 개구리	1994	한국산 *Rana amurensis*(아무르산개구리)의 산란 습성 및 한살이에 관한 연구	–	조성택
북방산 개구리	2015	북방산개구리의 양식 규모에 관한 연구	고영민	고은주 외
	2009	북방산개구리의 크기와 산란과의 상관 관계 분석	고영민	고명희 외
	2006	제주도산 북방산개구리의 분포와 생장에 관한 연구(지도 논문)	고영민	구지민 외
	1998	북방산개구리(*Rana temporaia dybowskii*)의 짝짓기 행동과 음성학적 특성에 관한 연구	이승용	이나영 외
참개구리	2002	청개구리와 참개구리 보호색은 어떤 환경과 자극에서 잘 변할까?	양순욱	김민지 외
	1995	한국산 참개구리(*Rana nigromaculata*)의 행동 특성과 Call 분석 연구	–	문광연
	1985	구리 이온 농도에 따른 참개구리 알 및 올챙이의 성장 과정에 대한 분석 연구	–	윤재수
	1978	부산 근교에 서식하는 한국산 참개구리의 기생충 조사	박윤희	김우경
금개구리	2017	한국 고유종 금개구리 서식지 모니터링을 통한 양서류 보전 생태 수로 개발(지도 논문)	정영희	유다은 외
	2017	한국 고유종 금개구리 서식지 모니터링을 통한 양서류 보전 생태 수로 개발	정영희	유다은 외
	2009	금개구리는 왜 멸종 위기종이 되었을까?	이재붕	이양현 외
	2008	뼈 나이 결정법을 이용한 금개구리의 나이 구조 분석 및 지역 특성 비교 연구	–	구은영
옴개구리	1991	한국산 무미류의 짝짓기 울음과 옴개구리의 음성 행동학적 연구	–	오범석 외
황소개구리	2000	우리 두꺼비에 의해서 황소개구리가 죽는 까닭에 대한 탐구	권혜경	김진희 외
	1998	생태적 특성을 활용한 황소개구리의 포획 방법 개발 및 포획물 이용에 관한 연구	–	정회함 외
	1996	황소개구리의 생태적 특성과 이용에 관한 연구	–	박용오 외
	1975	농가 소득 증대를 위한 황소개구리의 사육에 대한 연구	–	정환섭 외

참고 자료 및 사진 출처

■ 참고 자료

- 강영선, 윤일병(1975). 한국동식물도감 제17권 동물편(양서 · 파충류). 문교부.
- 국립환경과학원(2012). 한국의 주요 외래 동식물. 지오북.
- 김민지, 김진주(2002). 청개구리와 참개구리의 보호색은 어떤 환경과 자극에서 잘 변할까?(제48회 전국과학전람회－동물). 국립중앙과학관.
- 김영수(1993). 재미있는 생물 여행(탐구편). 김영사.
- 김존민, 임양재(1986). 생물학 사전. 창원출판사.
- 김종범(2009). 한국산 양서류의 분류 목록과 분포상. 양서 · 파충류학회지 1(1): 1~13쪽. ㈜에코캠프, 한국양서파충류연구소.
- 김종범 외(2002). 우리 개구리. 채우리.
- 김종범, 송재영(2010). 한국의 양서파충류. 월드사이언스.
- 김주환(1997). 청개구리는 몸 색깔이 어떻게 변화되어 갈까?(제43회 전국과학전람회－생물부). 국립중앙과학관.
- 뉴턴(1997). 한국의 동물, 자연 생태계로의 초대. 계몽사.
- 대곡면(大谷勉)(2009). 일본의 양서파충류. 문일총합출판.
- 문광연(1995). 한국산 참개구리의 행동 특성과 Call 분석 연구(제41회 전국과학전람회－동물). 국립중앙과학관.
- 문광연(2017). 개구리, 도롱뇽 그리고 뱀 일기. 지성사.
- 손상호, 이용욱(2010). 주머니 속 양서 · 파충류도감. 황소걸음.
- 송교이광(松橋利光), 오산풍태랑(奧山風太郎)(2015). 일본의 개구리. 산과계곡사.
- Scott F. Gilbert 저. 강해묵 옮김(2015). 발생생물학(10판). 라이프 사이언스.
- 심재한(2001). 생명을 노래하는 개구리. 도서출판 다른세상.
- 야마나카 신야, 미도리 신야 저. 김소연 옮김(2013). 가능성의 발견. 북하우스.
- 오범석, 오한성(1991). 한국산 무미류의 짝짓기 울음소리와 옴개구리의 음성 행동학적 연구(제37회 전국과학전람회－생물). 국립중앙과학관.
- 윤일병 외(1993). 한국의 자연 탐험－개구리. 웅진출판.
- 이정현 외(2011). 한국 양서 · 파충류 생태도감. 환경부 국립환경과학원.
- 이정현, 박대식(2016). 한국 양서류 생태도감. 자연과 생태.
- 이지용, 박화랑(2013). 청개구리의 움직임 특성과 발바닥 구조에 관한 탐구(제59회 전국과학전람회－동물). 국립중앙과학관.
- 이헌주 외(2009). 경기도 양평군에 위치한 옴개구리 개체군의 연령 구조와 개체들의 신체 특징. 양서 · 파충류학회지 1(1): 35~43쪽.
- 장수철, 이재성(2015). 아주 특별한 생물학 수업. 휴머니스트.
- 전영호, 임헌영(1994). 신비한 개구리의 세계. 환경운동 10: 20~31쪽.

- 정환섭, 송병익(1975). 농가 소득 증대를 위한 황소개구리의 사육에 대한 연구(제21회 전국과학전람회－농림부). 국립중앙과학관.
- 정회함, 박용오(1996). 황소개구리의 생태적 특성과 이용에 관한 연구(제42회 전국과학전람회－농림수산). 국립중앙과학관.
- 정회함, 이경준(1998). 생태적 특성을 활용한 황소개구리의 포획 방법 개발과 포획물 이용에 관한 연구(제44회 전국과학전람회－환경). 국립중앙과학관.
- 한상훈 외(2015). 선생님들이 직접 만든 이야기야생동물도감. 교학사.
- 한상훈, 김현태(2010). 한국의 개구리 소리. 일공육사.
- 환경부 자연자원과(2005). 우리나라 양서·파충류 화보집. 환경부.
- Dufresnes C. et. al.(2016). Phylogeography reveals an ancient cryptic radiation in East-Asian tree frogs(*Hyla japonica* group) and complex relationships between continental and island lineages. BMC Evol. Biol. 26(1): 253.
- F. Lambert et al.(2013). The role of mineral-dust aerosols in polar temperature applification. Doi:10.1038/nclimate 1785.
- Hidetoshi Ota. Res. Popul.(1998). Geographic Patterns of Endemism and Speciation in Amphibians and Reptiles of the Ryukyu Archipelago. Japan. with Special Reference to their Paleogeographical Implications. Ecol. 40(2): 189－204.
- James P. Collins(2013). Amphibian disease. PNAS. June 4. Vol. 110, No. 23. http://www.pnas.org/cgi/doi/10.1073/pnas.1305730110.
- O'Hanlon et al.(2018). Recent Asian Origin of Chytrid Fungi Causing Global Amphibian Declines. Science 360, 621－627(2018) 11. May. http://science.sciencemag.org/on
- Suwon Chun et al.(2012). Gebetic Diversity of Korean Tree Frog(*Hyla suweonensis* and *Hyla japonica*): Assessed by Mitochondrial Cytochome b Gene and Cytochrome Oxidase Subunit I Gene. Korean Journal of Herpetology 4: 31－41.
- Youhua Chen and Junfehg Bi(2007). Biogeography and hot spots of amphibian species of China: Implications to reserve selection and conservation. Current Science. Vol. 92. No. 4.

- 국립중앙과학관/전국과학전람회/전람회 통합 검색 https://www.science.go.kr/
- 네이버 지식백과 https://terms.naver.com/
- 다음 백과 http://100.daum.net/
- 양서파충류 분류 생태모임(야태양서파충류연구소 김종범 소장 강의실) http://cafe.daum.net/amphibi/
- 한국의 양서파충류(자연에서 만나는 생명 이야기) http://cafe.naver.com/yangpakor

■ 사진 출처

- 34쪽 붉은눈나무개구리의 알 발생 시기 조절
  https://www.newscientist.com/article/dn18257-frog-embryos-listen-for-bad-vibrations-to-avoid-snakes/
- 97쪽 누수도롱뇽
  https://www.flickr.com/photos/twpierson/5700358178/
- 97쪽 누수도롱뇽 알
  https://calphotos.berkeley.edu/cgi/img_query?enlarge=0000+0000+0813+1893
- 119쪽 물장군
  https://commons.wikimedia.org/wiki/File:Lethocerus_deyrollei.jpg
- 119쪽 게아재비
  https://upload.wikimedia.org/wikipedia/commons/3/3e/Ranatra_chinensis.jpg
- 141쪽 섬진강 두꺼비상
  http://blog.naver.com/PostView.nhn?blogId=gwangyangsi&logNo=220586878922
- 221쪽 항아리곰팡이의 주사 전자 현미경 사진
  http://www.hani.co.kr/arti/science/science_general/844161.html
- 221쪽 항아리곰팡이의 현미경 사진
  https://commons.wikimedia.org/wiki/File:Batrachochytrium_dendrobatidis.jpg
- 286쪽 실러캔스(박제)
  https://commons.wikimedia.org/wiki/File:Latimeria_Chalumnae_-_Coelacanth_-_NHMW.jpg
- 286쪽 오스트레일리아에 서식하는 폐어
  https://commons.wikimedia.org/wiki/File:Queensland_Lungfish_(Neoceratodus_forsteri).jpg
- 286쪽 아프리카에 서식하는 폐어
  https://commons.wikimedia.org/wiki/File:Marbled_lungfish_1.jpg
- 287쪽 세이모우리아의 골격
  https://commons.wikimedia.org/wiki/File:Seymouria1.jpg
- 287쪽 에리옵스의 골격
  https://commons.wikimedia.org/wiki/File:Eryops_megacephalus.JPG
- 287쪽 에리옵스 복원도
  https://commons.wikimedia.org/wiki/File:Eryops_BW.jpg

글 · 사진

전영호 | 공주사범대학 생물과를 졸업하고, 대전대학교 대학원(생명과학)에서 이학 박사 학위를 받았습니다. 경기도교육청 과학 영재 교육 담당 장학관, 경기과학고(과학영재학교), 한민고등학교에서 교장을 역임하였습니다. 한국생명과학연구회(초대 회장)에서 양서류 사진 촬영 및 연구 활동을 하고 있으며 '과학동아, 과학소년, 까치, 환경운동, 자연보호' 등의 과학 전문 잡지에 양서류의 특징 및 생활사에 관한 내용을 기고하였습니다. 펴낸 책으로는 '수리산 생태도감(동·식물편)', '안양천 생태도감(식물, 곤충)', '한국의 벌레잡이 식물의 비밀' 등이 있습니다.

임헌영 | 공주사범대학 생물과를 졸업하고, 아주대학교 대학원(생명과학)에서 박사 과정을 수료하였습니다. 경기도융합과학교육원에서 과학 교육 담당 연구사를 거쳐 오산원일중학교, 대평중학교에서 교장을 역임하였습니다. 한국생명과학연구회에서 양서류 사진 촬영 및 연구 활동을 하고 있으며, 우리나라에서의 물거미 서식을 처음으로 밝혔습니다. '과학동아, 환경연합, National Geographic, 자연보호' 등의 과학 전문 잡지에 양서류의 특징 및 생활사에 관한 내용을 기고해 오고 있으며, 펴낸 책으로는 '생명과 유전', '한국의 벌레잡이 식물의 비밀' 등이 있습니다.

조삼래 | 공주사범대학 생물과를 졸업하고, 경희대학교 대학원(생명과학)에서 이학 박사 학위를 받았습니다. 강경여고 교사, 공주대학교 생명과학과 교수, 공주대학교 자연과학대학장을 역임하였고, 한국조류학회장, 문화재 위원, 환경부 중앙홍보위원, 환경영향평가위원 등으로 활동했습니다. 현재 한국자연환경보존협회 회장, 천연기념물 조류 인공 복원 연구소장, 동물사육연구소장으로 활동하고 있습니다. 펴낸 책으로는 '수리산 생태도감(동물편)', '척추동물 비교 해부학(번역서)', '생명과학(번역서)', '하늘의 제왕 맹금과 매사냥' 등이 있습니다.

김현태 | 공주사범대학 생물과를 졸업하고, 같은 대학교 대학원을 졸업하였습니다. 현재 서산중앙고에서 생명과학 교과를 가르치고 있습니다. 전국양서파충류보존네트워크 모니터링 위원장, 국립생물자원관 기후 변화와 생물상 변화, 양서파충류 고유종 조사원, 전국자연환경조사 조사위원으로 활동하였습니다. 현재 한국의 양서파충류 카페(http://cafe.naver.com/yangpakor)를 운영하고 있습니다. 펴낸 책으로는 '양서파충류백과', '한국의 개구리 소리', '선생님들이 직접 만든 이야기야생동물도감' 등이 있습니다.

이우식 | 인하대학교 생물과를 졸업하고, 연세대학교 교육대학원을 졸업하였습니다. 현재 중국 산둥성 칭다오시 칭다오청운한국학교에서 생명과학 교과를 가르치고 있습니다. 한국생명과학연구회에서 활동하면서 양서류 사진 촬영 및 연구 활동을 하였고, 경기도자연생태탐사교육연구회 동물분과 연구위원으로 활동하였습니다. 펴낸 책으로는 '생태와 환경(고교용 교과서)', '재미있는 교과서 생태계 여행(어류, 양서류)', '자연생태백과(양서류)', '자연 다큐멘터리(파충류편)' 등이 있습니다.

양서류 탐구도감

1판 1쇄 인쇄 | 2018년 9월 27일
1판 1쇄 발행 | 2018년 10월 10일

글 · 사진 | 전영호 외
펴낸이 | 양진오
펴낸곳 | (주) 교학사

책임편집 | 황정순
편집 · 교정 | 하유미 · 김천순 · 이원숙
디자인 | (주)교학사 디자인센터
일러스트 | 조명제 · 이인아
제작 | 이재환
인쇄 | (주)교학사

출판 등록 | 1962년 6월 26일 (제18-7호)
주소 | 서울 마포구 마포대로 14길 4
전화 | 편집부 312-6685/707-5202, 영업부 707-5147
팩스 | 편집부 365-1310, 영업부 707-5160
전자 우편 | kyohak17@hanmail.net
홈페이지 | http://www.kyohak.co.kr

값 35,000원
ISBN 978-89-09-19338-2 96490